Guyton Morveaus
Mitgliedes verschiedener Akademien
allgemeine
theoretische und praktische
Grundsätze
über die
sauren Salze
oder
Säuren
zum Gebrauch
für Chemisten, Aerzte, Apotheker,
Künstler und Fabrikanten.

Aus dem Französischen übersetzt mit Anmerkungen und Zusätzen versehen
von
David Ludewig Bourguet,
der Weltweisheit Doktor.

Mit einer Vorrede begleitet
von
Dr. Sigismund Friedrich Hermbstädt,
Königl. Obersanitäts-Rath und Professor zu Berlin.

Zweyter Band.

Berlin,
bey Gottlieb August Lange, 1797.

Vorrede des Uebersetzers.

Ich übergebe hier dem chemischen Publicum den 2ten Band meiner Uebersetzung des von Morveau abgefaßten Artikels Säure in der Encyclopédie Méthodique. Bey den meisten der hier abgehandelten Säuren sagt der Verfasser beynahe gar nichts von ihrem Verhalten zu Alkalien, Erden und Metallen, ich glaubte daher keine unnütze Arbeit zu verrichten, wenn ich bey jeder Säure in einem Zusatze nach den besten Schriftstellern anführte, ob sie sich mit dieser oder jener Erde, diesem oder jenem Metalle verbindet oder nicht, unter welchen Umständen die Verbindung vor sich gehet, welches die ausgezeichneten Eigenschaften dieser Verbindung sind. Auch habe ich nicht vernachläßigt, in diesen Zusätzen neuere Bereitungs-Arten und dergleichen mit anzuführen, und diejenigen Fossilien zu beschreiben, in welchen die Säure in der Natur vorkömmt.

Die Zusätze zur übersauren Salz-Säure, welche im ersten Bande aus Mangel des Raums nicht mit geliefert werden konnten, findet man diesem zweyten angehängt; ihrer rapsodistischen Form wegen muß ich um Nachsicht bitten, hätten sie mit dem Text des Originals ein Ganzes ausmachen sollen, so hätte dieser umgearbeitet werden müssen, ich mochte es aber nicht wagen, meine eigene Arbeit mit der eines Morveau zu ver-

vermengen, und habe mich daher begnügt, die wichtigsten Bemerkungen nachzutragen, die seit der Zeit gemacht worden sind, wo unser Verfasser schrieb; und zwar oft mit den eigenen Worten derjenigen Chemisten, denen wir sie verdanken. letzteres ist keinesweges geschehen, um mir die Mühe zu ersparen, sie in meine eigene Form zu gießen, ich glaubte den leser genauer mit der Sache bekannt zu machen, wenn ich ihm blos sagte, was der Beobachter sahe, und es ihm so sagte, wie dieser es selbst aufgezeichnet hat, so wird jede Einmischung eines fremden Urtheils vermieden. Mancher Versuch ist auch wohl zweymal angeführt worden, theils weil hier die Erfahrung des einen die des andern bestätigt, theils weil der eine andere Nebenumstände bemerkte als der andere.

In meinen Zusätzen zur Phosphor-Säure, ist Seite 318 und folgende das gelbe Bleyerz beschrieben, ob es gleich keine Phosphor-Säure sondern Molybdän-Säure enthält, und also seine

Stelle im Zusatze zur Molybdän-Säure hätte finden sollen, dieser Fehler ist wahrscheinlich durch eine Verwechselung der einzelnen Hefte des Manuscripts entstanden, daß dabey keine Unwissenheit von meiner Seite zum Grunde liegt, beweisen die nach Hatschett richtig angeführten Bestandtheile des Fossils.

Seite 32 der Zusätze zur übersauren Salz-Säure wird in der Note gesagt, ein Gramme betrage ohngefähr 3 Gran, dies ist falsch, das Gramme beträgt 18 841 Grän.

Berlin, im März 1797.

I. Abschnitt. Von der Arsenik-Säure.

Die ältern Chemisten hatten zwar im Arsenik salzige oder sogar fressende Eigenschaften erkannt, denn Becher nennt ihn ein geronnenes Scheidewasser, sie waren aber weit entfernt zu vermuthen, daß man daraus eine wahre Säure darstellen könne. Im Jahr 1746 that **Macquer** den ersten Schritt zu dieser wichtigen Entdeckung; indem er die Möglichkeit bewieß, das Alkali des Salpeters durch den Arsenik vollkommen zu neutralisiren. Es war zwar **Macquern** nicht gelungen, die Säure dieser Substanz abgesondert darzustellen, so daß er sie geradezu mit der alkalischen Basis hätte verbinden können, allein das Daseyn dieser Säure war nichts desto weniger in den Augen derjenigen bewiesen, welche durch eine richtige Logik geleitet, sich nicht berechtigt glauben, die Existenz eines Körpers bloß deswegen zu läugnen, weil man ihn nicht von jeder Basis getrennt darstellen kann. Auch nahmen die Verfasser des Handbuchs der Chemie für die Akademie zu Dijon keinen Anstand, diese dem Arsenik wesentliche Substanz unter die sauren Auflösungsmittel zu rechnen. Sie machten im 2ten Theile, der 1778 herauskam, eine Reihe von Versuchen bekannt, die sie unternommen hatten, um dies neue Auflösungsmittel mit allen erdigten und metallischen Substanzen zu verbinden. Sie bedienten sich dabey, bald der Methode der Auswechslung, bald gebrauchten sie, wie Macquer, die Salpeter-Säure als Zwischenmittel; sie erklärten endlich die alte Zusammensetzung, welche man Arsenik-Leber nennt, *) für eine wahre Leber oder ein dreyfa-ches

*) Die Arsenik-Leber ist eine Verbindung des weißen Arseniks mit Pflanzen-Alkali.

Man schütte fein gepulverten weißen Arsenik in eine koncentrirte Auflösung des Pflanzes-Alkali, die man erhitzt hat. Der Arsenik verschwindet und löset sich darin auf. Man setzt so viel zu, bis das Alkali gesättigt ist, d. h. seine alkalischen Eigenschaften verloren hat; wiewohl es viel davon durch Uebersättigung aufnehmen würde. So wie das Alkali den Arsenik in dieser Arbeit auflöset, so erhält es eine braune Farbe, und bekömmt einen besondern unangenehmen Geruch, der sich aber von dem des erhitzten und in Dämpfe verwandelten weißen Arseniks unterscheidet. Die Mischung erhält endlich die Konsistenz eines Leims. Diese Materie ist unkrystallisirbar, im Wasser leicht auflöslich und zerfließt an der Luft. Der Arsenik wird daraus durch das Feuer verjagt, und durch alle vollkommenen Säuren abgeschieden.

Macquer, der Entdecker dieser Substanz, hat sie, wegen ihrer Aehnlichkeit mit der Schwefel-Leber, Arsenik-Leber genannt. Macquer Chem. Wörterb. und Grens Hand-

ches Salz, welches von Macquers Neutralsalz dadurch unterschieden sey, daß es Phlogiston enthalte.

Dem berühmten Scheele war es vorbehalten, diese Wahrheit in ihr volles Licht zu setzen, indem er einen Prozeß angab, um die Arsenik-Säure rein, und von demjenigen Antheile Phlogiston frey zu erhalten, der ihre Eigenschaften zum Theil einhüllt. Er machte diesen zuerst 1774 bekannt, indem er in den Denkschriften der Akademie zu Stockholm die schönen Versuche einrücken ließ, die er auf Bergmans Einladung

 mit

Handbuch der Chem. 3. B. S. 393. Da der weiße Arsenik eine unvollkommene Arsenik-Säure ist, so heißt es richtiger unvollkommen arseniksaures Pflanzen-Alkali oder arsenikhaltiges Gewächs-Alkali (potassinum arsenicosum) wie es Gren in seiner neuen Nomenklatur nennt.

Macquer hat eine ganz ähnliche Verbindung des weißen Arseniks mit dem Mineral-Alkali gemacht, die ihm dieselben Eigenschaften zeigte, als obige. Mémoires de l'Acad. 1748. *Baumé* (erläut. Experimental-Chemie II. Th. S. 267.) erinnert, daß letztere Krystalle gebe, sie kann Arsenikhaltiges Mineral-Alkali (Natrum arsenicosum, Oxide arsenical de soude) heißen. Vom flüchtigen Alkali wird der weiße Arsenik in der Wärme ebenfalls aufgenommen, und gehet damit eine so genaue Verbindung ein, daß die Säuren dieselbe nicht trennen können. (*Bergmann* de Arsenico §. VII. im 2ten Bande der Opusc.) sie kann arsenikhaltiges Ammoniak (Ammoniacum arsenicosum) heißen. Unser Verfasser nennt diese Verbindungen deswegen ein dreyfaches Salz, weil es, seiner Meynung nach, aus Arsenik-Säure, Brennstoff und Alkali bestehet.

mit dem Braunstein übernommen hatte; ob ich diesen Prozeß gleich nur aus einigen periodischen Schriften kannte, so unternahm ich es doch, ihn 1779 in den öffentlichen Vorlesungen bey der Akademie zu Dijon meinen Zuhörern zu zeigen, und die erste Operation glückte mir sogleich vollkommen. (Journal de Physique Tom. XIII. p. 471.) Hier ist er:

Man nehme 1 ℔ schwarzen Braunstein, gleichviel ob es ein fester oder ein zerreiblicher Kalk ist, derjenige, der im Handel zum Gebrauche der Glashütten und der Töpfer vorkömmt, ist dazu brauchbar. Ich habe auch oft den aus Romaneck in Bourgogne angewendet.

Man pülvere ihn fein, schütte ihn in eine gläserne Retorte, gieße darüber $1\frac{1}{2}$ ℔ nicht rauchender Salz-Säure und lege die Retorte in einen Reverberir-Ofen, in einen Ballon schütte man 4 Unzen fein gepülverten weißen krystallinischen Arsenik, und so viel Wasser, daß nicht allein der Arsenik davon befeuchtet, sondern auch ein oder 2 Linien hoch damit bedeckt sey; man lege diesen Ballon als Recipienten an die Retorte und destillire wie gewöhnlich mit nach und nach verstärktem Feuer, die Säure wird sich bald in Dämpfen erheben, die den Ballon röthlich färben, wenn sich diese nicht mehr zeigen, ist es Zeit mit der Destillation einzuhalten.

Nach dem Erkalten macht man die Lutirung ab, und man findet im Ballon den weißen Arsenik, ungefehr so, wie man ihn hinein gethan hat, mit dem Unterschiede, daß sein Volumen um diejenige Quantität vermindert ist, die sich in der darüber stehenden Flüssigkeit

sigkeit aufgelöst hat, dem Anscheine nach sollte man glauben, er habe gar keine Veränderung erlitten; er ist aber wirklich versetzt worden, er hat sein Phlogiston verloren, und es ist nur die ihm eigenthümliche Säure zurückgeblieben.

Um sich davon zu überzeugen, schütte man in eine gläserne Retorte alles, was sich im Ballon befand und destillire in einem Reverberir-Ofen bis zur Trockniß der Gefäße, das Produkt dieser Destillation ist die gemeine Salz-Säure, die sich vom Arsenik trennt; dieser bleibt als eine trockne und feuerbeständige Masse zurück; es ist solcher Arsenik nicht mehr, wie er Anfangs war, sonst würde er sich gewiß bey dem Feuersgrade, den er ausgestanden hat, sublimirt haben.

Wenn man die erste Retorte untersucht, in welcher man den Braunstein mit der gemeinen Salz-Säure gethan hatte, so findet man darin bloß einen trocknen Rückstand, der seine Natur nicht geändert zu haben scheint; wenn man aber in die Retorte etwas warmes Wasser gießt, so löst sich die Masse von den Wänden los, und es bilden sich eine Menge kleiner weißer prismatischer Krystalle, die sich sternförmig gruppiren; dies ist salzsaurer Braunstein.

Um recht zu verstehen, was bey dieser Operation', eine der interessantesten, die man je in der Chemie unternommen hat, vorgeht, muß man hier 4 Punkte der Theorie zusammen halten. (Siehe 1. B. S. 450 u. folg. 470 u. folg.) für welche diese Operation selbst die direktesten Beweise liefert.

1. Damit der schwarze Braunsteinkalk durch die Säuren aufgelöst wird, muß man ihm solche Materien

zusetzen, die fähig sind, Phlogiston zu liefern, oder die Säuren selbst müssen phlogistisirt seyn; sonst erhält man unvollkommene und gefärbte Auflösungen. Hier war aber die Auflösung gesättigt und ungefärbt, der Braunstein hat demnach in der gemeinen Salz-Säure das zu dieser Verbindung nöthige Zwischenmittel angetroffen.

2. Die rothen Dämpfe, die sich erhoben, und im Wasser des Ballons verdichtet haben, sind keine gemeine Salz-Säure mehr, sondern dephlogistisirte (Uebersäure.) (Siehe übersaure Salz-Säure und meine Noten und Zusätze dazu.)

3. Die Salz-Säure, die ihr Phlogiston dem Braunsteinkalke abgetreten hat, ist nun im Stande, dem weißen Arsenikkalke sogar in der Kälte seinen Brennstoff zu entziehen; und die Arsenik-Säure bleibt nun uneingehüllt zurück.

4. Die dephlogistisirte Salz-Säure, die das Phlogiston des Arseniks angenommen hat, und welche man durch die 2te Destillation abgeschieden hat, ist wiederhergestellte gemeine Salz-Säure, die das Gold nicht mehr auflöst.

Dies ist die lichtvolle Theorie, die aus diesen Versuchen fließt, und die durch alle analogen Resultate bestätigt wird. Scheele kam darauf zuerst durch die Beobachtung, daß der Zusatz des gepülverten weißen Arseniks, der alkalinischen Auflösung des Braunsteins oder dem mineralischen Cameleon seine grüne Farbe raube, und daß, wenn man die Masse mit Wasser verdünnet, ein weißer, d. h. phlogistisirter Braunsteinkalk

steinkalk zu Boden falle *). Er schloß daraus, der weiße Arsenikkalk enthalte Phlogiston, und dieser Stoff könne ihm entzogen werden; er erinnerte sich, daß sich die Salz-Säure in der That phlogistisire, wenn man sie mit Arsenik behandelt, und er sahe nun eine Möglichkeit ein, diesen letzten in seine Bestandtheile zu zerlegen.

Diese Verbindung des weißen Arsenikkalks mit dem mineralischen Chamäleon, giebt, wie man sieht, ein drittes Verfahren an die Hand, um die Arsenik-Säure von ihren Phlogiston zu befreyen, es liefert aber diese Säure, eben so wie **Macquers** Prozeß im Zustande eines Neutralsalzes, ich will einen 4ten anführen, der die Säure frey liefert, und bey welchem man keines Braunsteins bedarf; er ist aus **Bergmans** Abhandlung entlehnt.

Man löst mit Hülfe des Kochens in konzentrirter Salz-Säure den 3ten Theil ihres Gewichts weißen Arsenik auf; wenn man die Flüssigkeit erkalten läßt, so bildet sich ein weißlichter Niederschlag, der wahrer salzsaurer Arsenik ist, und den man sogar krystallisirt erhalten kann; wenn man aber, während die Flüssigkeit noch kochend ist, nach und nach ungefähr das doppelte Gewicht des Arseniks, Salpeter-Säure hineingießt, und nachher die Flüssigkeit verdunstet, so wird der Rückstand reine Arsenik-Säure seyn, die man leicht von jeder fremden beygemischten Säure da-

 durch

*) Auch über diesen Kalk siehe meinen Zusatz zur übersauren Salz-Säure und Königs-Säure.

durch trennt, daß man sie so lange dem Calcinirfeuer aussetzt, bis sie roth zu glühen anfängt. Hundert Theile weißer Arsenik geben auf diese Weise ungefehr 80 Theile trockner Säure; da hier der Arsenik mittelst seiner Auflösung in der Salz-Säure sehr zertheilt ist, so kann sich die Salpeter-Säure leichter mit allen seinem Plogiston verbinden *).

Die Verwandlung des Arseniks in Säure ist demnach nicht die Würkung einer besondern Substanz, von der man glauben könnte, daß sie durch bloße Modifikation ein neues Produkt liefert; überhaupt wird der Arsenik durch alle dephlogistisirende Prozesse versetzt, d. h. durch alle diejenigen Körper, die das Phlogiston stark anziehen. Landriani bemerkt ganz richtig in seiner Abhandlung über die Bildung der Lebensluft (Sauerstoffgas) welche er dephlogistisirte Luft nennt, es sey unmöglich, daß die mineralische Säure in die Zusammensetzung der Arsenik-Säure mit eingehe, da diese letztere immer eine und eben dieselbe ist, man mag

*) Der weiße Arsenik erleidet, so wie jeder andere Körper, wenn er in den Zustand einer Säure übergehet, eine Gewichts-Zunahme. Wenn diese bey der Bereitung der Arsenik-Säure nicht in die Sinne fällt, so rührt es bloß daher, daß dabey immer ein Theil weißer Arsenik unverändert bleibt, der in Rechnung gebracht werden muß.

Wiegleb bestimmt sie auf 12,50 pro 100. (Chemische Annalen 1792 I. B. S. 516—521.) und Richter auf 18,77 pro 100. (Ueber die neuern Gegenstände der Chemie VII. St. S. 90.)

mag sie mit Hülfe der Salpeter-Säure, Salz-Säure oder Königs-Säure bereiten; er fügt dieser Bemerkung zwey sehr entschiedene Beobachtungen hinzu; 1) Die Arsenik-Säure, die man durch Hülfe der Schwefel-Säure erhalten hat, liefert, mit Kohlenstaub behandelt, keine schweflichte Säure; (unvollkommene Schwefel-Säure) 2) man kann Arsenik-Säure ohne Hülfe irgend einer andern Säure erhalten, wenn man den weißen Arsenik im verschloßnen Gefäß, worin man die Luft von Zeit zu Zeit erneuert, mehrmals sublimirt, und die Luft dieser Gefäße wird phlogistisirt, (der respirable Theil derselben wird zerlegt und das Stickgas bleibt zurück) während sich der Arsenik zersetzt; er vermuthet mit Recht, diese Operation würde weit schneller von statten gehen, wenn man statt der atmosphärischen Luft, Lebensluft (Sauerstoffgas) in die Gefäße ließe.

Man muß jedoch aus diesen Thatsachen nicht schließen, daß die Arsenik-Säure im weißen Arsenik ganz gebildet, als solche präexistire, die Theorie welche ich oben (1. B. S. 8 u. folg.) aufgestellt habe, erlaubt diesen Schluß keinesweges: die Arsenik-Säure ist wie jede andere Säure aus dem Sauerstoff, und aus einer eigenthümlichen Substanz zusammen gesetzt, die mit Phlogiston in verschiedenen Verhältnissen verbunden, bald Arsenik-König, bald weißen Arsenik darstellt; und die des Phlogistons beraubt, und mit Sauerstoff verbunden, sich als eine eigenthümliche Säure zeigt.

Man wird nicht verlegen seyn anzugeben, woher der weiße Arsenik-Kalk bey seiner Behandlung mit Salpeter oder Salpeter-Säure den Sauerstoff hernimmt.

Ehe man die Salz-Säure zur Gewinnung der Arsenik-Säure angewendet hatte, war es nicht ganz ausgemacht, daß die Salz-Säure ebenfalls einen Antheil Sauerstoff enthielt, welchen sie dem Arsenik abtreten könnte, indem sie ihn seines Phlogistons beraubte, und daß sie unter die große Anzahl derjenigen Körper gehört, die immer entweder mit Sauerstoff, oder Brennstoff verbunden erscheinen, und sich nur von dem einen dieser Grundstoffe trennen, um sogleich mit dem andern wieder eine Verbindung einzugehn. Da aber die Arsenik-Säure, welche man durch die verschiedenen oben angeführten Prozesse erhält, vollkommen identisch ist, so folgt nothwendig, daß die verschiedenen angewendeten Zwischenmittel alle im Stande gewesen sind, dem Arsenik denjenigen Stoff zu liefern, dessen er bedurfte, um als Säure zu erscheinen. Ich füge noch hinzu, daß das Daseyn des Sauerstoffs in der Arsenik-Säure zugleich analytisch und synthetisch erwiesen ist. Wir haben gesehen, daß Landriani diese Säure hervorbrachte, indem er bloß den Arsenik-Kalk in Berührung mit der atmosphärischen Luft erhitzte; derselbe Naturforscher hat Lebensluft (Sauerstoffgas) aus der arseniksauren Kalk-Erde, der arseniksauren Alaun-Erde, und dem arseniksauren Zink erhalten.

Die Arsenik-Säure röthet die Lackmuß- und Violen-Tinktur, und stellt, wie jede andere Säure, die blaue Farbe derselben wieder her, wenn sie durch Alkali verändert worden.

Diese Säure ist für sich feuerbeständig, wird sie aber in Berührung mit solchen Substanzen, die ihr

Phlo-

Phlogiston abtreten können, erhitzt *), so stellt sie sich als weißer Arsenik-Kalk wieder her, und sublimirt sich als solcher. Eben dasselbe geschieht, wenn man die Arsenik-Säure für sich bis zum Weißglühen erhitzt; Bergman glaubt, daß sie in diesem Falle die Materie der Wärme zerlegt, und sie aus dieser das zu ihrer Wiederherstellung nöthige Phlogiston hernimmt **).

Die Arsenik-Säure sowohl als der weiße Arsenik geben, wenn man sie mit reducirenden Flüssen oder kohligten Materien, die fähig sind, solche mit Brennstoff zu sättigen, behandelt, Arsenik-König. Pelletier ließ inflammables Gas (Wasserstoff-Gas) welches er mittelst der Schwefel-Säure aus dem Eisen erhalten hatte, durch flüssige Arsenik-Säure streichen, und erhielt einen schwarzen Niederschlag, der alle Eigenschaften des Arsenik-Königs hatte. Dieser sinnreiche Versuch

*) Die Arsenik-Säure wird vom Kohlen-Staube beym Digeriren nicht verändert; thut man aber das Gemenge in eine Retorte, und bringt es zum glühen, so entzündet sich die ganze Masse heftig, die Arsenik-Säure setzt ihren Sauerstoff an die Kohle ab, und steigt als Arsenik-König, der mit etwas weißen Arsenik vermengt ist, in die Höhe. Vor dem Löthrohre auf einer Kohle geschmolzen, wird sie ebenfalls in weißen Arsenik verwandelt.

**) Diese Reduktion gehet nach Lavoisier deswegen vor, weil die Arsenik-Säure in der Glüh-Hitze von ihrem Sauerstoff verliert, der durch Wärmestoff expandirt als Sauerstoff-Gas entweicht, nach Richter nimmt sie außerdem noch Brennstoff aus der leuchtenden Wärme an.

such giebt uns ein Beyspiel von einer direkten Reduktion auf nassem Wege, und einen neuen Beweis für die Identität des inflammablen Gas mit dem Phlogiston *). Derselbe Chemist hat versucht den Schwefel durch diese Säure zu zersetzen, er hat gefunden, daß diese Zersetzung auf nassem Wege, nicht statt findet; als er aber ½ Drachme reiner Arsenik-Säure (die er durch zerfließen des Rückstandes erhalten hatte, welcher übrig bleibt, wenn man arsenik-saures Ammoniak glühet) in einen Kolben mit gleichen Theilen Schwefelblumen dem Feuer aussetzte, entwickelte sich eine sehr stechende flüchtige Schwefel-Säure, und es sublimirte sich sehr schönes Rauschgelb. Daraus folgt, daß sich die Arsenik-Säure des Brennstoffs aus dem Schwefel bemächtigt (und Sauerstoff an denselben absetzt,) denn das Rauschgelb bildet sich hier aus wiederhergestelltem Arsenik und einem Theile unzersetzten Schwefel **).

Die Arsenik-Säure der Luft ausgesetzt, zieht Feuchtigkeit an, und zerfließt am Ende ganz.

Bey 12° Reaumur erfordert sie zu ihrer Auflösung nur ⅔ ihres Gewichts Wasser, während der weiße Arsenik

*) Ueber die vermeintliche Identität des Brennstoffs mit der inflammablen Luft, siehe I. B. S. 195. Hier wird nach Lavoisier deswegen Arsenik-König hergestellt, weil der Wasserstoff aus dem Wasserstoff-Gas der Arsenik-Säure ihren Sauerstoff entziehet, um damit Wasser zu bilden. Nach Richter tritt hier das Wasserstoff-Gas an den Arsenik noch seinen Brennstoff ab.

**) Nach Lavoisier setzt hier die Arsenik-Säure bloß ihren Sauerstoff an den Schwefel ab.

senik bey eben derselben Temperatur 80 Theile Wasser erfordert, beym Kochpunkt erfordert der letzte $10\frac{1}{2}$ Theile nach Wenzel und 15 Theile nach Bergman *).

Ich bewahrte flüssige Arsenik-Säure in einer wohl verstopften Flasche auf, nach einem Jahre fand ich darin sehr schöne oktaedrische Krystalle, die aus 2 mit ihren Grundflächen an einander gefügten vierseitigen Pyramiden bestanden; die Krystalle hatten die Farben und die Durchsichtigkeit des Topases. Als ich sie in einem rothglühenden Schmelztiegel warf, verdampften sie ohne Rückstand, und verbreiteten einen Geruch nach Knoblauch, dies beweist, daß sie aus unzersetztem weißen Arsenik bestanden, womit die Säure noch verunreinigt war, weil das zu ihrer Bereitung angewendete Feuer nicht hinreichte denselben zu verflüchtigen.

Die Auflösung der Arsenik-Säure im Wasser kann durch Abrauchen trocken, und wenn man stärkeres Feuer giebt, glasförmig dargestellt werden; die Säure leidet bey dieser Operation keine Veränderung, denn sie zieht nach wie vor Feuchtigkeit an. Das hier erhaltene Glas wirkt sehr stark auf die Schmelztiegel.

Diese Säure bildet mit alkalischen, erdichten und metallischen Basen verbunden, arseniksaure Neutral- und Mittelsalze. Sie liefert auch eine Art von Leber oder eine dreyfache Zusammensetzung.

Berg-

*) Nach Hahnemann's Vers lösten sich bey 96° Farenh. ($28\frac{4}{9}$ Reaum.) in 10 Minuten 50 Gran mäßig fein gepülverten weißen Arsenik, in 4800 Granen fließenden Wasser auf, während das Gemenge immerwährend umgerührt wurde. Von der Arsenik-Vergiftung. S. 10.

Bergman giebt in seiner Tabelle die Verwandschaften der Arsenik-Säure auf nassem Wege in folgender Ordnung an:

Die Kalk-Erde.
Die Schwer-Erde.
Die Bitter-Erde.
Das Pflanzen-Alkali.
Das Mineral-Alkali.
Das flüchtige Alkali. (Ammoniak.)
Der Zink.
Der Braunstein.
Das Eisen.
Das Bley.
Das Zinn.
Der Kobald.
Das Kupfer.
Der Nikkel.
Der Wismuth.
Das Quecksilber.
Das Spiesglanz.
Das Silber.
Das Gold.
Die Platina.
Die Ton-Erde.
Der Eisen-Kalk.
Das Wasser.

In derjenigen Tabelle, die hinter Scheffers Chemischen Vorlesungen abgedruckt ist, steht die Kalk-Erde nach der Schwer-Erde und den beyden feuerbeständigen Alkalien. **Bergman** hat aber nachher gefunden,

daß

daß die Kalk-Erde dem Pflanzen-Alkali die Arsenik-Säure entzieht.

Man findet in dieser Liste das Phlogiston nicht, weil dieses in der That die Arsenik-Säure keiner von den angeführten Substanzen entzieht; ich habe inflammables Gas durch eine Auflösung des arseniksauren Alkali streichen lassen, und es hat darin keine Veränderung bewirkt. Inzwischen ist es wahrscheinlich, daß dieses Neutralsalz, wie die Mitglieder der Akademie zu Dijon, die damit an einem Hunde einen Versuch angestellt haben, bemerken, nur darum als ein betäubendes Gift wirkt, weil es nach und nach wieder Phlogiston anzieht, (und von seinem Sauerstoff ververliert), es ist aber ebenfalls wahrscheinlich, daß diese Zersetzung nicht durch eine einfache Verwandschaft bewirkt wurde; und wenn man die Eigenschaft des Arseniks das Phlogiston an sich zu ziehen in mehreren Krankheiten *), wo dies nützlich seyn könnte, wie beym Krebse, der Wasserscheu, und mehreren andern, gegen welche noch kein Mittel bekannt ist, benutzen wollte, so wäre es am sichersten, die sehr verdünnte Arsenik-Säure zu versuchen. Die Verwandschaft dieser

*) Mehrere verdienstvolle Aerzte, zu welchen unter andern Hahnemann gehört (Ueber die Arsenik-Vergiftung S. 37 und folgende) misbilligen den äußern sowohl als den innern Gebrauch des weißen Arseniks gänzlich. Was vom weißen Arsenik gilt, gilt von der Arsenik-Säure ebenfalls, da sie ein noch weit schrecklicheres Gift ist als jener.

dieser Säure zum Phlogiston ist durch die Beobachtung, die Bergman in seiner Analysis des Eisens anführt, außer Zweifel; denn als er dieses Metall in Arsenik-Säure auflöste, entwickelte sich kein inflammables Gas; dies kann, wie er richtig bemerkt, nur daher kommen, daß sich das Phlogiston aus dem Eisen mit einem Theile Arsenik-Säure verbindet, und sie zu weißen Arsenik wiederherstellet *).

Auf trocknen Wege stehet der Brennstoff in der Verwandtschaftstafel oben an, nachher kommen:

Die Kalk-Erde.
Die Schwer-Erde.
Die Bitter-Erde.
Das Pflanzen-Alkali.
Das Mineral-Alkali und
Die Ton-Erde.

Zusatz.

Verhalten der Arsenik-Säure gegen Alkalien und Erden.

Wenn man die Arsenik-Säure mit Pflanzen-Alkali sättigt, so erhält man ein an der Luft zerfließendes Ar-

*) Daß hier kein Wasserstoff-Gas gebildet wird, kömmt daher, daß die Arsenik-Saure, wenn sie zu weißen Arsenik hergestellt wird, so viel Sauerstoff hergiebt, als zur Verkalkung des Eisens nöthig ist, und daß letzteres folglich kein Wasser zerlegt, wie dies bey seiner Auflösung in Schwefel-Säure und Salz-Säure z. B. der Fall ist.

arseniksaures Pflanzen-Alkali (Potassinum arsenicatum, arsenicis potassae). Uebersättigt man die Auflösung, so kann man daraus schöne Crystalle erhalten.

Mit Mineral-Alkali giebt diese Säure ein arseniksaures Mineral-Alkali (Natrum arsenicicum, Arsenias sodae, Arseniate de soude) welches nur mit überschüssigem Alkali zu Crystallen anschießt, ob das Mineral-Alkali oder Pflanzen-Alkali dieser Säure näher verwandt sey, ist noch nicht entschieden.

Mit flüchtigem Alkali liefert sie das arseniksaure Ammoniak, (Ammoniacum arsenicicum, Arsenias ammoniacae, arseniate d'ammoniac) welches sowohl mit überschüssiger Säure, als auch mit überschüssigem Ammoniak anschießt, die Crystalle mit überschüssiger Säure zerfließen an der Luft.

Die feuerbeständigen Alkalien zersetzen das arseniksaure Ammoniak.

Den Arseniksauren Kalk (Calx arsenicica, arsenias Calcis, Arseniate de Chaux) kann man geradezu durch Auflösung der Kreide erhalten, bequemer gewinnt man ihn durch das Zutröpfeln der Säure in Kalkwasser. Kohlensaure Alkalien schlagen die Kalk-Erde aus der Arsenik-Säure nieder, nicht aber die ätzenden, das Kalk-Wasser macht im Gegentheil das Alkali aus der damit verbundenen Arsenik-Säure frey. Dies beweist, daß die Kalk-Erde der Arsenik-Säure näher verwandt ist, als die Alkalien, und der Kohlen-Säure näher als der Arsenik-Säure.

Die Talk-Erde (Bitter-Erde) bildet mit der Arsenik-Säure eine gallertartige arseniksaure Talk-Erde, (Magnesia arsenicica, arsenias magnesiae, arseniate de magnésie). Nach Bergman (Opusc. T. I. de magnesia §. IX.) löset sich dieses Neutralsalz, ohne zersetzt zu werden, in der Essig-Säure, Salpeter-Säure und Ameisen-Säure auf, und die abgerauchte Auflösung liefert schöne strahligte Crystalle (crystalli solares).

Mit der Ton-Erde liefert die Arsenik-Säure eine dickliche Masse, (Argilla arsenicica, arsenias Argillae, arseniate d'alumine).

Die Kiesel-Erde wird nicht angegriffen.

Die Schwer-Erde wird von der Arsenik-Säure aufgelöst, wegen der Schwerauflöslichkeit der arseniksauren Schwer-Erde (Barytes arsenicicus, arsenias barytis, Arseniate de baryte) fällt diese gegen den Sättigungs-Punkt in der Flüssigkeit zu Boden. (Scheele vom Arsenik und dessen Säure, nach Hermbstädts Ausgabe von Scheeles Werken 2. B. S. 101—123.)

Ueber das Verhalten der Arsenik-Säure gegen die übrigen Erden finde ich nirgend Versuche.

Wechselseitige Verwandtschaften der Arsenik-Säure und der drey bisher abgehandelten Säuren, gegen Alkalien und Erden.

Die Schwefel-Säure ist den Alkalien und Erden auf nassem Wege näher verwandt als die Arsenik-Säure, und schlägt daher aus der arseniksauren Kalk-Erde oder Schwer-Erde einen Gyps oder Schwer-Spath nieder, aber auch aus den arseniksauren Neutralsalzen sondert sie die Arsenik-Säure ab.

Auf

Auf trocknem Wege hingegen, treibt beym Glühen die Arsenik-Säure aus dem schwefelsauren Pflanzen-Alkali, dem Glaubersalze, dem Gypse, selbst dem Schwer-Spathe, nach Scheelens Erfahrung, die Schwefel-Säure aus, nur ist hier ein Uebermaaß Arsenik-Säure nöthig.

Auf nassem Wege zersetzt die Salpeter-Säure die arseniksauren Neutral-Salze und die arseniksaure Schwer-Erde, Kalk-Erde und Ton-Erde; aber nicht die arseniksaure Talk-Erde; vielmehr entzieht die Arsenik-Säure der Salpeter-Säure die Talk-Erde.

Auf trocknem Wege hingegen wird die Salpeter-Säure von den Alkalien und Erden durch die Arsenik-Säure getrennt.

Die Salz-Säure ist auf nassem Wege mit den Alkalien, der Kalk-Erde, Schwer-Erde und Thon-Erde näher verwandt als die Arsenik-Säure; aber nicht mit der Talk-Erde; denn die arseniksaure Talk-Erde wird zwar von der Salz-Säure aufgelöst, schießt aber unzersetzt daraus an.

Auf trocknem Wege hingegen läßt sich die Salz-Säure von den Alkalien und Erden, durch die Arsenik-Säure trennen. Wenn man daher ein Theil Küchen-Salz mit drey Theilen trockner Arsenik-Säure vermengt, und aus einer Retorte destillirt, so geht beym Glühen, wenn das Gemenge zum fließen kömmt, die Salz-Säure über, und der Rückstand ist arseniksaures Mineral-Alkali. Auch der Salmiak wird im Feuer durch die trockne Arsenik-Säure zerlegt, und die Salz-Säure desselben ausgetrieben; zuletzt wird freylich bey stärkerm Feuer das entstandene arseniksaure

Ammoniak wieder zerstört, und man erhält weißen Arsenik und flüchtiges Alkali. Hier wird nämlich ein Theil des flüchtigen Alkali zerlegt, der Wasserstoff desselben verbindet sich mit einem Theile Sauerstoff aus der Arsenik-Säure zum Wasser und so wird die Arsenik-Säure in den Zustand des weißen Arseniks versetzt. **Grens** Handbuch 3. B. S. 423 folg.

Verhalten der Arsenik-Säure gegen die Metalle.

Auf das **Gold** äußert die Arsenik-Säure, weder auf nassem noch auf trocknem Wege, auflösende Kräfte. Auch ein Gemisch aus Arsenik-Säure und Salz-Säure oder aus Arsenik-Säure und Salpeter-Säure greift das Gold nicht an. Die Gold-Auflösung giebt auch mit Arsenik-Säure keinen Niederschlag. Demohngeachtet ist es noch nicht ausgemacht, ob die Arsenik-Säure den Gold-Kalk nicht auflöst und sich damit zum arseniksauren Golde verbindet, fernere Versuche müssen hierüber entscheiden. Das arseniksaure Mineral-Alkali schlägt die Gold-Auflösung regulinisch nieder, (Anfangsgründe der Chemie zum Gebrauch für die Akademie zu Dijon II. Th. S. 223.) woraus sich schließen ließe, daß der Arsenik in der Arsenik-Säure, nach **Lavoisier**, noch nicht vollkommen mit Sauerstoff gesättigt ist, und nach **Richter**, daß die Arsenik-Säure Arsenik ist, der mit Sauerstoff noch nicht vollkommen gesättigt und von seinem Brennstoff noch nicht ganz befreyt ist. Eben dies wird auch dadurch wahrscheinlich, daß man schweflichte Säure erhält, wenn man schwefelsaure Neutral- und Mittel-Salze mit Arsenik-Säure destillirt.

Die Platina wird von der Arsenik-Säure weder auf nassem noch auf trocknem Wege angegriffen, und ihre Auflösung in Königs-Säure wird auch durch dieselbe nicht gefället. Die arsenikalischen Neutral-Salze geben einen Niederschlag, an dessen Entstehung das Alkali mehr Antheil zu haben scheint, als die Arsenik-Säure. — Auch eine Mischung aus Arsenik-Säure und Salz-Saure, oder Arsenik-Säure und Salpeter-Säure, bewirken keine Auflösung der Platina.

Das Silber wird auf nassem Wege von der Arsenik-Säure nicht angegriffen: wenn man aber die mit Silber vermengte Arsenik-Säure aus einer Retorte bey nach und nach verstärktem Feuer destillirt, so greift die Arsenik-Säure wirklich in das Silber ein, ein Theil derselben verwandelt sich in weißen Arsenik, und steigt in die Höhe, ein anderer Theil bleibt mit dem Silber-Kalke zu einem fast ungefärbten Glase geschmolzen zurück, das bey der Auflösung im heißen Wasser ein braunes Pulver absetzt; die Auflösung selbst aber enthält arseniksaures Silber, das sich durch Salz-Säure zum Hornsilber fällen läßt. Die arseniksauren Neutral-Salze schlagen aus der Silber-Auflösung in Salpeter-Säure ein braunrothes Salz nieder. Durch ein heftiges und anhaltendes Glühen läßt sich die Arsenik-Säure vom Silber scheiden, weil sie dann selbst in weißen Arsenik verwandelt, und der Silber-Kalk reducirt wird.

Obgleich Arsenik-Säure und Salz-Säure, jede für sich, das Silber nicht angreifen, so wird dieses

Metall doch durch die Mischung beyder Säuren merklich angegriffen. Wird die salpetersaure Silber-Auflösung mit Kupfer gefället, dieser Präcipitat mit heißem Wasser wohl ausgewaschen, und mit zwey Theilen Arsenik-Säure und zwey Theilen Salz-Säure vierzehn Tage lang in einer verschlossenen Flasche digerirt, so verwandelt sich das Silber in ein weißes Pulver, wird dieses Pulver ausgesüß't und getrocknet, so findet sich, daß es Hornsilber ist. Destillirt man die Säure, die sich über dem weißen Pulver befand, ab, so gehet Salz-Säure über, welche Arsenik enthält; denn mit wenig Salpeter-Säure vermengt und wieder destillirt, läßt sie ein wenig Arsenik-Säure zurück. Das Silber wird demnach hier durch die Arsenik-Säure verkalkt, und nachher durch die Salz-Säure in Hornsilber verwandelt.

Das Quecksilber vereinigt sich während der Digestion mit flüssiger Arsenik-Säure nicht mit derselben, thut man aber das Gemenge in eine Retorte, destillirt bis zur Trockniß, und verstärkt nun das Feuer, so wird die Masse in der Retorte gelb und es steigt Quecksilber, weißer Arsenik und ein wenig gelber Sublimat in den Retorten-Hals. Die gelbe Masse im Bauche der Retorte ist arseniksaures Quecksilber, es löst sich in Salpeter-Säure und Schwefel-Säure nicht auf, wohl aber in Salz-Säure. Wenn man diese Auflösung des arseniksauren Quecksilbers, bis zur Trockniß abraucht, und aus einer Retorte destillirt, legt sich im Halse desselben ätzender Sublimat an, und in der Retorte bleibt Arsenik-Säure zurück.

Bey sehr heftigem Feuer wird das arseniksaure Quecksilber zersetzt und man erhält laufendes Quecksilber und weißen Arsenik. Man

Man weiß, daß das Quecksilber in der Digestion von der Salz-Säure nicht angegriffen wird; wenn aber zwey Theile Salz-Säure, zwey Theile Arsenik-Säure, und ein Theil Quecksilber vierzehn Tage lang, in einer verschlossenen Flasche in Digestion gestellt werden, so bekömmt die Säure einen Quecksilber-Geschmack, und das Quecksilber wird in ein gelbes Pulver verwandelt. Die Ursachen dieser Erscheinung sind dieselben, wie oben beym Silber. Destillirt man die Säure, so gehet Salzgeist über, der Arsenik enthält; wird aber der Rückbleibsel in der Retorte mit starker Wärme getrieben, so steigt ein ätzendes Quecksilber auf, und die überflüssige Arsenik-Säure bleibt in der Retorte zurück. Das gelbe Pulver wird vom Kalk-Wasser und von den Alkalien schwarz, bey der Sublimation verwandelt es sich in milden Quecksilbersublimat.

Die Auflösung des Quecksilbers in Schwefel-Säure und Salpeter-Säure, wird von der Arsenik-Säure gelb niedergeschlagen; aber die Auflösung vom ätzenden Sublimate, wird weder durch die Arsenik-Säure noch durch die arseniksauren Mittel-Salze gefällt. Arseniksaures flüchtiges Alkali präcipitirt die Auflösung weiß.

Die Arsenik-Säure leidet bey der Sublimation mit ätzendem Sublimate keine Veränderung, braucht man aber statt des ätzenden, versüßtes Quecksilber, so steigt ätzendes Quecksilber in die Höhe, welches mit weißen Arsenik vermengt ist: dies beweist, daß die gemeine Salz-Säure eine nähere Verwandtschaft zum Sauerstoff hat, als der weiße Arsenik; denn wenn ätzender Sublimat gebildet werden soll, muß übersaure

Salz-Säure entstehen, die gemeine Salz-Säure nun aus dem versüßten Quecksilber verbindet sich mit Sauerstoff aus der Arsenik-Säure, wodurch letztere in weißen Arsenik, sie selbst aber in übersaure Salz-Säure umgewandelt wird. Wenn man Arsenik-König mit gleich viel ätzendem Sublimate vermengt destillirt, so bekömmt man rauchende Arsenik-Butter, (eine Verbindung aus weißem Arsenik und gemeiner rauchender Salz-Säure) versüßtes Quecksilber und etwas laufendes Quecksilber. Dies beweist, daß der Arsenik-König zu derjenigen Quantität Sauerstoff, dessen er bedarf, um als weißer Arsenik zu erscheinen, eine nähere Verwandtschaft hat, als die Salz-Säure zu derjenigen Quantität Sauerstoff, dessen sie benöthigt ist, um als übersaure Salz-Säure zu erscheinen.

Das Kupfer wird von der flüssigen Arsenik-Saure bey der Digestion angegriffen: die Auflösung wird grün, und es fällt eine Menge blauweißes Pulver nieder, welches sich an das Quecksilber hängt und arseniksaures Kupfer ist. Wenn man einen Theil Kupferfeilspäne mit zwey Theilen trockner feingeriebener Arsenik-Säure vermengt, und das Gemengsel destillirt, bis die Retorte schmilzt, so steigt Arsenik in den Hals, das Gemenge kömmt in Fluß und wird blau. Dieser blaue Rückstand in Wasser aufgelöst, ist der durch flüssige Arsenik-Säure erhaltenen Kupfer-Auflösung ganz ähnlich.

Die schwefelsaure, salpetetersaure und salzsaure Kupfer-Auflsßung wird durch Arsenik-Säure nicht niedergeschlagen, wohl aber die Essigsaure. Arsenikalische Mittel-Salze präcipiren die Kupfer-Auflösungen blau;

blau; dieses ausgesüßte und getrocknete Präcipitat giebt im heftigen Feuer eine braune Schlacke, die den ganzen Schmelztiegel gelb glasirt; wenn man diese Schlakke mit reducirenden Stoffen behandelt, erhält man Arsenik-König und Kupfer.

Eisen wird beym Digeriren von der flüssigen Arsenik-Säure angegriffen. Beym Zutritte der Luft wird die Auflösung gallertartig, ohne Zutritt derselben nicht, setzt man indessen die in verschlossenen Gefäßen bereitete Auflösung der Luft aus, so wird sie ebenfalls gallertartig. Diese Gallerte liefert, wenn man sie trocknet, eine bräunliche Erde, aus welcher Meyer (Chem. Annalen 1786, 1. B. S. 164.) beym Schmelzen auf einer Kohle, einen mit einigen Wasserbley-Blättern umgebenen, spröden, harten, im Bruche hellgrauen und grobspießigen König erhielt, der mit Borax unter Funkensprühen und Ausstoßen von Arsenik-Dämpfen zusammenschmolz.

Das Pflanzen-Alkali schlägt aus der arseniksauren Eisen-Auflösung ein weißgrünes Pulver nieder, wenn man dieses aussüßt und in einer gläsernen Retorte bey gelindem Feuer destillirt, so sublimirt sich weißer Arsenik und auf dem Boden der Retorte bleibt roth oxydirter Eisenkalk zurück.

Wenn man einen Theil Eisenfeile mit 4 Theilen Arsenik-Säure destillirt, so schäumt das Gemenge stark gegen das Ende der Destillation, wenn es trocken geworden ist, und man verstärkt nun das Feuer, so entstehet in der Retorte eine Entzündung, und es sublimirt sich weißer Arsenik und Arsenik-König, in der Re-

Retorte bleibt ein schwarzer zerreiblicher Rückstand, der nur wenig Arsenik-Säure enthält.

Die Auflösungen des Eisens in Schwefel-Säure, Salpeter-Säure und Salz-Säure, werden von der Arsenik-Säure nicht niedergeschlagen, wohl aber die essigsaure Eisen-Auflösung.

Arsenikalische Mittelsalze präcipitiren alle Eisen-Auflösungen. Diese Niederschläge gehen bey starker Hitze in Fluß, wobey sie einen arsenikal. Geruch verbreiten, und sich in eine schwarze Schlacke verwandeln. Vermengt man diese Niederschläge mit Kohlenstaub und kalcinirt sie, so rauchen sie stark wie Arsenik, und werden hernach vom Magnete gezogen. Die vollkommnen Eisen Kalke werden von der Arsenik-Säure nur wenig angegriffen.

Bley wird Anfangs bey der Digestion mit Arsenik-Säure schwarz. Einige Tage hernach wird es mit einem weißen ins Grüne fallendem Pulver umgeben, das mit ein wenig weißen Arsenik vermengt ist, durch gelinde Sublimation kann man diesen Arsenik davon trennen. Die Säure enthält kein aufgelöstes Bley.

Wenn man einen Theil geschabtes Bley mit zwey Theilen gepülverter trockner Arsenik-Säure destillirt, so wird das Bley aufgelöst, und die Mischung kömmt in einen klaren Fluß, es steigt dabey ein Theil weißer Arsenik in den Retortenhals auf. Im Retortenbauche bleibt ein milchfarbenes Glas, wird dieses in Wasser aufgelöst, so fällt ein weißes Pulver zu Boden, welches arseniksaures Bley ist, und das Wasser enthält freye Arsenik-Säure.

Das arseniksaure Bley hält, ohne sich zu zersetzen, einen Feuers-Grad aus, bey welchem es fließt, setzt man Kohle zu, so erhält man weißen Arsenik und regulinisches Bley. Durch Kochen des weißen Arseniks mit der Auflösung des salpetersauren Bleyes, erhält man ebenfalls arseniksaures Bley, ein Theil Sauerstoff aus der Salpeter-Säure, verbindet sich mit dem weißen Arsenik und wandelt ihn in Arsenik-Säure um, dadurch wird die Salpeter-Säure in unvollkommne Salpeter-Säure, oder salpetrigte Säure umgewandelt, und entweicht in rothen Dämpfen.

Bley in Salpeter-Säure, Salz-Säure oder Essig-Säure aufgelöst, wird von der Arsenik-Säure als arseniksaures Bley niedergeschlagen.

Die arseniksauren Neutralsalze fällen ein arseniksaures Bley aus allen Auflösungen des Bleyes in Säuren, hierauf begründet sich die unten zu beschreibende von Richter vorgeschlagene Bereitungsart der Arsenik-Säure.

Zinn wird während der Digestion mit Arsenik-Säure anfangs schwarz, nachdem wird es mit einem weißen Pulver umgeben, und endlich verwandelt sich die ganze Masse in eine Gallerte.

Destillirt man einen Theil geraspeltes Zinn mit zwey Theilen gepülverter trockner Arsenik-Säure, so entsteht, sobald das Gemenge glühet, eine Entzündung, wobey sich weißer Arsenik und ein wenig Arsenik-König sublimirt; das Zinn wird aufgelöst, und gehet in einen klaren Fluß, der nach dem Abkühlen milchfarbig wird. Löst man diesen Fluß in der Wärme in Wasser auf, so sondert sich eine Menge weißen Pulvers ab, das sich in keiner Säure auflöst, und sehr wenig Arsenik-Säure enthält. Zinn-Auflösung in Schwefel-Säure,

Säure, Salpeter=Säure und Salz=Säure, werden von der Arsenik=Säure nicht niedergeschlagen, aber Zinn in Essig=Säure aufgelöst, wird von derselben präcipitirt. Arsenikalische Mittelsalze fällen die Zinn=Auflösungen, dieser Präcipitat ist sehr schwerflüssig, mit Kohlenstaub vermengt und destillirt, sublimirt sich daraus theils weißer Arsenik, theils wirklicher Arsenik=König.

Der Zink ist das einzige unter allen Metallen, das mit Arsenik=Säure aufbraust. Der Zink wird schwarz und die Säure durch eine Menge schwarzes Pulver trübe. Wenn man dieses Pulver absondert, aussüßt und trocknet, und an einem dunkeln Ort, auf eine fast glühende eiserne Platte wirft, so brennt es mit blauer Flamme, und weißem arsenikalischem Rauche, und läßt ein weißes Pulver zurück. Es ist also größtentheils Arsenik=König. Das Aufbraüsen hört bald auf, weil jedes einzelne Stückchen Zink, bald mit einer Arsenik=Rinde umgeben wird, welche die fernere Einwirkung der Säure hindert.

Die Gas=Art, welche hier durch ihr Entweichen das Aufbrausen bewirkt, ist Wasserstoff=Gas, welches bey seinem Verbrennen Arsenik=König absetzt.

Diese Erfolge beweisen, daß der Zink (bey der Temperatur, bey welcher der Versuch vorgenommen wurde) eine nähere Verwandtschaft zum Sauerstoff besitzt als der Arsenik=König. Der Zink raubt der Arsenik=Säure ihren Sauerstoff, dadurch wird sie zum Arsenik=König hergestellt; es wird aber hier eben so wie bey der Auflösung des Zinks in Schwefel=Säure oder Salz=Säure ein Theil Wasser zerlegt, dessen Sauerstoff ebenfalls an den Zink tritt, (nach Richter

tritt

tritt hier zugleich der Brennstoff des Zinks an den Arsenik). Der Wasserstoff wird frey, verbindet sich mit Wärmestoff zu Wasserstoff-Gas, und löst gleich bey seinem Entstehen einen Theil Arsenik-Säure auf. Werden ein Theil Zinkfeile und zwey Theile feingepülverter Arsenik-König in einer Retorte so stark erhitzt, daß der Boden der Retorte glühet, so entstehet eine Entzündung mit einer hellen Flamme, die Retorte zerspringt mit einem Knalle, und im Halse der Retorte findet man Arsenik-König und Zinkblumen.

Die Auflösungen des Zinks in Schwefel-Säure, Salz-Säure und Salpeter-Säure werden nicht von der Arsenik-Säure niedergeschlagen, wohl aber die essigsaure Zink-Auflösung. Arsenikalische Mittelsalze zerlegen jene Auflösungen, und man bekömmt einen weißen Präcipitat, der wohl ausgewaschen in einer Retorte bey starker Hitze fließt, und mit Kohlenstaub behandelt, Arsenik-König giebt.

Wismuth wird während der Digestion mit Arsenik-Säure von einem weißen Pulver umgeben. Wenn man die über demselben stehende Flüssigkeit mit Wasser verdünnt, so schlägt sich aus derselben ein ebenfalls weißes Pulver zu Boden, beyde sind arseniksaurer Wismuth (Bismuthum arsenicicum, Arsenias Bismuthi, Arseniate de Bismuth).

Auf trocknem Wege wird das Wismuth von der Arsenik-Säure bloß verkalkt aber nicht aufgelöst.

Die salpetersaure Wismuth-Auflösung wird von der Arsenik-Säure niedergeschlagen. Dieser Präcipitat, so wie der mittelst der trocknen Arsenik-Säure erhaltene Kalk, ist für sich sehr schwerflüssig, kömmt aber ein

wenig

wenig Kohlenstaub dazu, so fließt er sogleich, der Arsenik verraucht, und der Wismuth wird reducirt.

Der Spiesglanz-König wird während der Digestion mit Arsenik-Säure, wiewohl schwer, aufgelöst, während des Auflösens fällt ein weißes Pulver zu Boden; ein solches läßt auch die Auflösung fallen, wenn man sie mit Wasser verdünnt; dieses Pulver ist eine Verbindung aus Spiesglanz-Kalk und weißem Arsenik, folglich ein unvollkommen arseniksaures Spiesglanz (Stibium arsenicosum, arsenite d'antimoine). Wenn man gepülverte trockne Arsenik-Säure mit zerriebenen Spiesglanz erhitzt, so entzündet sich das Gemenge, so bald es in Fluß kömmt, und es sublimirt sich Arsenik-König und etwas rother Sublimat. Aus der Auflösung des Spiesglanzes in Schwefel-Säure, Salpeter-Säure und Salz-Säure schlägt die Arsenik-Säure nichts nieder. Die Auflösung des essigsauren Spiesglanzes, wird von der Arsenik-Säure niedergeschlagen. Die arseniksauren Neutralsalze schlagen aus allen Säuren eine Verbindung von weißem Arsenik und Spiesglanz (unvollkommen arseniksauren Spiesglanz) nieder.

Vom Kobalt löst die Arsenik-Säure in der Digestions-Wärme wenig auf, die Auflösung nimmt eine rosenrothe Farbe an, und hat einen Ueberfluß von Säure. Mit dem Kobalt-Kalke verbindet sie sich leichter, die gesättigte Verbindung dieses arseniksauren Kobalts (Cobaltum arsenicicum, Arsenias Cobalti, Arseniate de Cobalt) ist rosenroth und im Wasser unauflöslich, außer bey einem Ueberschusse der Säure. Die Arsenik-Säure fällt die sauren Auflösungen des Kobolts nicht, nicht einmal die Essigsaure. Die arsenikniksauren Neutralsalze schlagen die Auflösungen des Kobalts nieder. Der arseniksaure Kobalt ist strengflüssig und schmilzt im Tiegel zu einer dunkelblauen Schlacke, ohne seine Säure von sich zu lassen, wenn man diese mit Kohlenstaub röstet, entweicht die Säure daraus als weißer Arsenik. Die sogenannte Kobalt-Blüthe ist ein natürlicher arseniksaurer Kobalt.

Den Nickel-König färbt die flüssige Arsenik-Säure bey der Digestion grün, und es sondert sich vom Metall-Körper eine Menge eines grünen Pulvers ab, welches mit weißem Arsenik vermengt ist, letzter läßt sich bey einem gelinden Feuer abscheiden.

Wenn man einen Theil gepülverten Nickel mit zwey Theilen trockner Arsenik-Säure vermengt, in einer Retorte stark erhitzt, so kömmt das Gemenge in Fluß, es scheint sich zu entzünden, und es wird etwas weißer Arsenik sublimirt. In der Retorte findet man eine gelbe Masse, aus der sich eine Menge grüner Stengel erheben. Wird dieser Rückstand mit Wasser gekocht, so löst sich die freye Säure auf und es bleibt ein gelbes Pulver, welches arseniksaurer Nikkel (Niccolum arsenicicum, Arsenias niccoli, Arseniate de Nickel) ist. Dieser giebt mit Kohlenstaub behandelt, Arsenik-König, aber der Nickel-Kalk wird nicht reducirt.

Die Auflösungen des Nickels in Schwefel-Säure, Salpeter-Säure und Salz-Säure werden von der Arsenik-Säure eben so wenig niedergeschlagen, als die in Essig-Säure. Die arsenikalischen Neutralsalze fällen aus den Auflösungen einen arseniksauren Nickel, in Gestalt eines weißgrünen Pulvers.

Der

Der Arsenik=König wird während der Digestion mit Arsenik=Säure von einem weißen Pulver überzogen, welcher weißer Arsenik ist.

Wird ein Theil Arsenik=König mit zwey Theilen trockner Arsenik=Säure vermengt und destillirt, so steigt der König in den Hals der Retorte auf, und die Säure kömmt in Fluß.

Thut man in die Retorte, worin die Arsenik=Säure im Fluß ist, den Arsenik-König stückweiß, so entsteht eine Entzündung, und es wird weißer Arsenik sublimirt.

Das Verhalten der Arsenik-Säure zum Magnesium (Braunstein=König), ist meines Wissens noch nicht untersucht. Von dem Braunsteine (schwarzen Magnesium=Kalke (magnesia nigra seu vitriariorum nach Grens neuer Nomenklatur, Magnesiana) löste die Arsenik=Säure, bey Scheeles Versuche, ein wenig in der Digestion auf, welcher durch feuerbeständiges Alkali daraus weiß niedergeschlagen wurde.

Bey der Destillation des Braunsteins sublimirte sich ein wenig weißer Arsenik. Das Gemenge kam ein wenig in Fluß, aber die Säure hielt nicht mehr Braunstein aufgelöst als zuvor.

Der weiße Magnesium=Kalk (phlogistisirter Braunstein, unvollkommner Magnesium Kalk, nach Grens neuer Nomenklatur magnesiosum) wird leicht in der Arsenik=Säure aufgelöst, kömmt aber die Säure zum Sättigungs=Punkte, so coagulirt sich die Auflösung in kleinen Krystallen.

Die Auflösungen des Braunsteins in Schwefel=Säure, Salpeter=Säure oder Salz=Säure werden nicht

nicht von der Arsenik-Säure niedergeschlagen. Arsenikalische Mittelsalze zerlegen diese Auflösungen. Braunstein in Essig aufgelöst wurde von der Arsenik-Säure gefället.

Diese Präcipitate bestehen aus weißem Magnesium-Kalke und Arsenik-Säure. Siehe Scheele, vom Arsenik und dessen Säure. Nach Hermbstädts Ausgabe von Scheeles Schriften 2. B. S. 101 — 142. Auch Grens Handbuch 3. B. Auch Macquers Chem. Wört. von Leonhardi Art. Arsenik-Säure.

Das Verhalten der Arsenik-Säure zum Molybdän- und Uranium-König ist meines Wissens nach nicht untersucht worden.

Die arseniksauren Neutralsalze schlagen, nach Richter, aus den Auflösungen des Uraniums in Schwefel- Salpeter- und Salz-Säure, ein arseniksaures Uranium als einen weißen Präcipitat nieder. Ueber die neuesten Gegenstände der Chemie 1. Stück Seite 7.

Verhalten der Arsenik-Säure zu einigen andern Substanzen.

Digerirt man die Arsenik-Säure einige Tage mit Terpentin-Oel, fetten Oelen oder Zucker, so verdickt sich die Säure und wird schwarz. Diese Substanzen entziehen ihr nämlich, nach Lavoisier, von ihrem Sauerstoff und nach Richter entziehen sie ihr Sauerstoff und treten ihr Brennstoff ab, so wird Arsenik-König hergestellt, der dem Gemenge die schwarze Farbe giebt.

Weingeist löst zwar die trockne Arsenik-Säure auf, wird aber von derselben weder bey der Digestion noch Destillation verändert.

Scheele am angef. Orte.

Durch salpetersaures Zinn wird die Arsenik-Säure mittelst der großen Verwandtschaft dieses letztern zu Sauerstoff in schwarzen Arsenik umgewandelt. Chem. Ann. 1793 1. B. S. 168.

Richters Bereitung der Arsenik-Säure.

Man menge gleiche Theile gepülverten weißen Arsenik und gereinigten Salpeter, so genau als möglich, schütte dies Pulver in eine Retorte und lutire an dieselbe eine geräumige Vorlage, mit so vielen reinen Wasser, als der dritte Theil des Gewichts des vorigen Gemenges beträgt, fest an. Man lege die Retorte in das Sandbad und gebe allmählig, bis zum Glühen des Bodens der Capelle, verstärktes Feuer. Es werden sehr rothe und sehr expansible Dämpfe übergehen, die vom Wasser der Vorlage verschluckt werden und es blau färben. Wenn der Boden der Capelle ungefähr eine Stunde, oder wenn des angewendeten Gemenges viel ist, auch wohl länger, roth geglühet hat, lasse man das Feuer ausgehen.

In der Retorte findet man zweyerley Körper.

A. Auf dem Boden derselben einen festen, weißen Salzkuchen.

B. Ueber

B. Ueber diesen und auch wohl am Gewölbe und im Anfange des Halses der Retorte, eine lockere, ziemlich zerreibliche weiße Masse.

In der Vorlage findet man:

C. Blaues Scheidewasser, d. h. verdünnte unvollkommne Salpeter-Säure, oder salpetrigte Säure.

Der weiße Arsenik verbindet sich mit einem Theile Sauerstoff aus der Salpeter-Säure des Salpeters, und dadurch wird letztere in den Zustand der unvollkommnen Salpeter-Säure, oder salpetrigte Säure, der weiße Arsenik hingegen in den Zustand der Arsenik-Säure versetzt. Unvollkommne Salpeter-Säure ist sehr flüchtig, Arsenik-Säure hingegen sehr feuerbeständig, deswegen verbindet sich die Arsenik-Säure mit dem Pflanzen-Alkali des Salpeters zum arseniksauren Pflanzen-Alkali, dies ist der Salzkuchen A. Die salpetrigte Säure oder unvollkommne Salpeter-Säure entweicht in rothen Dämpfen, verbindet sich mit dem vorgeschlagenen Wasser, und bildet das blaue Scheidewasser C. Ein Theil des weißen Arseniks wird durch die Hitze verflüchtigt, ehe oben besagte Zersetzung vorgehen kann, und legt sich theils über den Salzkuchen A, theils an das Gewölbe und im Anfange des Retorten-Halses, als die zerreibliche Masse B an. Um die Quantität dieser Masse B so viel als möglich zu verringern, muß man anfänglich sehr gelindes Feuer geben, und es nur ganz allmählig verstärken, feuert man gleich Anfangs zu stark, so gehet ein guter Theil des weißen Arseniks bis in die Vorlage über.

Man glaube nicht etwa, man könne weniger als gleiche Theile weißen Arseniks anwenden, da bey diesem Verhältnisse ein Theil davon unzersetzt bleibt. Nähme man weniger, so würde doch immer ein Theil desselben, auch bey der behutsamsten Feuerung, unzersetzt bleiben, und alsdann nicht genug Arsenik-Säure gebildet werden, um das Alkali des Salpeters zu sättigen.

Mit der Salpeter-Säure C muß man übrigens vorsichtig seyn, weil sie doch wohl immer arsenikalisch seyn möchte.

Man zerschlage die Retorte und trenne den Salzkuchen A sorgfältig von der lockern Masse B.

A löse man in destillirtem Wasser auf, und in die filtrirte Auflösung tröpfle man so lange eine klare Auflösung des essigsauren Bleyes (Bley-Zuckers) als noch ein Niederschlag erfolgt.

Hier verbindet sich die Arsenik-Säure mit dem Bleye (weil sie dazu eine nähere Verwandtschaft besitzt als die Essig-Säure,) zu arseniksaurem Bley, und das Pflanzen-Alkali mit der Essig-Säure zum essigsauren Pflanzen-Alkali. Das arseniksaure Bley fällt als ein sehr schwer auflösliches Salz, jedoch langsam zu Boden.

Wenn sich der Niederschlag, der das Ansehen der dicken Milch hat, gehörig gesetzt hat, ziehe man die darüber stehende klare Flüssigkeit mit einem Heber ab, gieße auf den Bodensatz destillirtes Wasser, und rühre ihn damit wohl um, wenn er sich wieder gesetzt hat, ziehe man die klare Flüssigkeit wieder mit einem Heber ab, dies wiederhole man mehreremale, nun übergieße man denselben mit ungefähr dem dritten Theile des angewendeten Bley-Zuckers, gutem Vitriol-Oel, welches man vorher mit gleich vielem Wasser verdünnt hat.

So-

Sobald alles durch einander gerührt worden, bemerkt man, daß die weiße Farbe schneller zu Boden sinkt, als vorher, und wenn der weiße Niederschlag vorher ungefähr die Hälfte eines Cylinderglases erfüllte, so nimmt er nach dem Zugießen der Schwefel-Säure kaum den 6ten Theil ein. Man läßt die Mischung noch ein Paar Stunden in der Wärme stehen und rührt sie fleißig um. Der Bodensatz ist nun schwefelsaures Bley und die darüber stehende Flüssigkeit Arsenik-Säure. Die Schwefel-Säure hat sich, vermöge ihrer nähern Verwandtschaft zum Bleye, mit demselben verbunden, und so ist die Arsenik-Säure frey geworden.

Man hebt *) die klare Flüssigkeit vom Bodensatze ab, und laugt letztern zu wiederholtenmalen mit destillirtem Wasser aus, welches man zu der abgegossenen Flüssigkeit schüttet.

Alle helle Flüssigkeit wird in einer Dampfschaale so weit abgedampft, bis man merkt, daß ohne angebrachte Hitze des siedenden Wassers, keine Feuchtigkeit mehr wegdampft; der Gehalt der Dampfschaale nimmt alsdenn gewöhnlich ein dickliches und bräunliches Ansehen an. (Sollte sich während des Abdampfens ein weißer Niederschlag zeigen, welches sich wohl zuträgt, wenn in der Flüssigkeit so viel Wasser vorhanden war,

 daß

*) Es würde hier gefährlich seyn, den Heber mit dem Munde anzusaugen, man sauge ihn voll destillirten Wassers, halte nun die Oeffnung seines langen Schenkels mit dem Finger zu, und bringe den kürzern in die Flüssigkeit, wo er denn, wie bekannt, von selbst zu laufen anfängt.

daß, trotz der Schwerauflösiichkeit des schwefelsauren Bleyes, etwas von diesem Salze aufgelöst werden konnte) so muß man den Bodensatz entweder durch Abgießen oder Filtriren trennen. Die bräunliche Masse wird nun in eine schickliche Phiole geschüttet, die nicht über die Hälfte damit angefüllt werden darf, das was sich in der Dampfschaale angehangen, kann man mit wenigem destillirten Wasser nachspülen *). Diese Phiole wird in einen Schmelztiegel so eingesetzt, daß der Bauch mit Sande um und um umgeben ist, und der Hals über demselben ganz hervorragt. Diesen Schmelztiegel setzt man in einen Zug-Ofen, und trifft wie bey der Sublimation des Arsenik-Königs, die Vorrichtung dergestalt, daß die Hitze der Kohlen nicht unmittelbar an den Hals der Phiole kommen könne, welches durch Dachziegel und Klebwerk bewerkstelligt wird. Nun umgiebt man den Schmelztiegel mit wenigem Feuer, welches man langsam so lange verstärkt, bis der Tiegel samt der Phiole und der darin befindlichen Masse durch und durch glühet. Hier entweichen das Wasser und die etwa noch rückständige Schwefel-Säure in der Glühehitze, die äußerst feuerbestandige Arsenik-Säure bleibt als ein weißer Salzkuchen rein zurück.

Man umwickelt die Phiole, nachdem man sie erkalten lassen und sorgfältig abgewischt hat, mit sechsfachen

*) Man könnte glauben, das Glühen der Arsenik-Säure lasse sich geradezu im Schmelztiegel verrichten; die Schmelztiegel werden aber hiebey meistentheils durchbohrt.

fachem Papier, zerschlägt sie und verwahrt die Stücke Arsenik=Säure in einer Flasche mit eingeriebenem Stöpsel, ohne diese Vorsicht würde sie an der Luft zerfliessen. Die Scherben kann man mit destillirtem Wasser abspühlen, so erhält man noch eine Portion flüssiger Säure.

Will man in der Geschwindigkeit etwas flüssige Arsenik=Säure haben, so darf man nur eine salzsaure Schwer=Erden=Auflösung mit arsenikalischem Mittelsalz vermischen, den entstandenen Präcipitat gut aussüßen, und eben so viel verdünnte Schwefel=Säure darauf gießen, als man nöthig haben würde, die Schwer=Erde eben derselben Quantität des Schwer=Erdensalzes auszuscheiden. Nachdem die Mischung etwas in Digestion gestanden, und öfters umgerührt worden, wird die über dem weißen Bodensatz stehende helle Flüssigkeit abgegossen; welche eine reine Arsenik=Säure ist. Richter über die neuern Gegenstände der Chemie, 1. Stück Seite 35 — 45.

II. Abschnitt. Von der Borax-Säure.

Mit dem Namen Borax-Säure belege ich diejenige Säure, die man aus dem Borax erhält, weil, wie die meisten Chemisten und noch neulich Fourcroy bemerkt haben, der Name Sedativsalz, den ihr Homberg gegeben hat, eine sehr unschickliche Benennung ist.

Obgleich der Borax seit langer Zeit in den Künsten von großen Nutzen ist und folglich im Handeln sehr häufig vorkömmt, so kennt man doch weder die Natur der Materie, woraus man ihn gewinnt, noch die Vorbereitung, deren man solche unterwirft, ja man weiß nicht einmal, wie dieses Salz geläutert wird, und die Holländer beobachten darüber das tiefste Stillschweigen, um im ausschließenden Besitz dieses Handlungszweiges zu bleiben. Daher kömmt es dann auch, daß man über die Natur des Boraxes verschiedene und zum Theil widersprechende Meinungen gehegt hat.

Der Borax besteht aus Mineral-Alkali und aus einer Substanz, die darin die Stelle der Säure vertritt,

tritt, da sie das Alkali neutralisirt, hierüber sind alle Chemisten einverstanden, ob sie gleich über die Natur dieser zweyten Substanz sehr verschiedene Meinungen haben. Es scheint nicht, daß der Borax den Alten bekannt gewesen sey; die Chrysocolla, wovon **Dioscorides** im 5ten Buche, im 92sten Kapitel, und **Plinius** im 33sten Buch, im 5ten Kapitel, reden, war nichts anders, als ein künstlich zubereitetes Loth; dieses Loth haben einige mit derjenigen Chrysocolla verwechselt, deren man sich in der Färberey bediente, obgleich **Plinius** beyde durch folgende Worte sehr deutlich unterscheidet:

Chrysocollam et aurifices sibi vindicant agglutinando auro - - - - santernam vocant, welches ganz augenscheinlich einen ganz andern Körper bedeutet. Nach **Dioscorides** Berichte bereiteten die Arbeiter diese Chrysocolla selbst aus Kinder-Urin und Kupfer-Rost, welche sie in einem kupfernen Mörser zusammen rieben, beym **Plinius** ist die Zusammensetzung dieselbe, nur mit dem Unterschiede, daß dieser letztere noch Salpeter hinzusetzt.

Der Name Borax kommt zuerst in **Gebers** Schriften vor, eines arabischen Chemisten, der gegen die Mitte des zehnten Jahrhunderts lebte; und es ist ziemlich wahrscheinlich, daß er dadurch eben dasselbe Salz bezeichnet, welches noch jetzt diesen arabischen Namen führt, ob er gleich keine Kennzeichen desselben anführt.

Was **Agricola** davon (de re metallica liber XII.) bey Gelegenheit der Bereitung des Salpeters in Egypten sagt, beweist, meiner Meinung nach, augenschein-

 lich

lich, daß der Borax zu seiner Zeit, d. h. in der Mitte des sechszehnten Jahrhunderts, zum Löthen der Metalle allgemein gebraucht wurde; es ist aber eben so augenscheinlich, wie der Baron v. Hollbach bemerkt, daß dieser Schriftsteller die Zusammensetzung des Borax keinesweges kannte, und daß er durch die Eigenschaft irre geführt, welche Plinius der Chrysocolla beylegt, das Gold zu löthen, beynahe Wort für Wort das Rezept abgeschrieben habe, welches er in diesem alten Schriftsteller fand, und wenn er hinzufügt, man bereite auch eine Chrysocolla aus gegrabenem Alaun und Salmiak, so hat dies auf den wahren Borax eben so wenig Bezug.

Was man über den Borax in Bechers und Stahls Schriften findet, ist nicht mehr zweydeutig, und paßt auf diejenige Substanz, wovon hier die Rede ist, sehr gut; es ist sogar merkwürdig, daß der letztere (Specimen Becherianum Pars I, Sectio I und II.) sehr deutlich von den Borax oder Baurach der Araber, als von einem steinigtem, natürlichem, gegrabenem Salze redet, welches aus Ostindien komme, und welches man zu Venedig, vorzüglich durch Hülfe eines sehr ätzenden Alkali läutere.

Dies ist ungefähr alles, was man vom Ursprunge des Borax gewußt hat; was seine Zusammensetzung betrift, so hielt ihn Becher für ein Salz, welches aus einer subtilen verglasbaren Erde mit einer Säure verbunden bestehe; als Stahl erfuhr, daß man den Borax durch Zusetzung eines Alkali läutere, und vorzüglich als er sahe, daß das Alkali daraus nichts niederschlägt, läugnete er das Daseyn einer Säure in demselben.

selben. Er versichert in seiner Jugend wahren Borax erhalten zu haben, indem er den Spiesglanz-Saffran mittelst des Alkali bereitete, das Salz, sagt er, womit der Kalk nach einiger Zeit bedeckt wurde, war ein effloreszirender Borax, es schmeckte ganz wie dieser, nur etwas weniger laugenhaft. Es bildete rhomboidalische Krystalle wie der Borax, schwoll, über ein Licht gehalten, wie dieser, auf, und schmolz im Tiegel zu einem sehr reinen Glase. Es ist wohl nicht nöthig zu bemerken, daß diese Beweise heut zu Tage nicht mehr für hinreichend gehalten werden, und daß ich Stahls Meinung bloß deswegen hier anführe, weil sie zur Geschichte dieses Theils der Chemie mit gehört.

Im Jahre 1702 erhielt Homberg aus einem Gemenge von kalzinirtem Eisen und Borax ein Salz, welches er Sedativsalz oder Sal volatile narcoticum vitrioli nannte, weil er es für ein Produkt des Vitriols hielt; allein bald nachher entdeckte Lemeri der Sohn, daß man dasselbe Salz mittelst der Schwefel-Säure, der Salpeter-Säure oder Salz-Säure aus dem Borax erhalten könne; diese Chemisten hatten sich der Destillation oder vielmehr der Sublimation bedient, Geoffroi erhielt das Sedativsalz durch Krystallisation, und bewies ferner das Daseyn des Mineral-Alkali im Borax; Baron endlich gelang es, den Borax sogar durch Pflanzen-Säuren zu zersetzen, und er schloß aus seinen Versuchen nicht allein, daß die Basis des Borax mit dem Mineral-Alkali identisch sey, sondern auch, daß die durch besagte Operationen erhaltene Säure im Borax ganz gebildet präexistire.

Der

Der erste Punkt ist seit der Zeit nicht bezweyfelt worden; mit dem zweyten verhält es sich anders, denn es giebt noch Chemisten, welche behaupten, die aus Borax erhaltene konkrete Säure sey zum Theil aus den angewendeten Säuren gebildet. Ich werde die Gründe untersuchen, auf welche sie diese Meinungen stützen; erst aber muß ich dasjenige anführen, was man in den letzten Zeiten über den Pounxa, Tinkal, oder natürlichen Borax erfahren hat, theils um den Leser mit dem Ursprunge dieses Salzes, so viel es sich thun läßt, bekannt zu machen, theils weil es zur Auflösung des vorgemeldeten Problems dienen kann.

Grill sagt, in den Denkschriften der Stockholmer Sozietät für das Jahr 1773, den Briefen seines Korrespondenten Vit-Kuo zu Folge, scheine es, daß der Pounxa zu Thibet gefunden werde, daß man, um ihn zu erhalten, zwey Ellen tief in die Erde graben müsse, und daß man aus dem Geschmack derselben die Quantität beurtheile, die sie davon liefern könne, daß es davon drey Sorten gebe, nehmlich: 1) den Houipoun, in der Größe der Mannakörner; 2) den Mypoun, in der Größe kleiner weißer Bohnen; 3) den Pinpoun, oder Pounxa, in durchsichtigen Krystallen, von der Größe einer Wallnuß. Nach eben demselben Berichte fügt er hinzu: erhält man ihn überhaupt nicht durch die Kunst, auch nicht durch Auskochen der Erde; um ihn zu läutern wirft man ihn in kochendes Wasser, worin man denselben mit einem hölzernen Spaten so lange umrührt, bis er aufgelöst ist, und nachher läßt man ihn in einem andern Gefäße erkalten, und gießt alles über die Krystallen stehende Wasser, wie beym Salpeter ab.

Engestroem hat in eben demselben Bande Versuche und Beobachtungen über diese verschiedenen Arten des Pounxa mitgetheilt, hier sind die Haupt-Resultate derselben.

Alle diese Krystalle sind mit mehr oder weniger Erde verunreiniget, welche die natürliche Erde des Pounxa ist.

Die Krystalle des Mypoun und des Houypoun waren auf ihrer Oberfläche mit einer Effloreszenz bedeckt, beynahe ganz weiß und auf dem frischen Bruche durchsichtig; der Pinpoun aber war an mehreren Stellen mit etwas Erde überzogen.

Die Gestalt dieser Krystalle ist selten recht bestimmt, die vollkommensten des Mypoun bilden an beyden Enden stumpf zugespitzte Prismen, manche haben vier, andere eine unbestimmte Anzahl von Flächen. Unter den Pinpoun fanden sich nur drey Krystalle, an welchen die prismatische Gestalt bemerkbar war, sie hatten sechs oder acht Flächen, die Krystalle glichen auf ihren frischen Bruch den gereinigten Borax, die des Pinpoun zeigten verschiedene mit Erde erfüllte Hölen.

Als man diese drey Arten in Wasser aufgelöst hatte, blieb auf den Filtro viele Erde zurück, welche wahrscheinlich nichts anders war, als der effloreszirte Borax der Krystalle *).

Die

*) Diese Stelle verstehe ich nicht, ich habe sie wörtlich übersetzt: Ces trois espèces ayant été dissoutes dans l'eau il resta sur le filtre beaucoup de terre, qui n'etoit autre chose que du borax provenant sans doute de l'efflorescence des crystaux. Auch angenommen, daß hier der Ausdruck terre

Die Auflösung des Pinpoun hatte einen alkalischen Geschmack, sie gab bey der Digestions-Wärme reine und durchsichtige Krystalle, wie die des Mypoun; mit Schwefel-Säure behandelt, gab sie konkrete Borax-Säure und schwefelsaures Mineral-Alkali; sie färbte den Violen-Syrup grün; brauste mit den Säuren und schlug die darin aufgelösten Metalle nieder, die Krystalle flossen vor dem Löthrohre leicht zu durchsichtigen Kügelchen; sie bildeten mit dem Schwefel keine Schwefel-Leber: dies sind alles, wie Engestroem bemerkt, Eigenschaften, die dem wahren Borax zukommen.

Der Mypoun und der Houypoun verhielten sich eben so.

Die eigenthümliche oder natürliche Erde des Pounxa hatte eine helle, gelblich graue Farbe, bildete ein feines Pulver und schmeckte wie der Borax, dem Feuer ausgesetzt, rauchte sie, verbreitete einen starken empyrevmatischen Geruch, und wurde etwas schwarz: im Wasser aufgelöst, ließ sie viel Erde auf das Filtrum zurück; die Auflösung gab viel Borax-Krystalle. Die auf dem Filtro zurückgebliebene Erde hatte nach fleißigem Aussüßen keinen Geschmack; sie löste sich mit Brausen in der Salpeter-Säure auf, und wurde daraus durch die Schwefel-Säure niedergeschlagen. Diese Erde wurde vor dem Löthrohre etwas hart, und floß nach-

terre etwas uneigentlich genommen wäre, um bloß einen unaufgelösten Rückstand anzudeuten, so siehet man nicht ein, warum dieser effloreszirte Borax nicht sollte aufgelöst worden seyn.

nachher ohne Zusatz, mit Borax geschmolzen, floß sie mit einigen Aufschwellen; das übrige löste sich, so wie die Erde, ziemlich langsam auf; woraus Engestroem schließt, diese Erde sey Mergel mit Borax und Phlogiston vermengt; und sie enthalte mehr Borax wie die chinesische Erde, ob sie gleich nicht so weich ist, als die Pounxa-Krystallen.

Dieser gelehrte Schwede hat noch zwey andre Borax-Arten untersucht, die man ihm unter den Namen Tinkal gegeben hatte, die erste Tinkal Art kam aus Holland, und befand sich in einer Erde, die der natürlichen Pounxa-Erde glich, und von dieser nur darin unterschieden war, daß sie mit allerhand Steinen, mit Sand und Wurzeln von Kräutern vermengt war; aus diesem letzten Umstande ließe sich schließen, daß die Pounxa sich an verschiedenen Orten, mehr oder weniger rein, vorfindet.

Die andere Art Tinkal war Brandt aus Ostindien zugeschickt worden; sie bildete ebenfalls größere oder kleinere Krystalle, die mit einer seifenähnlichen Fettigkeit bedeckt waren, und stark nach Fett rochen: beym ersten Anblick, sagt Engestroem, sollte man glauben, sie sey durch Kunst bereitet, es ist inzwischen doch möglich, daß es natürlicher Borax war, oder solcher, den man durch Abrauchen solcher Mutterlaugen erhalten hatte, aus welchen man bey der Läuterung schon das reinere Produkt der ersten Krystallisation gewonnen hatte; er fand darunter keinen fremdartigen Körper, ausgenommen einige Pfefferkörner, die beym Einpacken darunter gekommen seyn konnten.

Engestroem bemerkt endlich, daß der gereinigte Pounxa aus Ostindien ein vortreflicher reiner Borax sey, daß man, um ihn zu läutern, davon eine sehr konzentrirte Auflösung bereite; daß die Indianer die kleinen Krystalle, als solche, die weniger Krystallisations-Wasser enthalten, vorziehen: er vermuthet, der rohe Borax könne eben so rein seyn, und diesen behalten die Indianer zu ihren eignen Gebrauch zurück.

Dies sind die zuverläßigsten und umständlichsten Nachrichten, die ich über den Borax habe finden können; von dem Kien der Chinesen rede ich deswegen nicht, weil Engestroem entdeckt hat, daß es nichts weiter ist, als ein natürliches Mineral-Alkali, welches durch eine fettige Substanz etwas seifenartig gemacht ist. Ich übergehe ebenfalls alles dasjenige, was Pott und Model den Nachrichten zu Folge, die man ihnen aus Tranquebar, aus Astrakan rc. überschickt hat, geschrieben haben, und worauf sie selbst nicht viel zu bauen scheinen; mit noch mehrerem Grunde übergehe ich die 1779 bekannt gemachte vermeintliche Entdeckung eines Borax, der sich zu Paris in einer Grube gebildet haben sollte, worin gefaultes Seifen- und Spülwasser aus den Küchen zusammenflossen; allein zu Florenz hat man in eben demselben Jahre eine Beobachtung bekannt gemacht, welche jeden Naturforscher und Chemisten interessiren muß, und die mit demjenigen zusammengehalten, was ich schon angeführt habe, nicht mehr zweifeln läßt, daß die Borax-Säure ein Natur-Produkt sey.

Diese Beobachtung ist von Herrn Höfer, Direktor der Pharmazevtischen Offizin zu Toskana; dieser Chemist hatte es unternommen, das Wasser des Cherchiajo, nahe bey Monterotondo, in der Provinz Sienna, zu untersuchen. Dies Wasser wird durch zwey Quellen herbey geführt, die auf den Abhang des Berges springen; es ist kochend heiß, aus den beyden Oeffnungen der Quellen erhebt sich ein grauer Rauch, der mit großer Gewalt und Geräusch ausgestoßen wird; dieser Dampf erfüllet die Luft mit einem Schwefelgeruch, und setzt auf die benachbarten Steine eine gefärbte Materie ab.

Herr Höfer ließ sich anfänglich von diesem Wasser in Flaschen bringen, er bemerkte daran keinen besondern Geschmack, es war mit keiner Gasart geschwängert, sahe milchigt aus, und ließ einen aschfarbnen Bodensatz fallen; die salpetersaure Quecksilber-Auflösung bewirkte darin einen Niederschlag, der irgend ein schwefelsaures Salz anzuzeigen schien; das berlinerblausaure Pflanzen-Alkali machte darin etwas Eisen bemerkbar.

Drey Pfund von diesem Wasser, oder 17280 Gran (Wiener Medizinal-Gewicht, welches sich zum Pariser Pfund verhält, wie 1804 : 1374) wurden bis auf 960 Gran verdunstet und filtrirt, auf dem Filtro blieb eine aschgraue in den Säuren unauflösliche Erde zurück; die nochmals abgerauchte Flüssigkeit lieferte kleine, unregelmäßige blättrige und glänzende Krystalle, wovon einige eine Silberfarbe hatten, sie wogen 74 Gran, und als man das Abrauchen weiter fortsetzte, erhielt man 36 Gran desselben Salzes, welches aber nicht so weiß war, wie das erste.

Herr Höfer versuchte vergebens, dieses Salz durch wiederholtes Auflösen und Krystallisiren zu entlarven, als er es aber nach 6 Monaten wieder vornahm und darin irgend eine fettige Materie vermuthete, so kam er auf den Gedanken, es mit höchst rectifizirtem Weingeist zu befeuchten, um es von der Fettigkeit zu trennen, er sahe mit Verwunderung, daß das Salz nach einigen Stunden ganz aufgelöst war; er zündete den Weingeist an, welcher mit einer grünen Flamme brannte; und erkannte endlich, daß dieses Salz die konkrete Säure des natürlichen Boraxes oder Toskanischen Tinkals sey, und es gelang ihm in der That, es durch hinzugesetztes Mineral-Alkali in wahren Borax umzuwandeln.

Herr Höfer hat diesen Versuch mit größern Quantitäten wiederholt, und 120 ℔ oder 1440 Unzen von dem Wasser haben ihn 3 Unzen von dieser konkreten Säure, und 2 Unzen von eben demselben Salze, aber weniger rein, geliefert.

Das Wasser des Sees Cherchiajo ist nicht das einzige, welches Borax-Säure enthält, eben derselbe Chemist ließ 17280 Gran Wasser aus dem See Castel-Nuovo abrauchen, und erhielt daraus 120 Gran von dieser Säure, und 32 Gran Selenit, er vermuthet demnach, daß man die Borax-Säure in mehreren

andern

andern Seen, wie z. B. in denen bey Lasso, bey Monte Cerboloni und andern mehr finden würde *).

Diese wichtige Beobachtung wird uns ohne Zweifel auf die Entdeckung der wahren Natur und des Ursprungs der Borax-Säure führen; sie läßt uns schon vermuthen, daß diese Säure allenthalben, wo man sie findet, das Produkt von der Einwirkung unterirrdischen Feuers sey, und daß, wenn man in Indien ganz gebildeten Borax gräbt, da die Borax-Säure hingegen in den toskanischen Seen beynahe frey vorkömmt, dieser Unterschied von der verschiedenen Beschaffenheit des Erdreichs herrühre, daß der indianische Boden zur

*) Winter fand in der Kohle, die ein zähes, schwarzes Berg-Oel (welches in Ungarn zwischen Peklenieza und Moslavina, wie eine Quelle aus einem Felsen fließt) bey der Destillation zurückließ, Borax-Säure, die mit einer reinen Lauge des Mineral-Alkali unter Aufbrausen wahren regenerirten Borax lieferte, der sich vom käuflichen nur dadurch unterschied, daß er in der Hitze ohne zu schäumen floß, (Crells Ch. Annal. 1788 1. B. S. 493 bis 499.) Martinowich ließ ungefähr 4 Unzen Naphte aus gallizischen Bergöl in einem Glase der Luft ausgesetzt stehen, nach 40 Tagen fand er auf dem Boden des Glases eine beträchtliche Menge sehr feiner, nadelförmiger Krystalle, die sich leicht im Wasser auflösen ließen, sie hatten gar keinen Geruch, sie lösten sich im Weingeiste auf, und diese Auflösung brannte mit einer grünen Flamme, daraus schließt er, die Krystalle seyen Borax-Säure gewesen. Chem. Annalen 1791. 1. B. S. 162.

Bildung des Borares die Basis hergiebt, und daß der toskanische Boden davon nichts enthält. Mit einem Worte, wir haben uns nicht mehr zu beklagen, daß dieses Salz auf den ganzen Erdboden nur an einer Stelle vorkömmt, welches nach Stahls Ausdruck sehr schwer zu glauben gewesen wäre.

Nachdem ich die Geschichte der Borax-Säure oder vielmehr derjenigen Materien, die solche liefern, so ausführlich vorgetragen habe; als es die Wichtigkeit des Gegenstandes zu verdienen schien, ist es Zeit, diejenigen Prozesse anzuführen, durch welche man die Borax-Säure rein, und frey von jeder Basis erhält. Man erhält die Säure aus dem Borax durch Sublimation und Krystallisation.

Um sie durch Sublimation daraus zu gewinnen, löst man 3 ℔ rothkalzinirten Eisen-Vitriol oder Colcotar und 2 Unzen Borax in Wasser auf; man filtrirt diese Flüssigkeit, raucht sie bis zum Salzhäutchen ab, und destillirt sie aus einem gläsernen Kolben, woran man mit einem Papierstreifen einen Helm angeklebt hat; ein Theil der Borax-Säure geht mit dem Wasser in die Vorlage über; ein andrer Theil aber setzt sich in dünnen silberweißen Schuppen an die Wände des Helms. Wenn der Rückstand trocken ist, nimmt man den Helm vorsichtig ab, löst mit der Fahne einer Feder das sublimirte Salz ab, und gießt die Flüssigkeit aus dem Recipienten wieder in den Kolben, um sie von neuem zu destilliren; man wiederholt diese Operation so lange, bis das Gemenge keinen konkreten Sublimat mehr liefert.

Um

Um die Borax-Säure durch Krystallisation zu gewinnen, löst man den Borax in kochendem Wasser auf, filtrirt die Flüssigkeit ganz warm, und gießt zu wiederholtenmalen so lange Schwefel-Säure hinein, bis das Mineral-Alkali des Boraxes übersättigt ist, es bilden sich darin während des Erkaltens kleine, weiße, glänzende Schuppen, dies ist die krystallisirte Borax-Säure; man wäscht sie mit kaltem Wasser ab, und legt sie auf Fließpapier, um sie zu trocknen, jetzt ist sie von der durch Sublimation erhaltenen, nur durch ein etwas größeres spezifisches Gewicht verschieden. Spielmanns Uebersetzer versichert, man erhalte an krystallisirter Borax-Säure mehr als die Hälfte des Gewichts des Boraxes; man muß aber alsdann denjenigen Borax anwenden, welcher im Handeln unter den Namen des Chinesischen bekannt ist; dieser ist reicher an Säure als der andere, oder vielmehr, er ist von demjenigen Mineral-Alkali frey, welches die Holländer bey der Läuterung zusetzen.

Baumé hat gezeigt, daß wenn man die Auflösung der krystallisirten Borax-Säure, eben so wie das Gemenge aus Colcotar und Borax destillirt, man in kurzer Zeit eine beträchtliche Quantität von dieser sublimirten Säure erhalten könne, weil sie sich leichter erhebt, wenn sie allein und nicht durch andere Substanzen zurückgehalten ist. Allein dieser Rektifikations-Prozeß ist nicht allein mühsam, sondern auch kostbar, weil die gläsernen oder steinernen Kolben bey der bis zur Trockniß fortgesetzten Destillation, die einen sehr hohen Feuersgrad erfordert, gern zerbrechen, und es unvorsichtig seyn würde, Kolben von einer andern Materie zu nehmen, es müßte denn auf der Capelle gereinigtes Silber seyn.

Man kann sich ohne diese Rektifikationen von der Reinheit der Borax-Säure versichern: man darf nur nach mehrmals wiederholten Abwaschen mit kaltem Wasser, in das letzte Waschwasser einige Tropfen von der salzsauren Schwer-Erde-Auflösung tröpfeln, wenn diese darin keinen Niederschlag bewirkt, so kann man schließen, daß dies Wasser und folglich die Borax-Säure selbst kein Atom Schwefel-Säure enthalte; um diese Probe noch sicherer zu machen, könnte man zum letzten Waschen warmes Wasser nehmen.

Die reine Borax-Säure hat einen salzichten erfrischenden Geschmack, sie färbt den Violen-Syrup und die Lackmus-Tinktur roth.

An der Luft leidet sie keine Veränderung.

Ein Pfund destillirtes Wasser löst beym Kochen nur 183 Gran davon auf.

Der Weingeist löst sie leichter auf, und die Auflösung brennt mit einer schönen grünen Flamme.

Diese Säure dem trocknen Feuer ausgesetzt, verglast, aber verflüchtigt sich nicht; dies beweist noch Rouens Bemerkung, daß sie sich bloß durch Hülfe des Wassers sublimirt.

Das Glas der Borax-Säure ist weiß, durchsichtig und nicht so dicht (un peu plus pâteux) als das des Boraxes, es zieht aus der Luft keine Feuchtigkeit an, und wird bloß nach einigen Tagen etwas undurchsichtiger, es ist im Wasser ganz auflöslich; wenn man diese Auflösung an der freyen Luft abraucht, so liefert sie konkrete Säure, die sich in Gestalt von Vegetatio-

nen

nen an den Wänden des Gefäßes anlegt, und auf dem Boden bleibt eine durchsichtige gummiähnliche Substanz zurück, die noch alle Eigenschaften der Borax-Säure besitzt.

Ich habe schon gesagt, daß man die Säure aus dem Borax ebenfalls durch die Salpeter-Säure, durch die Salz-Säure, sogar durch die Essigsäure austreiben könne; da die aus dem Borax gewonnene Säure immer dieselben Eigenschaften zeigt, man mag zu ihrer Austreibung, welche Säure man will, angewendet haben, so nehmen die meisten Chemisten keinen Anstand, mit Baron und Baumé zu schließen, sie habe im Borax ganz gebildet präexistirt, sie habe mit dem zur Austreibung angewendeten Zwischenmittel gar nichts gemein, und behalte davon keinen Bestandtheil zurück, mit einem Worte, es sey eine eigenthümliche Säure. Baumé schmeichelte sich sogar, diesen Satz synthetisch, d. h. durch künstliche Darstellung der Borax-Säure, ohne dazu eine andere Säure anzuwenden, bewiesen zu haben. Er hatte nämlich ein Gemenge aus grauem Thon, Fett und frischem Kuhmist eine Zeitlang an einem feuchten Orte der Luft ausgesetzt gelassen, und glaubte daraus Borax-Säure erhalten zu haben: allein Wiegleb hat diesen Versuch mit Beobachtung aller vorgeschriebenen Bedingungen wiederholt, er hat solche Gemenge mehr als drey und ein halbes Jahr, der Bearbeitung der Natur überlassen, und nach diesem langen Zeitraume hat er nicht ein Atom Borax-Säure darin entdecken können.

Es bleibt uns demnach für die Präexistenz dieser Säure im Borax kein andrer Beweis übrig, als die

Identität derselben, man mag zu ihrer Gewinnung angewendet haben, welches Zwischenmittel man will, und man muß gestehen, daß dieser Beweis so lange hinreichet, als die Thatsache, worauf er beruht, nicht in Zweifel gezogen werden kann. Dies hat Cadet wohl eingesehen, denn da er der entgegengesetzten Meinung ist, so hat er neulich durch Versuche zu beweisen gesucht, daß das Salz, welches man mittelst verschiedener Säuren aus dem Borax gewinnt, durch diese Säuren gebildet werde, und an ihren Eigenschaften Theil nehme, hier sind die Haupt-Resultate seiner Bemühungen.

Er hat die durch Essig aus dem Borax erhaltene Säure, mit verdünnter Schwefel-Säure und mit Arsenik destillirt, und bemerkt, daß die Flüssigkeit, welche bey diesen Operationen übergieng, einen merklichen Essiggeruch hatte.

Diejenige Borax-Säure, die er salpetrig nennt, d. h. die mittelst der Salpeter-Säure gewonnen worden ist, trübte die Auflösungen des salpetersauren Silbers und salpetersauren Quecksilbers nicht; in Schwefel-Säure aufgelöst, gab sie gelbe Dämpfe, und eine Flüssigkeit, die stark nach Salpeter-Säure roch.

Die durch Salz-Säure gewonnene Borax-Säure trübte die Silber-Auflösung auch nachdem man sie mit Weingeist abgewaschen hatte; mit Salpeter-Säure verbunden löste sie das Gold auf, und mit der salpetersauren Auflösung des Kobalts bildete sie die sympathetische Dinte.

Hierauf schränken sich Cadets direkte Beweise ein; einige Bemerkungen, und sogar die Geständnisse, die

wir

wir der Aufrichtigkeit dieses Chemisten verdanken, werden hinreichen, uns zu beweisen, daß bis jetzt kein entscheidendes Resultat vorhanden ist. 1) Der Geruch ist ein zu zweydeutiges Kennzeichen, er kann von einigen Theilchen der Flüssigkeit herkommen, die, des wiederholten Abwaschens ungeachtet, an das Salz hängen geblieben sind, wie dies beynahe immer geschieht; dies Kennzeichen hat bey der salzsauren Borax-Säure gänzlich gefehlt, Cadet konnte daran keinen Saffran-Geruch bemerken.

3) Es ist kein Wunder, daß die durch Salz-Säure gewonnene Borax-Säure in der salpetersauren Quecksilber-Auflösung einen Niederschlag bewirkt, dies ist eine Eigenschaft dieser Säure, man mag sie aus dem Borax erhalten, wie man will, und Cadet scheint sich nicht versichert zu haben, daß der Niederschlag etwas anders war, als boraxsaures Quecksilber.

3) Es ist möglich, daß die Salpeter-Säure mit der Borax-Säure verbunden, mit Hülfe eines starken Kochens Goldblättchen auflöst, ohne daß daraus nothwendig folgt, die Borax-Säure enthalte Salz-Säure; dieser Schluß wäre nur alsdenn gegründet gewesen, wenn man erkannt hätte, daß sich eine wahre Königs-Säure gebildet, wenn man durch dieses Mittel eine ganze Menge Borax-Säure zersetzt, und nach dieser Zersetzung den zweyten Bestandtheil der Borax-Säure absondert und aller eigenthümlichen Eigenschaften der Borax-Säure beraubt dargestellt hätte. Cadet sagt nicht allein von dieser fortgesetzten Untersuchung kein Wort; er gesteht im Gegentheil, seine Gold-Auflösung habe ihm Krystalle von gewöhnlicher Borax-Säure geliefert,

liefert, die Gold enthielten, und das Gold habe sich davon durch wiederholtes Waschen trennen lassen.

4) Endlich gesteht Cadet ausdrücklich, daß, wenn man die verschiedenen Borax-Säuren in den Zustand des Glases übergehen läßt, die drey Mineral-Säuren ihre (der Mineral-Säuren) Natur zu verändern scheinen, und nur ein einziges Salz darstellen; da aber die verglaste Borax-Säure in diesem Zustande noch eben derselbigen Verbindung fähig ist, als vorher, da sie dieselben Eigenschaften beybehält, so sind die Mineral-Säuren, durch welche man dieselbe abgeschieden hat, als solche nicht ihrer Zusammensetzung wesentlich; sie sind bey ihrer Verbindung mit der Borax-Säure nicht denjenigen Verwandtschaften unterworfen, durch welche uns Cadet ihre Gegenwart beweisen wollte. Cadets Untersuchungen beweisen demnach, wenn man auch alle von ihm angeführte Thatsachen als richtig annimmt, nichts weiter, als daß die Borax-Säure nicht anders von derjenigen Säure, wodurch man sie ausgetrieben hat, vollkommen gereinigt werden kann, als wenn man sie einem Feuersgrade aussetzt, bey welchen sie sich verglast.

Die Borax-Säure muß demnach unter den Chemischen Elementen (unter den einfachen Säuren) ihre Stelle so lange behaupten, bis Cadet die neuen Beweise geliefert hat, die er zu einer zweyten Abhandlung bestimmt, er muß unwidersprechlich beweisen, daß die Borax-Säure, je nachdem man zu ihrer Gewinnung eine andere Säure angewendet hat, verschiedene Eigenschaften zeigt, er muß seine Meinung von der Zusammensetzung des Boraxes selbst beweisen, welchen er

als

als eine Verbindung aus der verglasbaren Erde des Kupfers, aus einer andern metallischen Substanz, die die erste verlarvt, und der Salz-Säure, wodurch beyde ursprünglich mineralisirt werden, ansieht.

Die Entdeckung der freyen Borax-Säure in dem Wasser des Sees Cherchiajo, bey welchen man weder kupferhaltige Mineralien noch natürliches Mineral-Alkali bemerkt hat, macht es wohl nicht sehr wahrscheinlich, daß **Cadet** sein Versprechen wird halten können, aus der Verbindung besagter Substanzen einen künstlichen Borax darzustellen, der dem indianischen vollkommen gleich kömmt.

Die Borax-Säure bildet mit den Erden, den Alkalien und metallischen Substanzen salzigte Verbindungen, welche boraxsaure Salze, mit jedesmaliger Hinzufügung des Namens der Basis genannt werden, wie z. B. boraxsaurer Kalk, boraxsaures Ammoniak. Aus Achtung für den Sprachgebrauch nenne ich das boraxsaure Mineral-Alkali, gemeinen **Borax**, oder auch ganz kurz Borax.

Diese Säure ist eine von denjenigen, deren Verwandtschaften auf nassen und auf trocknen Wege sehr verschieden sind, weil sie vermöge ihrer großen Feuerbeständigkeit mit einer Basis verbunden bleibt, die eine übrigens stärkere aber flüchtigere Säure im Feuer verläßt: so zersetzt die Borax-Säure bey der Destillation den Salpeter und das Kochsalz; man muß aber nicht glauben, wie **Cadet** anzunehmen scheint, daß sie bey dieser Zersetzung bloß so wirkt, wie der Quarzsand in **Welliards** Versuche, ihre Neigung zur alkalischen Basis trägt nothwendig dazu bey, die Trennung dieser letztern

tern von der mit ihr verbundenen Säure zu bestimmen; das ist vorzüglich bey der Kochsalz-Säure bewiesen; denn man weiß, daß sich das Kochsalz im Feuer weder für sich allein, noch mit Sand verbunden, zersetzt; und jede Zersetzung durch Hülfe des Sandes findet ja nur mittelst der Verwandtschaft dieses letztern zur alkalischen Basis statt.

Die Borax-Säure scheint zum Phlogiston gar keine Verwandtschaft zu haben *), es ist sogar wahrscheinlich, daß dieser Grundstoff einen Bestandtheil derselben ausmacht. Fourcroy versichert, daß, wenn man Schwefel-Säure über Borax Säure abzieht, so geht die erste als schwefeligte Säure (unvollkommene Schwefel-Säure) über, sie hat demnach der Borax-Säure Brennstoff entzogen, dies ist der einzige zulässige Schluß, den man aus dieser Thatsache ziehen kann **).

Bergman giebt die Verwandtschaften der Borax-Säure in folgender Ordnung an:

1) Auf nassem Wege

Die Kalk-Erde.
Die Schwer-Erde.
Die Bitter-Erde. (Talk-Erde)
Das Pflanzen-Alkali.

Das

*) Das heißt, nach Lavoisier, es kann ihr von ihrem Sauerstoff nichts entzogen werden.

**) Nach Lavoisier tritt hier die Schwefel-Säure einen Theil ihres Sauerstoffs an die Borax-Säure ab, und nach Richter, entzieht sie letzterer zugleich etwas Brennstoff.

Das Mineral-Alkali.
Das Ammoniak (flüchtige Alkali).
Der Zink.
Das Eisen.
Das Bley.
Das Zinn.
Das Kupfer.
Der Nickel.
Das Quecksilber.
Die Thon-Erde.

Auf dem nassen Wege tritt sie die Alkalien an die Schwefel-Säure, Salpeter-Säure, Salz-Säure, Arsenik-Säure, Flußspath-Säure, Phosphor-Säure, Zucker-Säure, Sauerklee-Säure, Weinstein-Säure, Zitronen-Säure, Ameisen-Säure und Essig-Säure ab.

Mit der Schwer-Erde und Alaun-Erde verhält es sich eben so; in der Columne der Kalk-Erde steht diese Säure vor der Arsenik-Säure, Ameisen-Säure und Essig-Säure, und in der der Talk-Erde, vor der Zitronen-Säure, Ameisen-Säure und Essigsaure.

Die Borax-Säure greift die Metalle nur schwer an, ihre Verbindung mit denselben gelingt nicht leicht anders als durch doppelte Verwandtschaft, d. h. dadurch, daß man eine metallische Auflösung in die Auflösung des Boraxes gießt; um hier aber nicht bey der Wirkung irre geführt zu werden, muß der Borax, wie dies beym Verkäuflichen gewöhnlich der Fall ist, kein überschüssiges Alkali enthalten; alsdenn verändert er die Auflösungen des Goldes, der Platina, des Silbers, des Wismuth und des Braunsteins nicht.

2) Auf

2) Auf trocknem Wege.

Bergman setzt in die Columne der Verwandtschaften dieser Säure:

Die Kalk-Erde.

Die Talk-Erde.

Das Pflanzen-Alkali.

Das Mineral-Alkali.

Die Thon-Erde.

Achards Versuche beweisen, daß diese letztere den metallischen Erden weit nachsteht.

Die Erden und Alkalien tritt die Borax-Säure bloß der Phosphor-Säure ab; sie muß folglich alle metallische Salze zerlegen, die durch eine flüchtigere Säure gebildet werden.

Cadet hat gefunden, daß diese Säure im konkreten Zustande zum Löthen der Metalle beynahe eben so gut dienen kann, als der Borax selbst, und daß sie nur einen etwas stärkern Feuersgrad erfordert. Aus dieser Beobachtung kann man schließen, daß sie auch auf trocknen Wege auf die Metalle, so lange diese regulinisch sind, nur eine sehr geringe Wirkung habe; dies stimmt mit **Achards** Versuche überein, welchen zufolge bloß das Eisen von derselben wirklich angegriffen wird.

Diese Säure löst hingegen auf trocknem Wege alle metallischen Kalke sehr leicht auf, und bildet mit den schwerflüssigsten Borax Gläser, welche den Schmelztiegel durchbohren.

Die Borax-Säure löst die Harze nicht auf.

Sie scheint die Auflösung der Gummiharze zu befördern. Das damit gesättigte kochende Wasser wird

bis

bis zu einem gewissen Grade mit den Oelen mischbar; die hier entstandne Seife aber zersetzt sich nach einiger Zeit, obgleich sowohl der wässerigte als der salzigte Theil dieser zersetzten Seife immer einige ölige Theile zurückbehalten, wie dies der Geruch und der Geschmack beweisen, wenn man Terpentinöl angewendet hat.

Es ist merkwürdig, daß diese Säure das Gerinnen der Milch eher verzögert als befördert; die faulichte Gährung der thierischen Substanzen verzögert sie ebenfalls nicht.

Zusätze.

Verhalten der Borax-Säure zu den Alkalien und Erden.

Mit Laugensalzen verbindet sich die Borax-Säure ohne Brausen, und sättiget sie vollkommen zu Neutral-Salzen, aber man muß acht geben, daß man nur so viel Säure anwende, als zur Sättigung nothwendig ist, denn eine überschüssige Menge derselben würde das Anschießen verhindern, und die Mischung würde beym Abdampfen nur eine gummigte Masse liefern.

Das boraxsaure Gewächs-Alkali (Potassinum boracicum, Boras potassae, Borate de potasse) schießt in ansehnlichen vierseitigen Säulen an. Diese Krystalle sind luftbeständig, schäumen im Feuer und fließen zu einer Art von Glas.

Wenn man die Borax-Säure mit Mineral-Alkali übersattigt, so erhält man einen wiederhergestellten Borax, der sich durch Abkühlen krystallisiren läßt, und gewöhnlich sechsseitige Säulen bildet, wovon zwey Seiten breiter sind als die andern, mit dreyseitigen pyramidalischen Endspitzen, dieses Salz hat, wie der verkaufliche Borax, einen bitterlich laugenhaften Geschmack,

schmack, färbt wie dieser den Veilchen=Syrup grün, und wird an der Luft unscheinbar, ohne zu zerfallen, sättigt man sie aber bloß mit den Mineral=Alkali, so ist das Produkt ein vollkommen neutralisirtes boraxsaures Mineral=Alkali, (Natrum boracicum, Boras sodae, borate de soude) welches nicht mehr alkalisch schmeckt, weder den Veilchen=Syrup noch die Lackmus=Tinktur verändert, und beym Abrauchen eine gummiähnliche Masse liefert.

Das boraxsaure Ammoniak, (Ammoniacum boracicum, Boras ammoniaci, Borate d'ammoniac) schließt nach Hartmann und Sturz (dissert. de sale sed. Homb. Gött. 1759. S. 37.) durchs Abkühlen in kleinen policdrischen Krystallen an, wovon acht Flächen rhomboidalisch und eine unregelmäßig gebildet ist, es hat einen salzigten etwas bittern und gelinden scharfen Geschmack, welchen Fourcroy merklich laugenhaft fand, es färbt den Violen=Syrup grün, und beschlägt an der Luft ohne ganz zu zerfallen. Nach Lasonne, bleibt es im Feuer unzersetzt, nach Wenzel, (von den Verwandl. Seite 357) hingegen läßt es darin sein Ammoniak ganz fahren. Der Grund dieser widersprechenden Behauptung liegt wahrscheinlich in dem verschiedenen Feuersgrade, denen das Salz ausgesetzt wurde. Die feuerbeständigen Laugensalze scheiden daraus, sowohl auf nassem als auch auf trocknem Wege, das Ammoniak ab.

Mit doppelt mehr Kreide geschmolzen, giebt die konkrete Borax=Säure eine weiße, grünlichte, zerreibliche Masse, aus der sich durch Wasser etwas ausziehen und strauchförmig krystallisiren läßt, dies ist boraxsaurer Kalk (Calx boracia, Boras calcis, Borate de Chaux), bey einer ähnlichen Behandlung derselben mit ungelöschtem Kalke erscheint statt des strauchförmigen Anschusses bloß etwas weißes Pulver (Reuß de sale sed.). Aus dem mit Borax-Säure gesättigten Kalkwasser schießen gelbe Salzhäutchen an, die etwas nach Borax-Säure schmecken, (Baumé Erläut. Experimental-Chemie II. Th. S. 191.) Die flüssige Borax-Säure löst auch die Kreide geradezu auf.

Die boraxsaure Kalk-Erde ist vor nicht langer Zeit auch natürlich von Westrumb im Boracit (ehedem Cubischer Quarz auch Sedativspath genannt) entdeckt worden, m. s. Westrumbs Phys. Chem. Abh. III. B. 1. H. S. 165..

Der Boracit hat eine graulichweiße Farbe, die aber gewöhnlich in ein lichteres oder dunkleres rauch- und gelblich, auch grünlichgrau übergehet; zuweilen ist er von Eisenoker röthlich oder violet gefärbt.

Bisher hat man ihn nur krystallisirt gefunden, und zwar in kleinen **Würfeln**, die an den Kanten und den abwechselnden Ecken etwas stark, an den übrigen vier Ecken sehr schwach abgestumpft sind, oder auch in vollkommenen Würfeln; seine Bestandtheile sind nach Westrumb:

68 Theile Borax-Säure,
13,50 — Luft- und wasserleere Talk-Erde,
11, — Kalk-Erde,
1, — Thon-Erde,
2, — Kiesel-Erde,
0,75 — Eisen-Kalk,
3,75 — Verlust.

100

(M. s.

(M. s. Widenmann's Mineralogie S. 533.)

Die ätzenden Alkalien zersetzen die boraxsaure Kalk-Erde nicht, die boraxsauren Alkalien hingegen werden zerlegt, wenn man sie mit gebranntem Kalke kocht, und das ätzende Mineral-Alkali wird frey, (Bergman Opusc. Tom. III. de attract. elect. §. XXI.). Auf nassem Wege ist demnach die Kalk-Erde der Borax-Säure näher verwandt als die Alkalien. Die kohlensauren Alkalien zerlegen zwar die boraxsaure Kalk-Erde (Anf. der th. und prakt. Ch. II. B. S. 256.), dies geschiehet aber bloß durch die große Verwandtschaft der Kalk-Erde zur Kohlen-Säure (Leonhardi in Macq. Chem. Wört. Zusätze zum Sedativsalze).

Reuß (am angef. Ort.) erhielt im Reverberir-Feuer aus zwey Theilen Talk-Erde und einem Theile Borax-Säure keine Verglasung, sondern ein unschmackhaftes, gleichsam sandiges, weißes Pulver, von welchem das Wasser gar nichts auflöste, die Verfasser der Anfangsgr. der th. und prakt. Chem. hingegen bekamen (II. B. S. 257.) aus einem Theile Borax-Säure und vier Theilen Talk-Erde eine grünliche Masse, die am Tiegel hing, und einen glasigen Ueberzug hatte, das Wasser löste davon einen Theil auf, und dieser war boraxsaure Talk-Erde (Magnesia boracica, Boras magnesiae, Borate de magnésie).

Die Talk-Erde löst sich in der flüssigen Borax-Säure langsam und mit geringem Brausen auf. Diese Auflösung liefert beym Abrauchen eine klebrige Masse, in welcher man häufige Streifen bemerkt, die vom Umfange nach den Mittelpunkt gehen, man unterscheidet auch darin verschiedene Punkte, in Gestalt kleiner Kry-

 stalle.

stalle. (Anfangsgr. der th. u. prakt. Ch. II. B. S. 257, *Bergm.* Opusc. Tom. I. de Magnesia §. X.).

Die boraxsaure Talk-Erde schmilzt im Feuer leicht und ohne Zersetzung, auf nassem Wege zerlegen die Alkalien und die Kalk-Erde dieses Salz, Weingeist, den man darüber gießt, nimmt daraus alle Borax-Säure in sich und läßt die Erde zurück. Ein Stück Papier in die heiße Auflösung dieses Salzes getaucht, brennt mit einer noch schönern grünen Farbe, als wenn es in flüssige Borax-Säure getaucht worden wäre, die boraxsaure Talk-Erde macht, wie wir schon gesehen haben, einen Bestandtheil des Boracits aus.

Die mit halb so viel Borax-Säure geschmolzne Thon-Erde gab (Reuß de sale sed.) eine harte, graue, bimsteinfarbige Masse, wovon ein Theil vom Wasser als unveränderte Borax-Säure ausgezogen wurde, mit Zurücklassung eines weißen Pulvers, welches wohl boraxsaure Thon-Erde, (Argilla boracica, Boras argillae, Borate d'argille) war. Wenn man die Thon-Erde mit Borax-Säure und vielem Wasser kocht, so erhält man auf nassem Wege eine gummiartige boraxsaure Thon-Erde (Grens Handb. neue Ausg. I. Th. S. 555.) im Feuer fließt dieses Mittelsalz zu einer Art von Glas. Kalk-Erde, Talk-Erde und die Alkalien entziehen ihm seine Säure.

Mit der Schwer-Erde liefert die Borax-Säure, nach Gren (am angef. O.) wie mit der Kalk-Erde, ein erdigtes Salz, boraxsaure Schwer-Erde (Barytes boracius, Boras barytis, Borate de baryte) das noch nicht näher untersucht ist.

Mit

Mit der Kiesel-Erde schmilzt, nach Reuß, halb so viel Borax-Säure in einem sechsstündigen Reverbe-rir-Feuer zu einer schwammigten, harten, weißgrauen Masse, aus der das Wasser bloß die Borax-Säure auszieht. Nach Gren hingegen, (am angef. Orte) gehet die Borax-Säure im Schmelz-Feuer mit der Kiesel-Erde eine Verbindung ein, und bildet damit eine glasähnliche Masse, die sich durch Alkalien mehr oder weniger leicht beym Kochen zusetzen läßt, je nachdem man mehr oder weniger Borax-Säure angewendet hat. Die Verfasser der Anfangsgründe ꝛc. schlugen die Kiesel-Erde durch Borax-Säure nieder, und digerirten den Niederschlag mit einem neuen Vorrathe von flüssiger Borax-Säure, die durchgeseihete Flüssigkeit veränderte die Lackmus-Tintur nicht mehr, und gab mit Laugensalz einen erdigten Niederschlag; aus diesen Erscheinungen schließen sie, die Borax-Säure sey mit der Kiesel-Erde eine Verbindung eingegangen, II. B. S. 255. Leonhardi bemerkt hiebey, (Macq. Ch. W. Zusätze zum Artikel Sedativ-Salz, siehe Salze) dieser Schluß sey so lange unzuläßig, als noch nicht erwiesen sey, daß die Kiesel-Feuchtigkeit nicht thonhaltig, und das darin befindliche Alkali nicht kalkhaltig war.

Das Verhalten der Borax-Säure zu den übrigen Erden ist noch unbekannt.

Wechselseitige Verwandtschaften der Borax-Säure und der bisher abgehandelten Säuren, zu den Alkalien und Erden.

Die Borax-Säure hängt mit den Alkalien und Erden so schwach zusammen, daß sie nicht allein durch Schwefel-Säure, sondern durch alle andere mineralische, vegetabilische und thierische Säuren, nur Kohlen-Säure ausgenommen, davon auf nassem Wege getrennt wird. Auf trocknem Wege verhält es sich ganz anders, und hier ersetzt die Feuerbeständigkeit die Anziehung, und die Borax-Säure treibt alle flüchtige Säuren bey anhaltender Hitze aus den feuerbeständigen Alkalien und Erden, die Schwefel-Säure ausgenommen.

Wenn die von den Chemisten bishero angegebene Verwandtschaften der Alkalien und Erden zu der Schwefel-Säure, und die der Borax-Säure zu den verschieden alkalischen Substanzen richtig sind, so wird beym Zusammentreffen der schwefelsauren und boraxsauren Neutral und Mittel-Salze, durch doppelte Verwandtschaft auf nassem Wege zersetzt: das boraxsaure Pflanzen-Alkali durch Glauber-Salz, schwefelsaures Ammoniak, Bittersalz und Alaun, der gemeine Borax, durch schwefelsaures Ammoniak, Bittersalz und Alaun, das boraxsaure Ammoniak, durch Alaun und Bittersalz; die boraxsaure Kalk-Erde kömmt wegen ihrer Unauflöslichkeit nicht in Betracht; die boraxsaure Thon-Erde durch kein schwefelsaures Neutral- und Mittelsalz; die boraxsaure Schwer-Erde hingegen durch alle, ausgenommen durch den Schwerspath selbst.

Die Salpeter-Säure entbindet auf nassem Wege die Borax-Säure aus allen Alkalien und Erden; auf trocknem Wege hingegen, zersetzt diese in der Hitze nicht nur den Salpeter, sondern alle salpetersauren Neutral- und Mittelsalze.

Vermöge der doppelten Verwandtschaft werden auf nassem Wege zersetzt werden: das boraxsaure Pflanzen-Alkali durch Rhomboidal-Salpeter, salpetersaures Ammoniak, salpetersaure Kalk-Erde, Bitter-Erde und Thon-Erde; der gemeine Borax durch salpetersaures Ammoniak, salpetersaure Kalk-Erde, Bitter-Erde und Thon-Erde; das boraxsaure Ammoniak durch salpetersaure Thon-Erde und Talk-Erde. (Die boraxsaure Kalk-Erde verdient, ihrer Unauflöslichkeit wegen, hier gar keine Stelle.) Die boraxsaure Thon-Erde möchte wohl durch kein salpetersaures Neutral- und Mittel-Salz zerlegt werden; die boraxsaure Schwer-Erde wird wohl durch alle zersetzt, die sapetersaure Schwer-Erde ausgenommen.

Von der gemeinen Salz-Säure, oder salzigten Säure werden die boraxsauren Neutral- und Mittel-Salze ebenfalls sämmtlich auf nassem Wege zerlegt. Aber auf trocknem Wege treibt die Borax-Säure die gemeine Salz-Säure aus allen ihren Neutral- und Mittel-Salzen.

Vermöge einer doppelten Wahlverwandtschaft, sollten auf nassem Wege zersetzt werden: das boraxsaure Pflanzen-Alkali durch gemeines Kochsalz, Salmiak, salzigtsaure Kalk-Erde, Talk-Erde und Thon-Erde; der gemeine Borax durch Salmiak, salzigtsaure Kalk-Erde, Talk-Erde und Thon-Erde; das boraxsaure

Ammoniak durch salzigtsaure Thon-Erde und Talk-Erde; die boraxsäure Thon-Erde durch kein salzigtsaures Neutral- und Mittelsalz; die boraxsaure Schwer-Erde durch alle, ausgenommen, durch salzigtsaure Schwer-Erde.

Die wechselseitigen Verwandtschaften der übersauren Salz-Säure oder Salz-Säure sind noch nicht bestimmt. (Grens Handb. 1. B. S. 556. 557.)

Die Arsenik-Säure trennt auf nassem Wege die Borax-Säure von allen Alkalien und Erden, auf trocknem Wege findet keine Zersetzung statt, weil beyde Säuren feuerbeständig sind.

Verhalten der Borax-Säure zu den Metallen.

Das Gold wird von der Borax-Säure, weder auf trocknem noch auf nassem Wege, angegriffen; indessen scheint es dasselbe doch einigermaßen zu verändern. Gold, welches mit Borax oder Borax-Säure zusammengeschmolzen worden, ist jetzt blässer als vorher, und Borax-Säure, womit Reuß (de sale sedativo) Blatt-Gold zusammenschmolz, wurde nicht verglaset, sondern schwammigt und hart, die Flamme des mit dieser schwammigten Masse infundirten Weingeists war nicht mehr gefärbt, das Wasser nahm aus derselben nur wenig in sich, und dieser aufgelöste Theil schoß als Borax-Säure wieder an. Nach Wenzel, von der Verwandtschaft S. 362. schlägt die Borax-Auflösung aus der Gold-Auflösung einen schwach knallenden Gold-Kalk nieder, dieser ist noch nicht gehörig untersucht.

Die

Die mit Borax=Säure gesättigte Borax=Auflösung schlägt, nach Leonhardi, (Macquers Wörterb. letzte Ausgabe, Zusatz z. Art. Borax=Säure) aus der Gold=Auflösung nichts nieder, er leitet demnach Wenzels Niederschlag von überschüssigem Mineral=Alkali der Borax=Auflösung her. Wenn man, nach Monnet, Borax=Auflösung und Gold=Auflösung in der Wärme zusammen bringt, so schießt in der Flüssigkeit nach und nach ein dem Boraxe ähnliches Salz an, welches auf Kohlen weder sprudelt noch knistert, sondern unter Aufblähen zu einem violetten Glase fließt, und also wohl ein dreyfaches Salz aus Borax=Säure, Gold=Kalk und Mineral=Alkali seyn möchte. (Anfangsgr. der th. und prakt. Chemie, von Morveau Marat rc. nach der Uebers. Theil II. S. 265.)

Auf die Platina scheint die Borax=Säure gar nicht zu wirken, aus der schwefelsauren Platina=Auflösung schlägt die Borax=Auflösung ziemlich schnell einen bräunlich flockigten Niederschlag zu Boden (Anfangsgr. der th. und prakt. Chem. von Morveau rc. II. Th. S. 266.) der noch nicht genau untersucht ist, (Gren systematisches Handbuch der Chem. 3. B. S. 147.) leitet ihn bloß von dem freyen Mineral=Alkali der Borax=Auflösung ab. Die mit Borax=Säure gesättigte Borax=Auflösung schlägt nach (*Bergman* Opusc. T. III. de attr. elect. §. XXI.) aus der Platina=Auflösung nichts nieder.

Die mit gleich vielem Silber geschmolzene trockne Borax=Säure greift zwar das Silber nicht bemerkbar an, verglast aber hier bis zur Unauflöslichkeit im Wasser (Reuß de sale sed.) da sie doch für sich geschmol=

zen ein auflösliches Glas liefert. Die mit Borax=Säure gesättigte Borax=Auflösung wirkt auf die salpetersaure Silber=Auflösung (Bergman am angef. Orte) eben so wenig als die Borax=Säure (Reuß a. a. O.). Die gemeine Borax=Auflösung schlägt aus der Silber=Auflösung ein gelbes Pulver nieder, welches von der Flüssigkeit wieder aufgelöst wird, wenn man sie nicht bald abgießt (theor. u. prakt. Chem. von Morveau ꝛc. S. 266.). Dieser gelbe Niederschlag ist noch nicht hinreichend untersucht, in verdeckten Schmelzgefäßen verglast er sich dunkelgelb, vor dem Löthrohre auf Kohle geschmolzen, wird er zu Silber wieder hergestellt. (Wenzel von den Verw. S. 362.). Storr (Crells neueste Entd. II. B. S. 42.) hat vorgeschlagen, das auf der Capelle abgetriebene Gold und Silber im Kleinen, durch wiederholtes Schmelzen mit Borax=Säure, von dem noch anhängenden Kupfer ganz zu befreyen.

An eine Verbindung der Borax=Säure mit dem Quecksilber auf trocknem Wege, ist wegen der Flüchtigkeit dieses letztern gar nicht zu denken, die Auflösung der Borax=Säure im Wasser wirkt bey der Digestion auf dieses Metall gar nicht. Die in Wasser aufgelöste Borax=Säure bewirkt in der salpetersauren Quecksilber=Auflösung keinen Niederschlag. Allein sowohl die gemeine Borax=Auflösung (Wenzel a. a. O.) als auch die mit Borax=Säure gesättigte, (Bergman a. a. O.) schlagen daraus einen gelben Niederschlag zu Boden, dieser soll ein boraxsaures Quecksilber (hydrargyrum boracicum, Boras hydrargyrii, Borate de mercure) seyn, welches noch überschüssigen Quecksilber=Kalk enthält. Er wird nach den Verfassern der theor. u. prakt. Ch. ꝛc. an an der Luft grünlich, und nach **Wenzel**, (a. a. O.) bey der Sublimation pomeranzengelb. Er macht das Wasser während des Auflösens milchigt, welches wohl von dem zu Boden fallenden überschüssigem Kalke herrührt. Die ätzenden Alkalien und das Kalkwasser bewirken in der Auflösung desselben einen gelben Niederschlag. Nach **Reuß** (a. a. O.) läßt es sich mit Quecksilber amalgamiren. Aus dem ätzenden Sublimate erhält man durch die Borax-Auflösung einen ziegelrothen Niederschlag (Anf. der th. und prakt. Chem. II. B. S. 267.) der mit obigem gelben manche Aehnlichkeit hat, und sich vielleicht nur dadurch von ihm unterscheidet, daß er einen mit mehrerem Sauerstoff verbundenen Quecksilberkalk enthält.

Das **Kupfer** wird von der Borax-Säure beym Zusammenschmelzen mit derselben nicht angegriffen. Wenn man aber diese Säure mit Wasser darüber sieden läßt, so wird es auf der Oberfläche etwas angegriffen, die Flüssigkeit giebt nun mit feuerbeständigen Laugensalzen einen weißlichen Niederschlag, das Ammoniak aber färbt solche nicht blau. (Anf. der th. und prakt. Chem. 2. B. S. 269.). Die mit Borax-Säure gesättigte Auflösung des Boraxes, schlägt, nach **Bergman**, Opusc. III. T. de attr. elect. §. XXI. alle Kupfer-Auflösungen nieder, hier verbindet sich die Borax-Säure mit dem Kupfer-Kalke zu einer bläßlichtgrünen Gallerte, die nach dem Austrocknen ein angenehm grünes, im Wasser schwerauflösliches Pulver, von luftbeständiger Farbe liefert. Dies ist **boraxsaures Kupfer** (Cuprum boracicum, Boras cupri, Borate de cuivre). Nach **Wenzel**, (von den Verw. S. 360. f.) fließt es im Tie-

gel

gel leicht zu einer glasähnlichen Masse, die, wenn sie der Hitze einige Zeit ausgesetzt bleibt, eine schöne rothe Farbe annimmt. Durch langes Zusammenreiben der Borax-Säure mit Kupferfeilspänen und Wasser, erhielt Palm (dissert. de sale sed. Homb. §. 9. p. 20.) eine Auflösung, die nach dem Durchseihen und Abrauchen boraxsaures Kupfer in kleinern und größern vielseitigen gelben Krystallen lieferte. Die Auflösung dieser Krystalle wurde durch Laugensalze milchweiß gefällt. Auf trocknem Wege schmelzen, nach Reuß, (de sale sed.) zwey Theile Kupfer-Kalk mit einem Theile Borax-Säure zu einer unauflöslichen, dem Kupferglase ähnlichen, Masse.

Wenn man, nach Reuß, zwey Theile Eisenfeile und einem Theil Borax-Säure zusammenschmilzt, so erhält man eine Art Schlacke, die mit Wasser übergossen, eine rothe Lauge liefert: wenn man diese abraucht und krystallisiren läßt, so bekömmt man boraxsaures Eisen (Ferrum boracicum, Boras ferri, Borate de fer) theils in rothen kleinen Kügelchen, theils in rothen Blätterchen, es färbt die Flamme des darüber angezündeten Weingeists grün.

Wenn man (Anf. der theor. und prakt. Chem. rc. 2. B. S. 271.) eine Auflösung der Borax-Säure mit reinen Eisenfeilspänen sieden läßt, wird unter Entwikkelung von Wasserstoff-Gas ein Theil des Eisens aufgelöst, die Flüssigkelt nimmt nach einer Viertelstunde eine Bernsteinfarbe an, entfernt man sie nun vom Feuer und läßt sie stehen, so zeigt sich darin ein gelber Bodensatz, raucht man sie ab, so erhält man boraxsaures Eisen, in büschelförmigen, am Rande gelblichen Kry-

Krystallen, die nur wenig Eisen enthalten. Die Borax=Auflösung bewirkt in der schwefelsauren Eisen=Auflösung einen aschgrauen oder gelben, in der salpetersauren Eisen=Auflösung einen röthlichgelben, und in der salzsauren Eisen=Auflösung einen grünen Niederschlag. Alle diese Niederschläge werden von der Auflösung der Borax=Säure in Wasser aufgelöst. (Anf. der th. und prakt. Ch. II. B. S. 271.) Das boraxsaure Eisen wird, nach Leonhardi, (Macq. Ch. Wört. Zus. zum Art. Sedativsalz, suche Salze) durch alle Säuren zersetzt. Er macht, obgleich in geringer Quantität, einen Bestandtheil des Boracits aus (Westrumb fand darin nur 0,75 Eisen=Kalk.

Die Borax=Säure scheint auch auf trocknem Wege das Bley nicht anzugreifen. Palm (dissertatio de sale sedativ. Homb.) digerirte Bleifeile mit einer Auflösung der Borax=Säure, und erhielt ein boraxsaures Bley (Plumbum boracicum, Boras plumbi, Borate de plomb) in Gestalt eines sandharten Salzpulvers, dessen Auflösung mit dem Salmiakgeiste milchweiß wurde. Mit zwey Theilen Mennige geschmolzen, giebt die Borax=Säure, nach Reuß, (a. a. O.) ein schönes grünlichgelbes, durchsichtiges, sehr hartes, und im Wasser unauflösliches Glas. Die Borax=Auflösung schlägt aus der schwefelsauren, salpetersauren und salzsauren Bley=Auflösung ein boraxsaures Bley nieder (Anf. der th. und prakt. Chem. II. Th. S. 270.) welches aber sehr wahrscheinlich freyen Bley=Kalk enthält. Das weiße Pulver, welches hier aus der salpetersauren Bley=Auflösung niederfällt, schmilzt nach Wenzel, von den Verw. S. 360.) im Feuer und sogar auf der Kohle

vor

vor dem Löthrohre zu einem weißen durchsichtig bleibenden Glase, ohne seine Metallgestallt wieder anzunehmen.

Wenn man, nach Palm, gleiche Theile konkrete Borax-Säure und zerfeiltes Zinn zusammenschmilzt, so erhält man eine undurchsichtig graue Schlacke, laugt man diese aus, filtrirt und verdünstet die Flüssigkeit, so erhält man ein weißes vielseitiges Salz, welches mit flüchtigem Alkali einen weißen geronnenen Niederschlag liefert, zwey Theile Zinn-Kalk mit einem Theile konkreter Borax-Säure geschmolzen, fließen, nach Palm, zu einer den Zinngraupen ähnlichen Masse. „Mit Zinn-„Blättern gekocht," sagen die Verfasser der Anf. der th. und prakt. Chem. II. B. S. 270. „hat die Borax-„Säure keine Spur, daß sie angegriffen worden wären, auf ihrer Oberfläche hinterlassen, inzwischen hat „die Flüssigkeit, nachdem sie durchgeseihet worden war, „mit sehr reinem fixen Laugensalze einen leichten er-„digten Bodensatz gegeben, der durch zugesetztes Was-„ser nicht wieder verging." Zinnfeile mit konkreter Borax-Säure und Wasser lange Zeit gerieben, und einige Tage heiß digerirt, gaben Palm (a. a. O.) ein **boraxsaures Zinn** (Stannum boracicum, Boras stanni, Borate d'étain) das in kleinen, unregelmäßigen, sandigen Krystallen anschoß, aus der Auflösung dieses Salzes in Wasser, schlug der Salmiakgeist einen weißen geronnenen Niederschlag zu Boden.

Die Borax-Auflösung wird durch alle Zinn-Auflösungen zerlegt (Anf. der th. und prakt. Chem. II. B. S. 270.). Durch die salzsaure Zinn-Auflösung entstehet darin ein ganz weißer Niederschlag. Der nach dem

dem Aussüßen im Feuer behandelt, eine graue undurchsichtige Schlacke liefert.

Die konkrete Borax-Säure hat auf trocknem Wege auf den Zink keine Wirkung. Mit Zinkblumen im Feuer behandelt, liefert sie, nach **Reuß**, (a. a. O.) eine lichtgrünliche, unterwärts bräunliche, unauflösliche Schlacke. „Durch Digeriren nimmt die aufgelöste Borax-Säure vom Zink so viel in sich, daß die durchgeseihete Flüßigkeit ein milchigtes Ansehen erhält; diese Flüßigkeit liefert durchs Abdampfen eine salzige Masse von unbestimmter Gestalt. (Dies ist der noch nicht genug bekannte **boraxsaure Zink**, Zincum boracicum, Boras Zinci, Borate de Zinc) und läßt auf zugesetztes Laugensalz eine weiße Erde fallen."

Die Auflösung des Boraxes bewirkt (nach **Wenzel**, von den Verwandtschaften S. 359.) in der schwefelsauren Zink-Auflösung einen ganz weißen Niederschlag, dieser wird im Feuer gelb und verwandelt sich in eine fest zusammengebackne undurchsichtige Schlacke. In der salpetersauren Zink-Auflösung bewirkt sie einen weißen ins Gelbe fallenden Niederschlag. Es ist noch nicht mit Gewißheit ausgemittelt, welchen Antheil das freye Mineral-Alkali des Boraxes an diesen Niederschlägen hat.

Den **Wismuth** nimmt die Borax-Säure beym Digeriren mit Wasser nicht auf. Die salpetersaure Wismuth-Auflösung wird durch den Borax und durch die Auflösung der reinen Borax-Säure, weiß niedergeschlagen, (Anf. der th. und prak. Chem. II. B. S. 272.) aus der Auflösung des Wismuths in der salzsäurehaltigen Schwefel-Säure schlägt der Borax ein

sehr

sehr weißes Pulver zu Boden, welches nach dem Aussüßen und Austrocknen an der Luft keine andere Farbe annimmt. Im Feuer verwandelt sich dies Pulver in ein weißes durchsichtig bleibendes Glas. (**Wenzel** von den Verw. S. 361.) Die Natur dieser Niederschläge ist noch nicht untersucht. Wahrscheinlich sind sie ein mit freyem Wismuth Kalk vermengter **boraxsaurer Wismuth** (Bismuthum boracicum, Boras Bismuthi, Borate de Bismuth).

Der Spiesglanz-König wird auf nassem Wege von der Borax-Säure nicht geradezu angegriffen. Wenn man aber die königssaure Spiesglanz-Auflösung mit der Borax-Auflösung zusammentröpfelt, so verbindet sich ein Theil des Spiesglanz-Kalks mit Borax-Säure zum **boraxsauren Spiesglanze**, (Stibium boracicum, Boras stibii, Borate d'antimoine.) welcher wohl des freyen Alkalis im Boraxe wegen, überschüssigen Spiesglanz-Kalk enthalten mag. Die Auflösung des Algaroth-Pulvers (desjenigen Niederschlages, den man erhält, wenn man die Spiesglanz-Butter mit Wasser verdünnet) in Schwefel-Säure wird ebenfalls durch die Borax-Auflösung weiß niedergeschlagen, (**Wenzel** am angef. O. S. 361.) dieser Niederschlag kömmt wohl mit dem vorhergehenden überein. Im Feuer raucht er anfangs, nachher verwandelt er sich in eine dunkelgelbe glasähnliche Masse.

Mönch erhielt durch Zusammenschmelzen von gleichen Theilen Kobalt-Kalk und Borax-Säure; ein schwarzblaues Glas und ein kleines metallisches Korn. (Crells Chem. Journal Th. II. S. 52.) Reuß (de sale sedativo) schmolz 3 Theilen Kobalterz mit einem Theile

Borax-Säure zusammen, und erhielt eine blaugefleckte graurothe Schlacke; diese laugte er mit Wasser aus, die Flüssigkeit gab ihm nach dem Durchseihen und Abrauchen einen **boraxsauren Kobalt** (Cobaltum boracicum, Boras cobalti, Borate de cobalt) von einer röthlich weißen Farbe und ästigen Gestalt. Auf nassem Wege greift die Borax-Säure den Kobalt-König nicht an, von seinem Kalke aber löst sie nach **Gren** (Handb. 2te Aufl. III. B. S. 527.) etwas auf. Aus der sympathetischen Tinte schlägt die Borax-Auflösung einen wahren boraxsauren Kobalt nieder. Die Auflösungen dieses Halbmetalls in der Schwefel-Säure und Salz-Säure, werden ebenfalls gefällt, wenn man Borax-Auflösung hinzugießt, und zwar die erstere weiß ins rothe fallend, die andere grün (Handb. der th. und prakt. Ch. von **Morveau**, **Duraude** ꝛc.).

Den **Nickel** und seine Kalke greift die Borax-Säure kaum geradezu an (**Leonhardi** in **Macq.** Ch. W Note d zum Art. Nickel). Tröpfelt man hingegen die sauren Auflösungen des Nickels mit einer Borax-Auflösung zusammen, so vereinigt sich der Nickel mit der Borax-Säure (**Bergman** de attract. elect. §. XXI. Vol. 3. Opusc.) zum **boraxsauren Nickel** (Niccolum boracicum, Boras niccoli, Borate de Nickel).

Die Wirkung der Borax-Säure auf das **Magnesium** und seine Kalke, ist noch völlig unbekannt.

Der reguliniſche **Arsenik** wird von der Borax-Säure nicht angegriffen, **Reuß** (de sale sedativo S. 30.) behandelte im Feuer gleiche Theile weißen Arsenik und Borax-Säure, und erhielt eine im Wasser auflösliche Masse, die Auflösung dieser letztern lieferte durch Abrauchen den boraxsauren Arsenik (Arsenicum boracicum, Boras arsenici, Borate d'Arsenic) theils in Gestalt eines gräulich gelblichen Pulvers, theils als ästige Spieße. Auch auf nassem Wege löst die Borax-Säure den weißen Arsenik auf. (Anf. der th. und prakt. Ch. II. B. S. 273.)

Auf den Molybdän-Kalk scheint die Borax-Säure weder auf nassem noch auf trocknem Wege auflösende Kräfte zu haben.

Ueber das Verhalten des Wolframs, Uraniums und Titaniums zur Borax-Säure, finde ich nirgends Nachrichten.

Borax-Säure und Schwefelleber.

Nach Obermayer und Reuß (de sale sed.) schlägt die Borax-Säure den Schwefel aus der Schwefelleber unter Entwickelung von hepatischen Gas zu Boden.

Medizinischer Gebrauch der Borax-Säure.

Homberg glaubte in der Borax-Säure narcotische, schmerzstillende, antispasmodische, ermunternde, kühlende und antiseptische Kräfte zu finden, er gebrauchte es bey hysterischen und hypochondrischen Zufällen, unter Emulsionen und andern Getränken, von 6 bis 8 Gran, andere haben sie zu 24 bis 36 Gran, ja bis zu einer halben Unze angewendet (Mart. encyclop. Method.). Die mehresten neueren Aerzte halten diese Kräfte für eingebildet, und gebrauchen diese Säure gar nicht mehr.

Nach

Nach Hartmann (de sale sedat.) ist der boraxsaure Ammoniak ein säurebrechendes, auflösendes, gelindreizendes und harntreibendes Mittel, das bey Auszehrungen von verstopften Gekrösedrüsen, in rhevmatischen Uebeln, in der Harnstrenge, die vom Griese herrührt, und in hypochondrischen Uebeln, täglich zu einem halben Quentchen bis vier Scrupeln gereicht, gute Dienste leistet (Leonh in Marq Chem. Wörterb. a. a. O.). Keiner von den praktischen Aerzten, die ich befragt habe, will von diesem Mittel etwas wissen.

Chaußier der jüngere, hat das boraxsaure Quecksilber bey einer schweren venerischen Krankheit, mit gutem Erfolge, äußerlich gebraucht (Anf. der th. und prakt. Ch. II. B. S. 268.).

III. Abschnitt.
Von der Flußspath-Säure.

Mit dem Namen Flußspath-Säure belegt man die von Scheele zuerst entdeckte Säure, welche man aus dem Flußspathe gewinnt.

Der Flußspath wurde nur alsdann erst von dem Schwerspathe und Kalkspathe unterschieden, als Margraff diejenigen Beobachtungen angestellt hatte, die in den Denkschriften der Berliner Akademie, für das Jahr 1768, eingerückt sind. Dieser Chemist schloß, daß der Flußspath keine Schwefel-Säure enthält, weil er mit Pflanzen-alkali behandelt, kein schwefelsaures Pflanzen-Alkali liefert; er versuchte jetzt ihn durch Säuren zu zersetzen, er übergoß 8 Unzen grünen und weißen, kalzinirten und gepülverten Flußspath mit einem gleichen Gewicht rauchender Schwefel-Säure, und setzte diesem Gem nge noch 3 Unzen Wasser zu: während der Destillation legte sich nicht allein ein schöner weißer Sublimat im Retortenhalse, sondern auch in der Vor-

Vorlage an, und es blieb in der Retorte eine Masse zurück, die 12 Unzen wog. Margraff sahe mit Erstaunen, daß die Retorte so durchlöchert war, als wenn man mit Schroot hinein geschossen hätte und sogar das Glas der Vorlage angegriffen war; da er den größten Theil des Sublimats unauflöslich fand, glaubte er schließen zu können, hier sey der Flußspath selbst durch die Schwefel-Säure verflüchtigt worden; er bemerkte endlich, daß die Salpeter-Säure, die Salz-Säure und die Phosphor-Säure mit Flußspath destillirt, ungefähr eben dieselbe Wirkung hervorbringe.

Es blieb, wie man sieht, viel zu thun übrig, um die wahren Bestandtheile des Flußspaths zu entdecken; dies war der Gegenstand einer vortrefflichen Abhandlung, welche Scheele in den Denkschriften der Akademie zu Stockholm, für das Jahr 1771, herausgab. (Scheels physisch-chemische Werke, herausgegeben von Hermbstädt, Berlin 1793. — 2ter Band S. 5.) er untersucht darin die Eigenschaften des Flußspaths, sein Verhalten zu den Säuren und Neutralsalzen; die Eigenschaften seiner Säure, die Wirkung derselben auf die Erden, Metalle und salzigten Auflösungen. Scheele bewies ganz deutlich, daß die Schwefel-Säure aus dem Flußspath eine eigenthümliche Säure entbindet, daß diese Säure mit Kalk-Erde verbunden, den Flußspath wieder herstelle, daß die Basis dieses mineralischen Körpers, mit Schwefel-Säure verbunden, einen wahren Selenit bilde; daß der Flußspath im Feuer durch kohlensaures Alkali zersetzt freye Kalk-Erde zurücklasse; und daß er folglich aus einer eigenthümlichen

Säure und Kalk-Erde zusammengesetzt sey, und nur zufällig etwas Eisen und etwas Thon-Erde enthalte.

Jetzt muß ich meine Leser mit dem Prozeß bekannt machen, durch welchen man die Flußspath-Säure gewinnt, nachher werde ich die Einwürfe anführen, die man gegen die Eigenthümlichkeit derselben gemacht hat und sodann die verschiedenen Meynungen der Chemisten über diejenige Erde vortragen, die beym Austreiben Flußspath-Säure zum Vorschein kömmt; endlich werde ich die Versuche anführen, welche jetzt alle Schwierigkeiten aus dem Wege räumen.

Um die Flußspath-Säure zu bereiten, pülvert man den reinsten Flußspath, den man bekommen kann, ganz fein; der grüne Flußspath, der seine Farbe bloß einem wenig Eisen verdankt, ist eben so gut und häufiger als der ungefärbte; ich würde den grünen, dem violetten und besonders dem dunkelvioletten vorziehen, weil dieser letztre durch Braunstein gefärbt ist, und folglich auf die Retorte wirken, und ihre Zerstörung beschleunigen könnte.

Der Flußspath läßt sich viel leichter pülvern, wenn man ihn vorher geglühet hat. Diese Operation muß in einem verdeckten Schmelztiegel vorgenommen werden, weil man durch das Abknistern desselben einen beträchtlichen Verlust leiden würde. Buchholz hat bemerkt, daß 12 Unzen weißer, bloß mit grünen Flecken besprengter Flußspath, während der Kalzination 1½ Unzen von ihren Gewicht verloren. Scheele hingegen sagt, 3 Unzen Flußspath, die er so verprasseln ließ, haben keinen merklichen Gewichtsverlust erlitten, allein diese beyden Beobachtungen lassen sich sehr gut vereinigen.

nigen, denn Scheele merkt an, daß der Flußspath, den er zu diesem Versuch gebrauchte, vorher so stark erhitzt worden war, daß er nicht mehr phosphoreszirte. Der kalzinirte Flußspath hat seine Phosphoreszenz durchaus verloren, und man kann sie ihm nicht wiedergeben, auch dadurch nicht, daß man ihm stratum superstratum mit Kohlenstaub geschichtet, der Sonne aussetzt. Der ungefärbte Flußspath bleibt nach dem Kalziniren weiß, der grüne wird röthlich.

Man thut in eine etwas starke gläserne Retorte 8 Unzen von diesem feingepülverten Flußspath, mittelst einer Glasröhre (oder eines Trichters mit sehr langen Halse) gießt man ein gleiches Gewicht konzentrirte Schwefel-Säure hinein; man setzt die Retorte in das Sandbad, und legt sogleich die Vorlage an, in welche man vorher 8 Unzen destillirtes Wasser gegossen hat, man lutirt die Fuge so genau als möglich, und überbindet sie noch mit einen Leinwandstreifen, der mit Eyweißkitt bestrichen ist, wie bey der Destillation der Salz-Säure.

Im Augenblicke des Zusammengießens bemerkt man eine beträchtliche Wärme; es entwickeln sich bald Dämpfe, welche die Retorte verdunkeln, noch ehe Feuer darunter ist, und man spürt einen der Salz-Säure nahekommenden Geruch.

Bey dieser Operation muß anfänglich gelindes Feuer gegeben werden, theils weil die sehr elastischen Dämpfe sonst nicht Zeit haben würden, sich zu verdichten, theils weil sie bey einer schnellen Entwickelung einen Theil unzerlegten Flußspath mit sich, bis in den Recipienten fortreiben könnten.

Diese Dämpfe sind eine eigenthümliche saure Gas-Art.

So wie die Destillation vor sich gehet, belegt sich die Retorte inwendig mit einer weißen Materie, und es bildet sich eine ähnliche Rinde auf dem Wasser der Vorlage. Man verstärkt das Feuer ganz allmählig so lange, bis der Boden der Retorte dunkel glüht.

Nach dem Erkalten der Gefäße findet man in der Vorlage eine weiße erdigte Rinde, man trennt sie durch das Filtrum von der Flüssigkeit, und diese Flüssigkeit ist nun die Flußspath-Säure, verdünnt durch das Wasser, welches man im Recipienten vorgeschlagen hatte.

Auf den Boden der Retorte findet man eine steinigte Masse, und die innern Wände dieses Gefäßes sind allenthalben angefressen.

Ich habe bey dieser Operation dasjenige Verhältniß des Flußspaths zur Schwefel-Säure angenommen, welches Scheele und Buchholz angeben: Bergman wendet zwar nur ½ Theil Schwefel-Säure an, und Baumé merkt an, bey gleichen Theilen könne sich leicht ein Theil unzersetzter Flußspath verflüchten, die Retorte könne, wenn sie dünne ist, leicht durchbohrt werden, und es gehe etwas Schwefel-Säure in die Vorlage mit über, allein Bergman setzt voraus: 1) daß man den Flußspath anwendet, ohne ihn vorher geglüht zu haben, 2 daß die Schwefel-Säure sehr konzentrirt ist, welches ich keinesweges für nöthig halte, die Säure beym gewöhnlichen Grade der Konzentration, ist zu der Absicht, die man bey dieser Operation hat, sehr brauchbar, nur muß sie ungefärbt seyn.

Uebri-

Uebrigens kann man ohne Gefahr eine geringere Quantität Schwefel-Säure anwenden, wenn die Absicht bloß ist, reinere Flußspath-Säure zu gewinnen, und es nicht darauf ankömmt, ob aller Flußspath zersetzt wird oder nicht.

Die Schriftsteller sind über die Quantität des im Recipienten vorzuschlagenden Wassers ebenfalls uneinig. Buchholz schlägt nur 2 Unzen Wasser auf 3 Unzen Flußspath vor, Bergman räth eben so viel Wasser zu nehmen, als man Flußspath in die Retorte gethan; man darf kein Bedenken tragen, Bergmans Methode zu befolgen, weil es besser ist, die Flußspath-Säure etwas weniger konzentrirt aber reiner zu haben, wir werden übrigens sehen, daß das Wasser eben so nothwendig ist, um die glasförmige Säure zu verschlucken, als um die Erde niederzuschlagen.

Diese letzte Beobachtung hat zwey wichtige Fragen veranlaßt, die wir erörtern müssen, wenn wir von den Erscheinugen, die sich während dieser Operation zeigen, und von den Produkten derselben, eine richtige Vorstellung haben wollen.

1) Die erste Frage ist: **ob die Flüssigkeit des Recipienten wirklich eine neue eigenthümliche Säure sey?** Scheele hat kein Bedenken getragen sie zu bejahen, da er sahe, daß diese saure Flüssigkeit mit Erden, Alkalien und Metallen verbunden, Neutral- und Mittelsalze gab, die von allen zur Zeit bekannten beträchtlich verschieden waren. Nichts destoweniger hat ein Chemist behauptet, diese Säure sey nichts anders als Salz-Säure, mit irgend einer erdigten Substanz innigst verbunden; ein andrer hält dafür, es sey Schwe-

 fel-

fel-Säure, die durch eine besondere Verbindung mit dem Flußspath verflüchtigt worden sey.

Die erste dieser Meinungen wurde im Jahre 1773 in einem Werke bekannt gemacht, welches unter Boullangers Namen herauskam, sie gründete sich vorzüglich darauf, daß die Flußspath-Säure das Silber und das Quecksilber aus ihren Auflösungen niederschlage, daß sie salzsaures Silber bilde, und daß, wenn man den Niederschlag aus der Quecksilber-Auflösung in Sublimirfeuer behandle, man ein wahres versüßtes Quecksilber erhalte. Scheele hat in den Denkschriften ten der Akademie zu Stockholm, für das Jahr 1780, (Scheele's Ph. Chem. Schriften, nach Hermbst. Ausg. 2. B. S. 237 folg.) alle diese Einwürfe gehoben. Dieser berühmte Chemist läugnet nicht, daß die Flußspath-Säure das Silber und Quecksilber niederschlägt, er hatte dies in seiner ersten Abhandlung selbst mit angeführt; allein er behauptet, dieser Niederschlag, der immer sehr unbeträchtlich ist, komme bloß daher, daß die Flußspath-Säure zufällig mit etwas Salz-Säure vermenget ist, weil der Flußspath (so wie alle andern Mineralien des Kalk-Geschlechts) gewöhnlich etwas Koch-Salz enthält; er beweist dies folgendermaßen: Er schlägt das Silber aus seiner salpetersauren Auflösung durch Pflanzen-Alkali nieder, diesen wohlausgesüßten Niederschag digerirt er mit Flußspath-Säure; diese Flüssigkeit, die nun eine flußspathsaure Silber-Auflösung ist, filtrirt er und bedient sich derselben, um seine Flußspath-Säure von aller ihr beygemischten Salz-Säure zu reinigen, auf eben dieselbe Art, wie man sich der salpetersauren Silber-Auflösung bedient, um

die

die Salpeter-Säure von der Salz-Säure zu befreyen. Wenn dies geschehen ist, filtrirt er seine Säure und destillirt sie aus einer Retorte bis zur Trockniß; die Säure, welche hier in den Recipienten übergeht, zeigt nicht mehr eine Spur von Salz-Säure. Da es nun einer bloßen Rektifikation bedarf, um der Flußspath-Säure alle diejenigen Kennzeichen zu rauben, die sie mit der Salz-Säure gemein haben könnte, so ist die Eigenthümlichkeit der Flußspath-Säure wohl außer allen Zweifel.

Abilgaard (m. s. die Denkschriften der Akademie zu Kopenhagen, für das Jahr 1777) behauptet, die Flußspath-Säure mit reiner Salpeter-Säure vermengt, löse das Gold auf; allein er sagt nicht, daß er rektificirte Flußspath-Säure angewendet habe, und folglich beweist seine Beobachtung eben so wenig als die Niederschlagung des Silbers oder des Quecksilbers; er ist sogar aufrichtig genug, um zu bemerken, daß nur eine geringe Quantität Gold aufgelöst wurde; aus allem obigen ersiehet man zur Genüge, daß die Salz-Säure in der aus dem Flußspath durch Destillation gewonnenen Säure, nicht den vorwaltenden Gemengtheil ausmacht.

Die **zweyte** Meinung ist von **Priestley**, **Achard** und mehreren andern vertheidigt worden, allein **Monet** hat sie zuerst vorgetragen, und am eifrigsten für dieselbige gestritten; er läßt es nicht dabey bewenden, das Daseyn einer eigenthümlichen Säure im Flußspath zu läugnen; er bezweifelt sogar die Gegenwart der Kalk-Erde in diesem Mineral; inzwischen ist es hinreichend, die Beschreibung zu lesen, die er selbst von seinen

nen Versuchen macht, um sich zu überzeugen, nicht allein, daß er nichts bewiesen hat, sondern auch, daß er, wie Macquer ganz richtig sagt, nicht einmal diejenigen Mittel angewendet hat, welche die Kunst zu Beantwortung der von ihm aufgeworfenen Fragen an die Hand giebt. Ich will mich hier keinesweges in weitläuftiger Untersuchung über diesen Gegenstand einlassen, allein ich muß für die Richtigkeit der Zerlegung des Flußspaths die noch fehlenden Beweise anführen; diejenigen, welche Scheele in seiner Antwort an Monnet liefert, lassen nichts zu wünschen übrig. Damit ich nicht nöthig habe, nachher auf diesen Gegenstand wieder zurück zu kommen, will ich einige hieher gehörende Beobachtungen andrer Chemisten zugleich mitnehmen.

Die Flußspath-Säure kann von ihrer Basis durch die Salpeter-Säure und Salz-Säure getrennt werden; und sie hat alsdann eben dieselben Eigenschaften, als die durch Schwefel-Säure ausgetriebene, diese letztere ist demnach ihrer Zusammensetzung nicht wesentlich. Die Flußspath-Säure wird zwar bey dieser Operation durch etwas mit übergerissener Salpeter- oder Salz-Säure verunreinigt erhalten, allein diese Säuren kann man mit der Schwefel-Säure gar nicht verwechseln. Scheele bemerkt, daß diese Säuren verdünnt seyn müssen, damit die Verwandtschaft des Wassers zur Flußspath-Säure die Zerlegung des Flußspaths befördere. Bergman empfiehlt von diesen Säuren viermal so viel als vom Flußspath anzuwenden. Der Flußspath giebt eben dieselbe Säure, wenn man ihn durch Arsenik-Säure oder durch Phosphor-Säure zerlegt.

End-

Endlich versichert Abilgard, durch die Destillation des Flußspaths mit Borax-Säure eine Säure erhalten zu haben, die der ganz gleich kömmt, welche man durch die Schwefel-Säure erhält.

Scheele hat über eine Unze gepülverten Flußspath 3 Unzen Schwefel-Säure destillirt, und das Feuer so lange fortgesetzt, bis nichts mehr übergieng; er hat den Rückstand genau mit derjenigen Quantität Pflanzen-Alkali kochen lassen, welche 3 Unzen von eben der Schwefel-Säure zu ihrer vollkommenen Sättigung erfordert, und die filtrirte Flüssigkeit vollkommen neutralisirt gefunden; es war eine Auflösung von schwefelsauren Pflanzen-Alkali, die Schwefel-Säure hatte demnach nicht zur Bildung der über destillirten Flußspath-Säure gedient.

Die Flußspath-Säure stellt in Auflösung der Schwer-Erde getröpfelt, keinen Schwerspath wieder her, sie trübt die salpetersaure Bley-Auflösung nicht, das flußspathsaure Pflanzen-Alkali bildet, mit Kohlenstaub behandelt, keine Schwefel-Leber, die Flußspath-Säure ist demnach von der Schwefel-Säure wesentlich verschieden.

Daß die Basis des Flußspaths Kalk-Erde sey, erhellet daraus, daß man Selenit in der Retorte findet, wenn man ihn durch Schwefel-Säure zersetzt, daß ein selenitartiger Niederschlag entsteht, wenn man Flußspath in Salpeter-Säure auflöst, und hernach Schwefel-Säure zusetzt, daß Kalk-Erde zu Boden fällt, wenn man eben dieser Auflösung krystallisirtes feuerbeständiges Laugensalz zusetzt, und endlich daraus, daß man wiederhergestellten Flußspath bekömmt, wenn man

Fluß-

Flußspath-Säure mit Kalk-Erde sättigt. Es ist sogar leicht, aus dem Flußspathe die Kalk-Erde geradezu abzuscheiden, man braucht ihn nur in einen Schmelztiegel mit 4 Theilen kohlensauren Pflanzen-Alkali zu schmelzen; diese Masse in Wasser aufgelöst, und durchgeseiget, läßt auch das Filtrum eine wahre Kalk-Erde zurück, die zufällig mit etwas Thon, etwas Eisenkalk, und vielleicht mit einem geringen Antheile unzerlegten Flußspathe vermengt ist. Es ist nicht befremdend, daß dieser Versuch Monneten nicht geglückt ist, denn er hat nur einen Theil sehr reines Alkali angewendet; allein wundern kann man sich vielleicht, daß er das Resultat eines Versuchs läugnet, ehe er denselben vorschriftsmäßig wiederholt hat. Scheele bemerkt ausdrücklich in seiner ersten Abhandlung, daß der Flußspath ohne die geringste Veränderung mit dem ätzenden Alkali zusammenschmelze, daß vier Theile Alkali, und zwar krystallisirtes Alkali, erfordert werden, um die Zersetzung zu bewirken. Dieser Versuch ist in den chemischen Vorlesungen bey der Akademie zu Dijon mehrmals, mit grünem Flußspath aus Auvergne, wiederholt worden, und das Resultat ist immer so ausgefallen, wie es Scheele angiebt, weil ich mich genau an sein Verfahren und die von ihm angegebnen Verhältnisse hielt.

Es ist demnach daran kein Zweifel mehr, daß die Flußspath-Säure eine eigenthümliche besonders geartete Säure sey, und daß sie im Flußspath mit Kalk-Erde verbunden liege. Eine Analysis aber ist nur in sofern zuverläßig, als man alle Produkte, die dabey zum Vorschein kommen, genau kennt; wir haben gesehen, daß sich hier eine erdigte Rinde auf der Oberfläche des

Was-

Wassers im Recipienten bildet, diese Rinde erscheint, man mag zur Zerlegung des Flußspaths anwenden welche Säure man will; man hat verschiedene Hypothesen vorgeschlagen, um diese Erscheinung zu erklären, Achard hat sich sogar bemühet, in den Denkschriften der Berliner Akademie, für das Jahr 1779, zu beweisen, diese Rinde sey nichts anders als die eigenthümliche Erde des Flußspaths mit Schwefel-Säure verbunden. Es ist unumgänglich nothwendig, unsere Begriffe über diesen Gegenstand zu berichtigen, der gegenwärtige Zustand unserer Wissenschaft giebt mir glücklicher Weise, zur gänzlichen Auflösung dieses Problems, die Mittel an die Hand.

II. **Welches ist die Natur und der Ursprung derjenigen erdigten Rinde, die bey der Zersetzung des Flußspaths das Wasser im Recipienten bedeckt?** Diese Frage sollte, wie es scheint, durch Scheele's erste Versuche schon beantwortet seyn, da dieser Chemist erkannte, 1) daß diese Erde im Wasser und in den Säuren unauflöslich war, daß sie mit Pflanzen-Alkali Kieselfeuchtigkeit bildet, und daß sie mit einem Worte alle Eigenschaften des Quarzes besitzt, daß der wiederhergestellte Flußspath, oder die mit Kalk-Wasser gesättigte Flußspath-Säure bey ihrer Destillation eben dieselbe erdigte Rinde lieferte; 3) daß das Glas immer stark angegriffen war. Diese Umstände zeigten ziemlich deutlich, daß diese Rinde von der Substanz der Gefäße selbst hergegeben worden sey. Je natürlicher dieser Schluß scheint, desto merkwürdiger ist es, daß sich ein so ausgezeichneter Chemist, wie Scheele, irre führen ließ, daß er durch einen Versuch, der seine Meinung nach-

nachher außer allen Zweifel setzte, beynahe bewogen wurde, dieselbe zu verlassen. Scheele kam auf den Einfall, metallne Gefäße anzuwenden, er that den gepülverten Flußspath mit der Schwefel-Säure in einen messingenen Cylinder, der mit einem Deckel versehen war, und hieng über das Gemenge einen eisernen Zapfen und eine Holzkohle; nach zwey Stunden bemerkte er daran keine Veränderung; er tauchte sie nun in Wasser, und als er dieselben zwey Stunden nachher wieder untersuchte, fand er auf ihrer Oberfläche etwas quarzigten weißen Staub; er schloß hieraus, daß die erdigte Rinde ihren Ursprung nicht dem Glase allein zu verdanken habe, obgleich dies letztere immer angegriffen wird.

Macquer, dem **Bergman** eine kleine Quantität von dieser Erde geschickt hatte, bemerkte, daß sie sich mit dem Ton nicht verband, daß sie den Stahl abnutzte, daß sie mit Alkali zum Glase zusammenschmolz, und daß sie im Brennpunkte des Brennspiegels weder schmolz noch sich verflüchtigte, er schloß hieraus, es sey wahrer Quarz.

Da nun die Natur dieser Erde außer Zweifel gesetzt war, so bemühete sich **Bergman** ihren Ursprung zu entdecken, er gab im Jahr 1779 eine Abhandlung heraus, in welcher er als sehr wahrscheinlich annahm, daß besagte Erde durch eine Verbindung der flußspathsauren Dämpfe mit den festen Elementen des Wassers entstehe, woraus denn folgte, daß der Quarz ein zusammengesetzter Körper, wie die Mittelsalze sey.

Wiegleb und **Buchholz** haben seit der Zeit mehrere, sehr wohl ausgedachte, Versuche übernommen, um

zu

zu beweisen, daß diese Erde dem Glase der Gefäße ihren Ursprung verdanke. Der erste destillirte 2 Unzen (960 Gran kalzinirten Flußspath mit 2½ Unze konzentrirter Schwefel-Säure; aus einer Retorte, die genau 1260 Gran wog, der Rezipient, den er anlegte, wog 1110 Gran, und er schlug darin 2 Unzen Wasser vor.

Nach der Destillation, wog die Retorte mit dem Rückstande nur noch 5 Unzen 330 Gran, sie hatte demnach 1 Unze 2.0 Gran von ihrem Gewicht verloren.

Der Recipient mit den darin enthaltenen Materien wog 5 Unzen 180 Gran, es fehlten demnach 180 Gran, um das die Gewichtszunahme des Recipienten dem Verlust der Retorte gleich wog; Buchholz schob diesen Verlust mit Recht auf die verloren gegangenen Dämpfe.

Der Hauptumstand ist dieser: nachdem er die Retorte zerschlagen, und 1) die weiße Erde, die an den Wänden hieng und 180 Gran wog, 2) den Rückstand, der 3 Unzen und 160 Gran wog, hinweggenommen hatte, wogen die genau gesammelten Stücke der Retorte nur noch 950 Gran, sie hatte demnach einen Gewichtsverlust von 310 Gran erlitten.

Endlich als er alle verschiedene Portionen Erde sammlete, d. h. 1) die aus dem Rortenhalse, (deren Gewicht 180); 2) die, welche auf dem Wasser des Recipienten schwamm, (deren Gewicht 57 Gran) 3) die in der Flußspath-Säure aufgelöst gewesene, welche er durch Ammoniak (flüchtiges Alkali) niedergeschlagen hatte, (deren Gewicht 120 Gran) so wogen sie zusammengenommen 357 Gran, d. h. 47 Gran mehr, als die Retorte an ihrem Gewichte verloren hatte.

Dieser Ueberschuß des Gewichts aber rührte wohl bloß von etwas Feuchtigkeit, oder noch anklebender Säure her. Wigleb bewies dies dadurch, daß diese verschiedene Portionen Erde, jede für sich, in einem Schmelztiegel gelinde erwärmet, zusammen nur noch 292 Gran wogen, die Rinde aus dem Recipienten hatte allein 36 Gran, d. h. beynahe $\frac{2}{3}$ ihres Gewichts, der Sublimat aus der Retorte nur 24 Gran, und der Niederschlag gar nur 5 Gran verloren.

Jetzt fehlten demnach 18 Gran an dem Gewichts-Verluste der Retorte, allein diese geringe Quantität Erde konnte, sagt Wiegleb, durch die entwichenen Dämpfe sehr leicht mit fortgerissen worden seyn.

Buchholz hat diesen Versuch mit vierfachen Quantitäten wiederholt; er bemerkte, daß die Vorlage an demjenigen Orte angegriffen war, wo die Tropfen der Säure hinfielen: die Resultate waren dieselben, als beym ersten Versuch, hier theile ich sie in Form einer Tabelle mit.

Vor der Operation:

Gewicht der leeren Retorte	2 U. 6 Dr.	28 Unzen 6 Drachm.
Geglühter und gepülverter Flußspath =	8 U. — —	
Schwefel=Säure = =	8 U. — —	
Gewicht der leeren Vorlage =	26 U. — —	28 Unzen
Wasser	2 U. — —	
	Summa	56 U. 6 Dr.

Nach

Nach der Destillation:

die gesammelten Scherben der Retorte	9 U. 7 Dr.	26 Unz. 2 Dr.
Rückstand in der Retorte	14 — 4 —	
der Sublimat im Retorten-Halse	1 — 7 —	
die Vorlage mit dem, was sie enthielt		29 — 6 —
		Summa 56 Unzen.

Es fand demnach an der ganzen Masse ein Verlust von 6 Drachmen statt, die als Dämpfe entwichen waren, und die Retorte hatte an ihren Gewicht 2 Unzen 7 Drachmen verloren.

Diese Versuche setzen, ohne Zweifel, den Ursprung dieser erdigten Rinde hinreichend ins Licht, allein Meyer hat den Beweis vollständig gemacht, indem er nach Scheele's Idee metallne Gefäße statt der gläsernen anwendete, hier ist Meyers Verfahren, wie es mir Bergman selbst mitgetheilt hat, um es in der Uebersetzung seiner Abhandlung, von der Kiesel-Erde, mit einzurücken, er meldet mir zugleich mit der Freymüthigkeit eines wahren Philosophen, der die Wahrheit über alles schätzt, daß er die Hypothese, durch welche er besagte Phänomen sonst zu erklären glaubte, jetzt ganz verlassen hat.

Meyer nahm drey zinnerne cylindrische Gefäße von gleichem Inhalte; er that in jedes ein Gemenge aus 3 Unzen Schwefel-Säure und 1 Unze Flußspath, den er in einem metallnen Mörser gepülvert hatte;

 dem

dem ersten Gemenge setzte er noch 1 Unze gepülvertes Glas, und dem zweyten eine Unze gepülverten Quarz zu; das dritte ließ er unverändert.

Ueber jedes dieser Gemenge hing er einen mit Wasser getränkten Schwamm, verschloß die Gefäße mit ihren Deckeln, und setzte sie einer gelinden Wärme aus. Nach einer halben Stunde war der Schwamm, der über das erste Gemenge hing, mit einer quarzigten Rinde bedeckt, das Gemenge selbst war beträchtlich aufgeschwollen; in den beyden andern Gefässen bemerkte man keine Veränderung.

Zwölf Stunden nachher war der Schwamm über dem zweyten Gemenge ebenfalls mit einem weißen Staube bedeckt; der über dem dritten Gemenge zeigte auch nach mehreren Tagen nicht eine Spur von Quarz *).

Die bey besagten Operationen entstandene Quarz-Rinde verdankt demnach ihren Ursprung einem Theile des Glases, welches von den sauren Dämpfen aufgelöst wird, und sich wieder niederschlägt, wenn letztere mit dem Wasser in Berührung kommen, weil die Säure in ihrer wäßrigten Verbindung davon nicht so viel aufgelöst enthalten kann, als in ihren dampfförmigen Zustande.

Nach

*) Scopoli zerlegte den Flußspath durch Schwefel-Säure in einer silbernen inwendig stark vergoldeten Retorte, und erhielt eine Flußspath-Säure, die von Kiesel-Erde ganz frey war. Crells Chem. Annalen 1784. 1. B. S. 236.

Nach diesen Beweisen wäre es überflüßig die zahlreichen Versuche zu beleuchten, aus welchen Achard schließen zu können glaubt, diese Erde, welche er Spath-Erde nennt, sey unter allen bekannten Substanzen diejenige, welche die Eigenschaft im höchsten Grade besitzt, erdigte und metallische Substanzen zum Fluß zu bringen und zu verglasen. Da eine solche Eigenschaft der des Quarzes geradezu entgegen steht, und die berühmtesten schwedischen, französischen und deutschen Chemisten, diese Erde für Quarz erklären, so muß der verdienstvolle berliner Chemist wohl durch die Unreinigkeit, der von ihm angewendeten Materien, oder durch einen besondern Umstand, der bey seinen Versuchen statt fand, irre geführt worden seyn.

Wir haben die Eigenthümlichkeit der Flußspath-Säure dargethan, jetzt müssen wir die Eigenschaften derselben näher kennen lernen, und uns mit den Anwendungen derselben beschäftigen.

Da sie das Glas angreift, und es aufgelöst in sich behält, so ist es sehr schwer, sie von quarzigter Materie ganz frey zu erhalten. Scheele hat solche, um sie zu rektifiziren, dreymal destillirt, und ob er sie gleich jedesmal filtrirte, so fand er doch immer quarzigte Erde in der Retorte und in der Vorlage. Der rektifizirteste Weingeist schlägt die Kiesel-Erde aus der Flußspath-Säure nicht nieder; ja wenn man Weingeist statt Wasser im Kolben vorschlägt, so bildet sich keine erdigte Rinde, sondern die Säure verbindet sich mit dem Weingeiste, ohne die Erde fallen zu lassen. Obgleich Wiegleb sich nicht zu versichern traut, daß die goldnen und silbernen Gefäße der Einwirkung dieser

Säure widerstehen; so scheint es mir doch, daß sie zu der Rektifikation dieser Säure sehr gut dienen könnten, denn Scheele hat bemerkt, daß diese beyden Metalle von derselben nicht angegriffen werden, und es ist wahrscheinlich, daß man bey einem sehr gelinden Feuer wenigstens einen Theil reiner Säure erhalten würde, weil der Quarz in der Retorte zurückbliebe; es ist wohl nicht nöthig anzumerken, daß man im Kolben immer noch Wasser vorschlagen müßte, um das Verfliegen der gasförmigen Säure zu verhindern, ehe man aber des Erfolgs gewiß genug ist, um sich goldene und silberne Gefäße anzuschaffen, giebt es andere Prozesse, welche die Säure so rein liefern, als man sie zu den meisten ihrer Verbindungen braucht.

Beym bloßen Verdünnen mit Wasser, läßt die Säure, wie ich schon bemerkt habe, einen großen Theil ihrer Erde fallen, wenn sie so weit verdünnt ist, daß ihr spezifisches Gewicht 1,064 beträgt, so enthält sie, nach Bergmans Bemerkung, nur noch $\frac{1}{800}$ ihres Gewichts Erde.

Die Kiesel-Erde kann übrigens durch das flüchtige Alkali (Ammoniak) sowohl vor als nach dem Verdünnen der Säure, niedergeschlagen werden, im ersten Falle bildet sich eine Gallerte, aus welcher sich durch Aussüßen die Erde leicht abscheiden läßt. Die Flüssigkeit enthält zwar alsdann ein flußspathsaures flüchtiges Alkali, allein die Gegenwart dieser Basis hindert die Säure nicht, in einer großen Anzahl von Fällen, die Gesetze ihrer Verwandtschaft zu befolgen, dies hat Scheele bewiesen.

Wenn

Wenn man endlich eine Auflösung von feuerbeständigen und vorzüglich vom Pflanzen-Alkali, in diese Säure giest, so entsteht ein Niederschlag, der ein quarzhaltiges, flußspathsaures Pflanzen-Alkali ist; und da dieses dreyfache Salz sich nur im kochenden Wasser, und auch in diesem schwer auflöst, so würde man vielleicht auf diesem Wege die Flußspath-Säure von aller Kiesel-Erde befreyen, ohne daß ein Neutral-Salz darin aufgelöst bliebe.

Die Flußspath-Säure röthet alle blauen Pflanzen-Säfte sehr stark; wenn sie etwas kon ntrirt ist, hat sie sogar auf die Haut einige Wirkung.

Diese Säure ist bis jetzt die einzige, welche das Glas und den Quarz auflöst. **Macquer** glaubt, sie müsse gasförmig seyn, um diese Auflösung zu bewirken, es wäre aber kein Wunder, wenn sie sich im expansiblen Aggrepat-Zustande wirksamer zeigte, als im tropfbarflüssigen, und daß dem auch wirklich so sey, setzt der Umstand außer Zweifel, daß die gasförmige Säure einen Theil der aufgelösten Kiesel-Erde absetzt, sobald sie das Wasser berührt. **Meyers** Versuch beweist indessen, daß sie die kieselartigen Substanzen auch in tropfbarflüssigen Zustande angreife, denn bey seinem Prozesse berührt die Säure diese Substanzen nur vor ihrer Verflüchtigung; ich kann noch hinzufügen, daß die Retorten, in welchen man Flußspath zersetzt hat, immer im Boden ganz vorzüglich angegriffen sind, ich habe welche gesehen, deren Boden durchlöchert war, den Hals, und das Gewölbe derselben hingegen fand ich bloß matt gefressen. Die Säure bedarf wahrscheinlich, um besagte Auflösung zu bewirken, der Beyhülfe der Wärme: die Digestions-Wärme ist schon hinreichend, um eine sehr bemerkbare Auflösung zu bewirken, und obgleich die Oberfläche solcher Flaschen, worin man Fluſsspath-Säure aufbewahrt, nicht ganz matt wird, so kann man doch die Veränderung, welche sie erleiden, keiner andern Ursach zuschreiben, als einer angehenden schon bey der Temperatur der Atmosphäre erfolgten Auflösung.

Diese Säure bildet mit den verschiedenen Basen, Neutral- und Mittelsalze, die zum Theil unauflöslich, zum Theil gallertartig sind. Einige derselben krystallisiren.

Es ist merkwürdig, daß die Flußspath-Säure weder das Zinn noch den Kobalt, im regulinischen Zustande angreift, auch auf das Bley wirkt sie nur schwer ein.

Aus der salpetersauren Bley-Auflösung schlägt sie nichts nieder; aus der essigsauren Bley-Auflösung fället sie alles Metall, und löst, wenn man sie in hinreichender Quantität zugesetzt, den Niederschlag wieder auf.

Bergman giebt die Verwandtschaften der Flußspath-Säure folgendermaßen an:

Auf nassem Wege.

Die Kalk-Erde.
Die Schwer-Erde.
Die Bitter-Erde (Talk-Erde).
Das Pflanzen-Alkali.
Das Mineral-Alkali.
Das flüchtige Alkali (Ammoniak).
Der Zink.
Der Braunstein.

Das

Das Eisen.
Das Bley.
Das Zinn.
Der Kobalt.
Das Kupfer.
Der Nickel.
Der Arsenik.
Der Wismuth.
Das Quecksilber.
Das Silber.
Das Gold.
Die Platina.
Das Wasser.

Auf trocknem Wege.

Die Kalk-Erde.
Die Schwer-Erde.
Die Bitter-Erde (Talk-Erde).
Das Pflanzen-Alkali.
Das Mineral-Alkali.
Die metallischen Substanzen.
Das flüchtige Alkali (Ammoniak).
Die Thon-Erde.

Da diese Säure der Schwefel-Säure die Bitter-Erde, nicht aber die Kalk-Erde entzieht, so glaubt Bergmann, die Schwer-Erde könnte wohl die erste Stelle verdienen, jedoch muß man einen direkten Versuch über diesen Gegenstand abwarten, ehe man entscheidet.

Wir haben gesehen, daß das Pflanzen-Alkali die flußspathsaure Kalk-Erde zerlegt, allein dies thut nur das kohlensaure Pflanzen-Alkali, und zwar mittelst einer doppelten Wahlverwandtschaft.

Die Flußspath-Säure bildet mit dem Weingeist einen eigenthümlichen Aether.

Zu den fetten Oelen scheint sie keine Verwandtschaft zu haben, denn wenn man bey der Destillation des Flußspaths und der Schwefel-Säure in der Vorlage statt des Wassers ein fettes Oel vorschlägt, so bildet sich auf der Oberfläche desselben keine Rinde, und es erleidet durchaus keine Veränderung; nach Scheele's Bemerkung entweicht hier alle Flußspath-Säure in Gasgestalt durch die Fuge der Gefäße.

Zusätze.

Daß die Flußspath-Säure aus Sauerstoff und aus einer sauerfähigen Basis zusammengesetzt sey, ist analogisch geschlossen, bis jetzt hat man die säurefähige Basis derselben nicht frey darstellen können.

Diese uns unbekannte Basis scheint verschiedener Grade der Säurung fähig zu seyn: das flußspathsaure Gas, welches Priestley zuerst als solches entdeckte, (m. s. V. u. B. über verschiedene Gattungen der Luft: II. B. S. 186 und folg.) scheint sich zur Flußspath-Säure zu verhalten, wie das nitröse Gas zur Salpeter-Säure. Aus der Erhitzung, welche erfolgt, wenn man flußspathsaures Gas mit Wasser oder mit atmosphärischer Luft in Berührung bringt, läßt sich schließen, daß sie aus diesen Körpern Sauerstoff in sich nimmt, um zu Flußspath-Säure zu werden.

Verhalten der Flußspath-Säure zu den Alkalien und Erden.

Mit den Alkalien giebt die aus gläsernen Gefäßen destillirte, und von ihrer Kiesel-Erde nicht gehö-

gehörig gereinigte Flußspath-Säure, ein gallertartiges Gemisch und keine Krystalle.

Reine Flußspath-Säure aber liefert mit dem Pflanzen-Alkali ein krystallisirbares flußspathsaures Pflanzen-Alkali (Potassinum fluoricum, Fluas potassae, Fluate de potasse),

Mit dem Mineral-Alkali ein flußspathsaures Mineral-Alkali (Natrum fluoricum, Fluas sodae, Fluate de soude).

Mit dem Ammoniak, das flußspathsaure Ammoniak (Ammoniacum fluoricum, Fluas ammoniaci, Fluate d'ammoniac) dieses Neutral-Salz krystallisirt in kleinen Prismen, schmeckt wie schwefelsaures Ammoniak, und ziehet Feuchtigkeit aus der Luft. Es läßt sich sublimiren, wird von den feuerbeständigen Alkalien zersetzt, und frißt das Glas an. (Wiegleb in Crells neuesten Entdeck. 1. Th. S. 13.). Das Anfressen des Glases geschiehet, nach Gren (Handb. 1. B. S. 532.) durch eine doppelte Verwandtschaft, nehmlich dadurch, daß das Alkali des Glases die Säure frey macht, und diese nun auf die Kiesel-Erde desselben einwirkt.

Die Kalk-Erde löst sich in der reinen Flußspath-Säure auf. Nach erfolgter Sättigung aber erhält die Auflösung das Ansehen einer Gallerte, und setzt einen flußspathsauren Kalk (Calx fluorica, Fluas calcis, Fluate de Chaux) oder wiederhergestellten Flußspath ab, den man wegen seiner Unauflöslichkeit in Wasser nicht krystallisirt, wie ihn die Natur liefert, darstellen kann. Aetzende Alkalien zersetzen den flußspathsauren Kalk bey der Digestion nicht, wohl aber die kohlensauren, dies rührt von der grossen Verwandtschaft der

Kalk-

Kalk-Erde zur Kohlen-Säure her: die besagte Zersetzung geschiehet demnach mittelst einer doppelten Verwandtschaft.

Die **Talk-Erde** löst die Flußspath-Säure leicht auf, wenn aber die Flüssigkeit dem Sättigungspunkte nahe kömmt, so setzen sich die Theilchen der schwerauflöslichen **flußspathsauren Talk-Erde** (Magnesia fluorata, Fluas magnesiae, Fluate de magnésie) zu Boden, setzt man überschüssige Säure zu, so löst sich der Bodensatz wieder auf, und beym langsamen Verdünsten der Flüssigkeit werden die Wände des Gefäßes mit einem dünnen gummigten Ueberzuge bedeckt, und auf dem Boden desselben bilden sich sechsseitige Säulen, die mit dreyseitigen Pyramiden zugespitzt sind. (m. s. **Bergman** Opusc. Tom. I. de magnesia §. VIII.)

Die flußspathsaure Talk-Erde wird in der Destillirhitze nicht zersetzt, ätzende Alkalien zersetzen sie ebenfalls nicht, wohl aber die kohlensauren Alkalien, die gebrannte Kalk Erde und das Kalkwasser (**Grens** Handb. I. Th. S. 535.).

Mit der **Schwer-Erde** erzeugt die Flußspath-Säure ein pulverförmiges, nur in vielem heißen Wasser auflösliches Mittelsalz die **flußspathsaure Schwer-Erde** (Barytes fluoricus, Fluas barytis, Fluate de baryte). In der Hitze wird dieses Salz für sich nicht zersetzt, eben so wenig durch ätzende Alkalien, wohl aber durch kohlensaure Alkalien, wegen der Verwandtschaft der Schwer-Erde zur Kohlen-Säure, und durch Kalkwasser, wegen der nähern Verwandtschaft der Flußspath-Säure zur Kalk-Erde (**Bergm.** Opusc. T. III. de attr. elect. §. XIX. und **Grens** Handb. I. B. a. a. O.).

Mit

Mit der Thon=Erde liefert die Flußspath=Säure eine nicht krystallisirbare, süßschmeckende flußspathsaure Thon=Erde (Argilla fluorica, Fluas argillae, Fluate d'argille) (m. s. Scheele vom Flußspath und dessen Säure Ph. Ch. Schrift. 2. B. S. 27.).

Die Kiesel-Erde wird zwar von der Flußspath=Säure aufgelöst, ohne jedoch eigentlich ein Neutralsalz mit derselben zu bilden; folgende Beobachtung von Bergman ist sehr interessant: Ich schüttete, sagt er, (Opusc. I. T. de terra silicea §. III. B.) im Jahre 1772 feingepülverten Quarz in eine Flasche mit Flußspath=Säure, die $\frac{1}{8}$ Maaß halten mogte, und ließ sie leicht verstopft ruhig stehen. Als ich sie nach zwey Jahren wieder vornahm, und die Flüssigkeit ausgoß, fand ich darin unzählige prismatische Spieschen, und außerdem 13 Krystalle, von der Größe einer kleinen Erbse, die meistentheils unregelmäßig gestaltet waren. Einige schienen Würfel mit abgestumpften Kanten zu seyn, wie man sie wohl in der Höhle der Kiesel findet. Diese quarzähnlichen Krystalle waren hart, doch weicher als der natürliche Quarz, dem sie übrigens durch ihr Ansehen glichen. Die Flasche selbst fand ich, so weit sie mit der Flußspath=Säure in Berührung gekommen war, mit einer sehr dünnen Kieselrinde überzogen, die ich kaum unterscheiden konnte, nachdem ich die Flasche zerbrochen hatte, konnte ich sie bequemer beobachten, sie war durchsichtig, biegsam, und spielte mit den Farben des Regenbogens.

Auf die Eigenschaft der Flußspath=Säure, die Kiesel=Erde aufzulösen, gründet sich nun ihre von unserem Verfasser im Texte schon angeführte Eigenschaft, das

Glas

Glas anzufressen. Ueber die Rinde, welche bey der Destillation unserer Säure entstehet, ist zu bemerken, daß derjenige Theil derselben, der sich in der Retorte selbst ansetzt, oft reiner Flußspath sey (**Wiegleb** in **Crells** neueste Entdeck. I. Th. **Bergman** Opusc. T. II. de terra silicea, §. V.). Die Einwirkung der Flußspath-Säure auf das Glas, hat man benutzt, um in dasselbe Zeichnungen einzuätzen. **Klaproth**, **Lichtenberg** und **Puymaurin** haben Vorschläge gethan, um dies bequem zu veranstalten. Man trägt auf das Glas einen Grund, radirt in diesen die Figuren, und bringt nur die entblößten Stellen mit der flüssigen oder dampfförmigen Säure in Berührung, wo sie denn vertieft eingeätzt werden, **Puymaurin** wendete anfänglich einen Grund aus Wachs an, in diesem ließen sich aber keine feinen Striche radiren, der Firniß der Kupferstecher leistete bessere Dienste, schabte sich aber zu leicht ab. Am bequemsten fand er einen Firniß aus gleich viel Mastix und trocknendem Leinöle, welches er sich durch Kochen des Leinöls mit rothem Quecksilber-Kalk bereitet hatte. Wenn man ihn auf das Glas tragen will, reinigt man dieses sorgfältig, erhitzt es so stark, daß man die Hand nicht daran leiden kann, und verbreitet nun den Firniß auf demselben, mittelst tafftner mit Baumwolle ausgestopfter Ballen, so gleichförmig als möglich, und setzt ihn dann, wie bey den Kupferstechern üblich ist, dem Rauche kleiner Lichter von Harze aus. Beym Radiren selbst legt man das überzogene Glas auf eine andere größere Glastafel, die man gegen das Licht aufheben kann, um die gemachten Züge genau zu beurtheilen. Man radirt das

Glas entweder halb erhaben, mit Hinwegnahme des Firnisses zwischen den gezeichneten Bildern, oder vertieft, mit Zurücklassung desselben, an den Stellen, wo kein Zug erscheinen soll. Die zum ätzen anzuwendende Säure, lehrt Puymarin aus Flußspath mit viermal mehr Schwefel-Säure, aus einer bleyernen Retorte, bey der Hitze des kochenden Wassers destilliren. Auf halberhabenen radirten Gläsern vertheilt man die aufgegossene Säure so gleichförmig als möglich mit einem Pinsel, wenn sich eine weiße Rinde zeigt, nimmt man die alte Säure nebst der Rinde hinweg, und gießt neue auf. Bey den vertieftradirten Gläsern verfährt man wie beym Aetzen der Kupferplatten, auch hier zeigt der weiße Staub, daß der Eingriff geschehen ist. Findet man die Züge tief genug eingefressen, so kann man die Säure ablaufen lassen, und zum fernern Gebrauche aufheben. Bey dieser Arbeit muß man auf die Temperatur, bey welcher man sie vornimmt, Rücksicht nehmen. Bey 16° R. ist sie gewöhnlich in vier oder fünf Stunden vollendet, bey niedriger Temperatur braucht man oft mehrere Tage dazu. Nach dem Abgießen der Säure, reinigt man das Glas, durch Hülfe des Weingeists vom Firnisse. Alle Glas-Arten sind zum Aetzen in dieselben mit Flußspath-Säure nicht gleich bequem. Nach Puymaurins Bemerkung ist das Bömische dazu gar nicht gut, es ist ungleichförmig gemischt und nicht gut durchgeschmolzen, wird also auch ungleichförmig angegriffen: auf das Flint-Glas wirkt die Säure, des vielen Bleykalks wegen, zu schnell, weswegen der Firniß leicht Risse bekömmt. Das beste Glas ist das weiße Spiegelglas, vorzüglich

das

das zu kleinen Spiegeln. (M. s. Crells Beytr. III. B.) Nach Beckmann (m. s. Chem. Annal. 1792. 2. B. S. 195.) soll ein Nürnberger Künstler Heinrich Schwanhard, schon 1670 praktisch die Kunst verstanden haben mit Flußspath-Säure in Glas zu ätzen: er soll den Grund matt geätzt, so daß die Figuren polirt stehen blieben.

Das Verhalten der Flußspath-Säure zu den übrigen Erden ist noch nicht untersucht.

Wechselseitige Verwandtschaften der Flußspath-Säure, und der bisher abgehandelten Säuren zu den Alkalien und Erden.

Die Schwefel-Säure zersetzt alle flußspathsauren Neutral- und Mittelsalze.

Flußspathsaures Pflanzen-Alkali wird zerlegt durch Glaubersalz, schwefelsaures Ammoniak, Bittersalz und Alaun, nicht durch Gyps und Schwerspath. Flußspathsaures Mineral-Alkali durch schwefelsaures Ammoniak, Bittersalz und Alaun, nicht durch schwefelsaures Pflanzen-Alkali, Gyps und Schwerspath; flußspathsaures Ammoniak durch Alaun und Bittersalz. Der Flußspath selbst kann seiner Unauflöslichkeit wegen, auf nassem Wege durch doppelte Verwandtschaften, keine Zersetzung erleiden, mengt man aber feingepülverten Flußspath mit schwefelsaurem Ammoniak und setzt das Gemenge dem Sublimirfeuer aus, so sublimirt sich flußspathsaures Ammoniak, und der Rückstand ist schwefelsaure Kalk-Erde (Selenit). Flußspathsaure Talk-Erde wird vielleicht durch kein schwefelsaures Neutral- und Mittelsalz zersetzt; flußspathsaure Schwer-Erde hingegen durch alle, und flußspathsaure Thon-Erde wohl nur durch Bittersalz (schwefelsaure Talk-Erde). Alle diese und die noch anzuführenden Zersetzungen der flußspathsauren Salze sind bloß angegeben, wie sie erfolgen müssen, wenn Bergman's Verwandtschaftsgesetze richtig sind: nur Erfahrung kann entscheiden, ob sie wirklich so erfolgen.

Die Salpeter-Säure zersetzt den Flußspath, sie ist demnach der Kalk-Erde näher verwandt, als die Flußspath-Säure. Auch von den Alkalien und der Thon-Erde wird die Flußspath-Säure durch die Salpeter-Säure ausgetrieben, nach Bergmans Erfahrung aber nicht von der Schwer-Erde und Talk-Erde (m. s. Opusc. T. III. de attr. elect. §. XIX.). Das flußspathsaure Pflanzen-Alkali wird zerlegt durch salpetersaures Mineral-Alkali, salpetersaures Ammoniak, salpetersaure Kalk-Erde, Talk-Erde, Schwer-Erde und Thon-Erde. Das flußspathsaure Mineral-Alkali durch salpetersaures Ammoniak, salpetersaure Kalk-Erde, Talk-Erde; Schwer-Erde und Thon-Erde, nicht durch salpetersaures Pflanzen- und Mineral-Alkali. Das flußspathsaure Ammoniak durch salpetersaure Schwer-Erde, Talk-Erde und Thon-Erde. Die flußspathsaure Kalk Erde, (der Flußspath) kann ihrer Unauflöslichkeit wegen auf nassem Wege durch kein salpetersaures Neutral- und Mittelsalz zerlegt werden. Die flußspathsaure Talk-Erde hingegen wird durch die salpetersaure Schwer-Erde, die flußspathsaure Thon-Erde durch

salpeter-

salpetersaure Talk- und Schwer-Erde zerlegt, die flußspathsaure Schwer-Erde aber wird durch keins der genannten Neutral- und Mittelsalze zersetzt.

Die gemeine Salz-Säure oder salzigte Säure ist der Kalk-Erde, den Alkalien und der Thon-Erde näher verwandt als die Flußspath-Säure.

Flußspathsaures Pflanzen-Alkali wird zerlegt durch Kochsalz, Salmiak, salzsaure Talk-Erde, Kalk-Erde, Schwer-Erde und Thon-Erde. Flußspathsaures Mineral Alkali durch Salmiak, salzsaure Kalk-Erde, Talk-Erde, Schwer-Erde und Thon-Erde. Flußspathsaures Ammoniak durch salzsaure Schwer-Erde, Talk-Erde und Thon-Erde; flußspathsaure Talk-Erde durch salzsaure Schwer-Erde; flußspathsaure Thon-Erde durch salzsaure Talk-Erde und Schwer-Erde; flußspathsaure Schwer-Erde aber durch kein Neutral- und Mittelsalz. Der Flußspath verdient hier seiner Unauflöslichkeit wegen keine Stelle.

Die wechselseitigen Verwandtschaften der übersauren Salz-Säure oder Salz-Säure und Flußspath-Säure sind noch nicht untersucht.

Die Arsenik-Säure zerlegt auf trocknem sowohl als auf nassem Wege, ihrer Feuerbeständigkeit wegen, alle flußspathsauren Neutral- und Mittel-Salze, nur ist auf nassem Wege ein Uebermaaß derselben erforderlich.

Auf nassem Wege entbindet die Flußspath-Säure die Borax-Säure aus ihren Neutral- und Mittel-Salzen, auf trocknem Wege hingegen zerlegt die Borax-Säure, ihrer Feuerbeständigkeit wegen, diese Salze.

Flußspathsaures Pflanzen-Alkali wird auf nassem Wege zerlegt durch boraxsaure Schwer Erde; flußspathsaures Mineral Alkali durch boraxsaures Pflanzen-Alkali und boraxsaure Schwer-Erde. Flußspathsaures Ammoniak durch boraxsaures Pflanzen-Alkali, boraxsaures Mineral-Alkali und boraxsaure Schwer-Erde. Flußspathsaure Thon-Erde durch boraxsaures Pflanzen-Alkali, Mineral-Alkali und Ammoniak, so wie auch durch boraxsaure Schwer-Erde (Grens Handbuch).

Verhalten der Flußspath-Säure zu den Metallen.

Das regulinische Gold wird, wie unser Verfasser schon gesagt hat, von der Flußspath-Säure nicht angegriffen. Diese verbindet sich aber mit dem durch ein feuerbeständiges Alkali aus der Gold-Auflösung niedergeschlagenen Kalke (m. s. Bergm. Opusc. T. III. de attr. elect. §. LV.) zu einem noch nicht gehörig untersuchtem flußspathsaurem Golde (Aurum fluoricum, Fluas auri, Fluate d'or).

Die Platina wird ebenfalls nicht angegriffen: die Wirkung der Flußspath-Säure auf den Platina-Kalk ist noch nicht untersucht.

Das Silber wird von der Flußspath-Säure nicht angegriffen, mit Alkali gefällter Silber-Kalk wird zum Theil aufgelöst, mit dem Rückstande vereinigt sich die Säure zu einer Masse, die unaufgelöst liegen bleibt: über-

übergießt man letztere mit Schwefel-Säure oder Salz-Säure, so wird daraus Flußspath-Säure entwickelt (Scheele's Ph. Ch. Schriften, 2. B. S. 28.). Dieses flußspathsaure Silber (Argentum fluoratum, Fluas argenti, Fluate d'argent.) verdient noch näher untersucht zu werden.

Das Quecksilber wird ebenfalls nicht aufgelöst, der mit feuerbeständigem Alkali aus der Salpeter-Säure gefällte Quecksilber-Kalk verhält sich wie der Silber-Kalk. Das flußspathsaure Quecksilber (Mercurius fluoricus, Fluas mercurii, Fluate de mercure) wird durch Schwefel-Säure und Salz-Säure ebenfalls zersetzt, vor dem Löthrohre schmilzt es zu einer gelblichen Glas-Perle. (Scheele a. a. O.) Auch die Salpeter-Säure scheint, sagt Bergm. (a. a. O. §. LVIII.) dem Quecksilber näher verwandt zu seyn, als die Flußspath-Säure, und dies bestätigen Wenzels Erfahrungen.

Das Kupfer wird zum Theil aufgelöst, denn die mit demselben digerirte Säure nimmt mit dem Ammoniak eine blaue Farbe Farbe an. Der Kupfer-Kalk wird leicht aufgelöst, die Auflösung wird gallertartig, giebt aber doch theils kubische, theils länglichte blaue Krystalle, die flußspathsaures Kupfer (Cuprum fluoricum, Fluas cupri, Fluate de cuivre) sind, und aus welchen sich die Säure durch die Hitze ausscheiden läßt, (Scheele a. a. O. S. 29.) Die wechselseitigen Verwandtschaften der Flußspath-Säure und der übrigen Säuren zu dem Kupfer sind noch unbekannt.

Das Eisen wird mit Heftigkeit, und unter Entwickelung von Wasserstoff-Gas aufgelöst. Die Auflösung schmeckt wie schwefelsaures Eisen, wenn man sie verdünstet, so wird sie gallertartig, auch beym fortgesetzten Abrauchen erhält man keine Krystalle, sondern eine harte Masse, welche flußspathsaures Eisen (Ferrum fluoricum, Fluas ferri, Fluate de fer) ist. Auch der Eisen-Ocher wird leicht aufgelöst, die Auflösung schmeckt alaunartig und krystallisirt ebenfalls nicht (Scheele a. a. O. S. 29.). Rinmann (Gesch. des Eisens, I. B. S. 231. II. B. S. 235 folg.) bestätigte diese Beobachtungen, und fand, daß sich die Flußspath-Säure kaum mit Eisen sättigen läßt, und bey einer neuen Portion Eisen, die man hinein wirft, immer wieder brauset; er fand die Auflösung farbenlos, beym Kochen ließ sie einen Eisen-Kalk fallen, der, wenn er an der Luft gelegen hatte, roth wurde; Zink, Magnesium (Braunstein-König), Kalk-Erde, Schwer-Erde, Talk-Erde und die Alkalien entziehen ihm die Säure: Schwefel-Säure, Salpeter-Säure, Salz-Säure, Arsenik-Säure, (und einige andere noch nicht abgehandelte) entziehen ihm das Eisen.

Das Zinn wird nicht angegriffen, der Zinn-Kalk wird aufgelöst und liefert ein nicht krystallisirbares, ekelhaft schmeckendes, gallertartiges flußspathsaures Zinn (Stannum fluoricum, Fluas stanni, Fluate d'étain) (Scheele a. a. O. S. 29.).

Das Bley wird nicht aufgelöst: dessen Kalk aber giebt eine süße Auflösung, die, wenn sie konzentrirt ist, gegen den Sättigungs-Punkt flußspathsaures Bley (Plum-

bum

bum fluoricum, Fluas plumbi, Fluate de plomb) in Gestalt eines Pulvers fallen läßt. Dieses metallische Salz wird durch Schwefel-Säure und Salz-Säure zersetzt. Vor dem Löthrohre entweicht die Säure daraus und der Bley-Kalk wird reducirt, doch bleibt ein Theil des Glases feuerbeständig (Scheele a. a. O.).

Der **Wismuth** verhält sich ganz wie das Bley, und der flußspathsaure **Wismuth** (Bismuthum fluoricum, Fluas bismuthi, Fluate de Bismuth) wie das flußspathsaure Bley (Scheele a. a. O.).

Der Zink verhält sich ganz wie das Eisen, die Auflösnng, sagt Scheele, ist mehr zum Krystallisiren geneigt (a. a. O. S. 30.), indessen hat doch Niemand krystallirten flußspathsauren Zink (Zincum fluoricum, Fluas Zinci, Fluate de Zinc) dargestellt.

Der **Kobalt-König** wird nicht aufgelöst, wohl aber der Kobalt-Kalk, die Auflösung ist gelb, und liefert einen gallertartigen flußspathsauren **Kobalt** (Cobaltum fluoricum, Fluas cobalti, Fluate de Cobalt) (Scheele a. a. O.).

Der **Spießglanz-König** löst sich nicht auf, wohl aber der Spießglanz-Kalk, die Verbindung heißt flußspathsaurer Spießglanz (Stibium fluoricum, Fluas stibii, Fluate d'antimoine), sie ist noch nicht gehörig untersucht.

Der **Nickel-Kalk** wird, wie wohl schwer, aufgelöst, und liefert einen flußspathsauren **Nickel** (Niccolum fluoricum, Fluas niccoli, Fluate de Nickel) in hellgrünen Krystallen (**Bergman** Opusc. T. II. de niccolo §. XIV. B.).

Das Magnesium (der Braunstein-König) wird zwar von der Flußspath-Säure angegriffen: das sehr schwer auflösliche flußspathsaure Magnesium (Magnesium fluoricum, Fluas magnesii, Fluate de magnésie) schlägt sich aber sogleich nieder, und bedeckt das Metall mit einer Rinde. Man erhält diese Verbindung am bequemsten, wenn man aufgelöstes flußspathsaures Ammoniak zu der Auflösung des Magnesiums in einer andern Säure tröpfelt (Bergm. Opusc. T. II. de mineris ferri albis §. VII. G.).

Den Arsenik-König löst die Flußspath-Säure gar nicht auf, wohl aber den weißen Arsenik, mit welchem sie einen flußspathsauren Arsenik (Arsenicum fluoricum, Fluas arsenici, Fluate d'arsenic) in krystallinischen Körnern liefert (Bergman Opusc. T. II. de arsenico §. VII. C.).

Den Molybdän-Kalk löst sie leicht auf, wenn man die Auflösung gelinde wärmt, wird sie grünlich gelb, wenn die Flüssigkeit beynahe verdunstet ist, wird sie gelb, und nach dem Abrauchen zur Trockniß, bleibt ein blaugrünliches flußspathsaures Molybdän (Molybdänum fluoricum, Fluas molybdäni, Fluate de molybdène) zurück (Heyer in Crells Chem. Annal. 1787. II. B. S. 132.). Die trockne Masse theilt dem zum Abspülen gebrauchten Wasser eine grasgrüne Farbe mit; der ausgesüßte Rückstand hat eine angenehme grüne Farbe.

Ueber das Verhalten der Flußspath-Säure zu den übrigen metallischen Körpern finde ich keine Nachrichten. Bey Gelegenheit der gelatinirenden metallischen Verbinbindungen der Flußspath-Säure merkt Gren an, daß dies wohl vom rückständigen Kieselgehalt derselben herrühren könnte, und daß es demnach gut wäre, die Versuche mit solcher Säure zu wiederholen, von deren Reinigkeit man überzeugt ist.

Verhalten der Flußspath-Säure zu einigen andern Körpern.

Puymaurin sahe einst einen Diamanten in der Flußspath-Säure verschwinden, als er aber den Versuch wiederholte, erfolgte dies nicht wieder, es läßt sich also vermuthen, daß der zuerst angewendete Stein kein ächter Diamant war. Phosphor-Glas und Phosphor werden in dieser Säure nicht verändert, die meisten gefärbten, durchsichtigen und glatten Steine, die Puymaurin in diese Säure brachte, wurden rauh, verloren ihre Farben, ihre Durchsichtigkeit und etwas von ihrem Gewichte. Rosiers Journ. de phys. Juin 1788.

Richter's Methode reine Flußspath-Säure zu erhalten.

Man hat sich meistentheils bleyerner Retorten bedient, um reine Flußspath-Säure zu bereiten, Richter schlägt folgendes Verfahren vor, sie auch aus einer gläsernen Retorte ziemlich rein zu erhalten.

Man verdünne die anzuwendende Schwefel-Säure mit gleichen Theilen Wasser, und schlage in der Vorlage eine Quantität Wasser vor, die, dem Gewichte nach, der verdünnten Schwefel-Säure gleich sey. Nachdem die Destillation vollendet ist, lasse man den Gehalt der Vorlage durch Löschpapier laufen, jetzt verdünne man ein wenig von der filtrirten Säure mit etwas Wasser, wird sie nicht trübe, so ist es ein Zeichen, daß sie ihren Kieselgehalt schon bis auf einen sehr geringen Rückstand hat fahren lassen: trübt sie sich aber, so setze man dem filtrirten Gehalt der Vorlage noch eine verhältnißmäßige Menge Wasser zu, und filtrire die Mischung nochmals. Hierauf versuche man nochmals, ob die durchgelaufene Säure durch Wasser getrübt wird, und wäre dies der Fall, so wende man den beschriebenen Handgriff nochmals an.

Die auf diese Art bereitete Flußspath-Säure hebe man in einer Flasche auf, die inwendig mit einer dünnen Talgrinde überzogen ist.

IV. Abschnitt.

Von der Molybdän-Säure.

Ich nenne Molybdän-Säure diejenige, welche man aus dem Molybdän erhält.

Vor des berühmten Scheele Bemühung verwechselten die Mineralogen und sogar die Chemisten zwey sehr von einander verschiedene Substanzen, das Molybdän nehmlich und den Graphit (Reißbley).

Pott bemerkt ganz richtig, daß die Ausdrücke Molybdän, welches auf griechisch Bley heißt, und Plumbago, welches eine Art Bley-Rost ausdrückt, von den Alten nicht gebraucht worden sind, um dasjenige Mineral zu bezeichnen, woraus man die Bleystifte macht. Dioscorides giebt von dem letztern eine Beschreibung, die nur einer Bleybereitung, oder sogar nur der Bleyglätte zukommen kann, und was Plinius davon sagt, bezeichnet ebenfalls Schlacken aus solchen Schmelzöfen, worin man Bley und Silber behandelt, und einen gelben Bley-

Bley-Kalk oder natürlichen Massikot, der zerreiblich und nicht sonderlich schwer ist.

Die Namen Molybdän und Reißbley sind von den Neuern einem zerreiblichen aschgrauen Mineral gegeben worden, welches sich mit dem Messer leicht schaben läßt, sich fett anfühlt und abfärbt. Diejenigen Naturforscher aber, welche diese Benennung einführten, ließen sichs nicht einfallen, daß ganz verschiedene Fossilien existirten, die beym ersten Anblick dieselben äußern Kennzeichen haben, und da nun vollends ihre Versuche nicht glücklich genug angeordnet waren, die Bestandtheile dieses Fossils zu entdecken, so fällt es manchmal schwer zu unterscheiden, welche von beyden Substanzen der Gegenstand derselben ist.

Das Reißbley giebt nach Pott ein wenig Schwefel-Säure und färbt die Salpeter-Säure und Salz-Säure gelb; das Alkali schlägt aus diesen Auflösungen etwas Eisen nieder; das Reißbley zersetzt bey der Destillation das Kochsalz, es verpuft nach einiger Zeit mit dem Salpeter, und die rückständige Masse hat keine Veränderung erlitten. Der Salmiak reißt davon bey der Sublimation einige Eisentheile mit sich fort, allein der Rückstand behält seine Fettigkeit und seine Form, woraus Pott schließt, seine Bestandtheile seyen eine talkartige Erde, die weder vom Feuer noch von den Auflösungs-Mitteln angegriffen wird, etwas Eisen-Erde und noch eine geringere Quantität Schwefel-Säure. Wir werden gleich sehen, daß diese Versuche bald auf das Molybdän, bald auf das Plumbago deuten, so daß man berechtigt ist, anzunehmen, die Stükke Mineral, die zu diesen Versuch dienten, haben nicht zu demselben Geschlechte gehört.

Der berühmte Macquer erzählt in der zweyten Ausgabe seines Wörterbuchs mehrere Versuche mit dem Molybdän, die der Akademie von de l'Isle mitgetheilt worden sind, hier folgen die Haupt-Resultate derselben.

1) Wenn man Molybdän aus einer Retorte destillirt, woran man eine Vorlage mit etwas flüssigem Pflanzen-Alkali angepaßt hat, so verliert ersteres nicht beträchtlich an seinem Gewicht; das in Würfeln krystallisirte Alkali aber beweist, daß sich eine flüchtige Säure entwickelt hat, welche wahrscheinlich die Kohlen-Säure ist.

2) In einem Schmelztiegel zwey Stunden lang einem heftigen Feuer ausgesetzt, verlor es nicht bemerkbar an seinem Gewichte; in Pulver auf den Boden einer Muffel geschüttet, die zum Weißglühen gebracht wurde, ließ es ein röthlichbraunes Pulver zurück, welches vom Magnet gezogen wurde; der Gewichts-Verlust war bey diesem letzten Versuche für das zerreibliche Molybdän $\frac{22}{100}$ und für das harte $\frac{18}{100}$.

Die Rückstände dieser Röstungen gaben bey der Reduktion auf den Centner des zerreiblichen Molybdäns 2 ℔ 7 Unzen Eisen, welches vom Magnet sehr gut gezogen wurde; und auf den Centner hartes Molybdän 3 ℔ 5 Unzen Eisen, welches dem Magnet nicht sehr folgte.

3) Zwey Theile Schwefel-Säure über einen Theil Molybdän destillirt gaben weiße Dämpfe, und rauchende sehr phlogistisirte Schwefel-Säure; nach 24 Cohobationen nahm die Säure endlich eine schöne grüne Farbe

Farbe an, sie lieferte beym Abrauchen erst einen ocherartigen Niederschlag, wie alle Auflösungen des Eisen-Vitriols, nachher einen glänzenden und blättrigten Selenit, und endlich Alaun-Krystalle. Das Molybdän war nach so vielen Cohobationen noch schwarz und fettig.

4) Gleiche Theile Molybdän und Salmiak gaben bey der Sublimation offenbar eisenhaltige Salmiakblumen, bey wiederholter Sublimation über dasselbige Molybdän wurde die Farbe immer schwächer, und endlich erschien es ganz weiß. Das Molybdän hatte weder in seiner Farbe noch in seinem Bruche die geringste Veränderung erlitten; der Boden der Gefäße spielte bemerkbar die Regenbogen-Farbe.

5) Gleiche Theile Molybdän und Salpeter verpuften, ohne daß der Rückstand seine schwarze Farbe verlor. Dasselbige Gemenge in einer Retorte erhitzt, lieferte anfänglich Dämpfe von Salpeter-Säure, als aber der Boden der Retorte zu glühen anfieng, geschah eine Detonation, wobey die Gefäße mit einem Knalle zersprangen.

Dies sind die Versuche, welche **Macquer** aus de l'Isle's Abhandlung ausgezogen hat, ich bemerke im Vorbeygehen, daß diese Versuche nicht von **Romé** de l'Isle, dem Verfasser der Krystallographie angestellt sind, dieser letztere setzt (in seiner letzten Ausgabe) das Plumbago und Molybdän als eben denselben Körper unter die thonartigen Steine, er betrachtet beyde als eine identische, salzigte, steinigte Verbindung, und glaubt, sie werde durch diese ihre Grundmischung bestimmt,

stimmt, sich, so wie der Glimmer und Steatit, in dünnen und sechseckigten Blättern zu krystallisiren.

Ich bin ganz von Scopolis Meinung, der in seinen Noten zu **Macquers** Wörterbuche behauptet, de l'Isle's Molybdän sey ein Graphit: mehrere Resultate dieser Versuche kommen dem Plumbago ausschließend zu, ob sie gleich die Natur desselben nicht ganz aufdecken, allein de l'Isle scheint Potts Fußstapfen zu folgen, und wenn man einmal einen Führer gewählt hat, so kömmt man schwerlich weiter als dieser.

Jetzt muß ich die eigenthümlichen Kennzeichen, sowohl des Molybdäns als auch des Graphits beschreiben.

Mongez hat sie in seinen Zusätzen zu **Bergman's** Sciagraphie sehr richtig angegeben.

Das **Molybdän** *) besteht aus Schuppen von verschiedener Größe, die nicht sehr dicht an einander liegen, es fühlt sich sanft und fettig an, färbt ab, und läßt eine aschgraue Spur; ihr Staub ist bläulich; es läßt sich mit dem Messer schneiden, im offenen Feuer verfliegt es ganz, und verbreitet einen Schwefelgeruch, wenn der Schwefel verflogen ist, bleibt nichts weiter zurück als eine weiße Erde; die Salpeter-Säure und Arsenik-Säure sind die einzigen, die dieses Mineral angreifen; vor dem Löthrohre löst es sich unter Aufschwillen im Mineral-Alkali auf, und bildet damit eine Schwefelleber, mit dem Salpeter verpuft es, und läßt eine röthliche Masse zurück; in einem Löffel vor dem Löth-

*) Eine genauere Beschreibung findet man in meinen Zusätzen.

Löthrohre erhitzt, setzt es einen weißen Rauch ab. Es ist das Blyertz oder Molybdène der Schweden, und Daubentons Potelot. Es findet sich zu Lispberg in Schweden, zu Altemberg in Sachsen und an mehreren andern Orten.

Das Reißbley oder der Graphit ist ebenfalls aschgrau, läßt sich mit dem Messer schneiden, fühlt sich sanft, doch weniger fett an, ist mehr körnigt, und besteht aus vielen glänzenden Theilchen. Unter der Muffel geglüht verliert es ohngefähr $\frac{90}{100}$, ohne einen sonderlichen Rauch von sich zu geben; es kann zufälliger Weise mit einem Antheile Kieß verbunden seyn, alsdann giebt es während der Kalzination einen Schwefelgeruch von sich, vor dem Löthrohre stößt es keinen weißen Rauch aus, bildet mit den Alkalien keine Schwefelleber, und wird von keiner Säure angegriffen. Man sieht durch eine Note zu der neuern Ausgabe von Cronstedts Mineralogie, daß die Schweden übereingekommen sind, dieses Fossil jetzt durch den Namen Plumbago zu unterscheiden: Man könnte zwar nach Bergmans Skiagraphie glauben, Cronstedt mache daraus zwey Geschlechter, weil Bergman die §. 144 und 154 von Cronstedts System zitirt, allein dies ist ein bloßer Druckfehler in der lateinischen Ausgabe. Cronstedt redet von unsern Fossil nur an einen einzigen Ort, und da setzt er Molybdän und Plumbogo, Blyertz und Wasserbley in daßelbe Geschlecht. Die Deutschen nennen dieses Fossil Reißbley oder Graphit. Der beste Graphit, aus welchem die englischen Bleyfedern gemacht werden, kömmt im Herzogthum Cumberland vor, wo es noch Plott Kellon heißt.

Der

Der berühmte Kirwan unterscheidet es durch den Namen Plumbago, führt aber den Geburtsort nicht an, dasjenige woraus die Ypser Tiegel verfertigt werden, ist gröber und wahrscheinlich eisenhaltiger. Ich habe Graphit auf einem mergelartigen Steine (pierre marneuse) gesehen, der in der Gegend von Dijon gefunden worden war, und beobachtet, daß sich bey einer großen Anzahl von Operationen täglich Graphit bildet)Mémoires de l'Acad. de Dijon an. 1783 premier Semestre).

Nach dem Angeführten ist es wohl den Mineralogen nicht mehr erlaubt, diese beyden Fossilien mit einander zu verwechseln, und den Chemisten noch weit weniger, da diese letztern nicht nur die Mineralien kennen, sondern sie bearbeiten, und ihre Bestandtheile, und ihre Verwandtschaft bestimmen sollen. Die von mir vorgenommene Zusammenstellung der äußern Kennzeichen war nothwendig, um die Unterschiede beyder in ein helleres Licht zu setzen. Jetzt habe ich es bloß mit dem Molybdän zu thun, dessen Säure der Gegenstand dieses Abschnitts ausmacht.

Die Säure, die man aus dem Molybdän erhält, ist eine mineralische, und zwar eine metallische Säure, denn man kann einen Metall-König daraus darstellen. In der Natur kömmt diese Säure mit dem Schwefel verbunden vor, Kirwan glaubt, es sey in Einem Centner 55 ℔ Schwefel und 45 ℔ Molybdän enthalten, das Eisen ist darin bloß zufällig. Dies Fossil muß demnach als ein wahrer Kieß betrachtet, und vor der Reduktion Molybdän-Erz genannt werden, hier sind die Prozesse, welche Scheele angegeben hat, um die Säure aus dem Erze zu gewinnen.

Wenn man das Molybdän-Erz für sich in offenen Gefäßen im Feuer behandelt, so verfliegt es beynahe ganz; wenn man aber ein Stückchen davon auf einer silbernen Platte der Flamme vor dem Löthrohre aussetzt, so legt sich an der Platte in der Richtung der Flamme ein weißer Rauch, in Gestalt kleiner glänzender Schuppen, an. Diese Art Sublimat ist wirkliche Molybdän-Säure vom Schwefel befreyt, der bey der Operation verraucht ist: dies ist das erste Verfahren, um die Säure zu erhalten; es giebt aber nur eine sehr geringe Quantität derselben, und ist also eher anwendbar, wenn man das Molybdän erkennen, als wenn man Molybdän-Säure bereiten will.

Der zweyte Prozeß besteht darin, daß man Arsenik-Säure über Molybdän-Erz destillirt; so lange noch Feuchtigkeit vorhanden ist, hat die Säure keine Wirkung, wenn aber alles Wasser übergegangen ist, und die Hitze etwas verstärkt wird, so sublimirt sich Arsenik im Retortenhalse; gegen das Ende der Operation ist dieser Sublimat gelb, man findet in der Vorlage schweflichte Säure, und der Rückstand enthält einen Antheil konkrete Molybdän-Säure, die von ihren Schwefel getrennt ist: etwas davon hat sich mit dem Arsenik sublimirt.

Die Salpeter-Säure hat auf das Molybdän-Erz eine noch st rkere Wirkung; diese wird im dritten Prozesse angewendet, sie liefert die Molybdän-Säure am reinsten und am reichlichsten.

Scheele

Scheele machte das erstemal, als er diese Versuche unternahm, ein Gemenge aus zwey Theilen phlogistisirter (unvollkommner Salpeter-Säure, salpetrigter Säure) und einem Theile gepülvertem Molybdän-Erz, kaum war die Retorte erwärmt, so ging alles auf einmal mit starker Erhitzung und dunkelrothen Dämpfen in die Vorlage über; er zweifelte nicht, daß sich das Gemenge entzündet haben würde, wenn es hinreichender Quantität da gewesen wäre, und entschloß sich, verdünnte Salpeter-Säure anzuwenden.

Man schüttet 2 Unzen gepülvertes Molybdän-Erz und gießt darüber 10 Unzen gemeine Salpeter-Säure, die noch mit einem Viertel Wasser verdünnt ist, in eine gläserne Retorte, die geräumig genug ist, um von dem Gemenge nur zur Hälfte angefüllt zu werden. Man kittet einen Recipienten an, und destillirt aus dem Sandbade. Wenn die Flüssigkeit zu kochen anfängt, erhebt sich die Salpeter-Säure unter heftigem Schäumen in sehr rothen elastischen Dämpfen; man setzt die Destillation bis zur Trockniß fort, und es bleibt in der Retorte eine aschfarbige Masse zurück.

Man wiederholt diese Operation drey bis viermal, indem man immer von neuen 10 Unzen Salpeter-Säure auf den Rückstand gießt, und bis zur Trockniß destillirt. Es zeigen sich dieselben Erscheinungen, ausgenommen, daß die Dämpfe nicht so lebhaft roth und nicht so reichlich sind, und daß die Farbe des Rückstands immer mehr und mehr abnimmt, bis er endlich so weiß wie Kreide wird; nun hat man Molybdän-Säure im konkreten Zustande. Diese Säure enthält noch einige heterogene Theile; da aber diese letztern weit auflöslicher sind als die Säure selbst, so kann man solche leicht mit Hülfe des Wassers abscheiden: man süßt demnach die erhaltene Molybdän-Säure mit heißem Wasser aus, bis das Wasser keine Spur einer fremden Säure zeigt; jetzt läßt man sie bey einer gelinden Wärme trocknen, wo man denn ungefähr 1 Unze 24 Gran reine Molybdän-Säure erhält.

Das Wasser, welches zum Aussüßen gedient hat, ist klar und ungefärbt, wenn man es auf 5 bis 6 Drachmen abraucht, so nimmt die Flüssigkeit eine schöne blaue Farbe an, sie enthält etwas Eisen, und ist größtentheils Schwefel-Säure, wenn man sie wieder mit Wasser verdünnt, so verschwindet die Farbe.

Es giebt noch einen vierten Prozeß, um die Säure aus dem Molybdän-Erz zu erhalten; dieser aber liefert die Säure durch ein Alkali neutralisirt. Hier ist es nicht hinreichend, das Erz auf nassem Wege mit den Alkalien, auch wenn sie ätzend sind, zu behandeln; sie greifen es nicht an: wenn man in einem stark rothglühenden Schmelztiegel 4 Unzen gereinigten Salpeter mit 1 Unze gepülverten Molybdän verpuffen läßt, so erhält man eine röthliche Masse; die Auflösung derselben in Wasser ist durchsichtig und ungefärbt, sie läßt auf das Filtrum ein rothes Pulver zurück, welches nichts anders ist als Eisen-Kalk. Dieses wiegt nach dem Austrocknen 10 bis 12 Gran. Wenn man die Auflösung abraucht, so erhält man Krystalle von unzersetztem Salpeter und von schwefelsaurem Pflanzen-Alkali; es bleibt ein beträchtlicher Antheil der Flüssigkeit übrig, worin sich keine Krystalle bilden wollen, man muß ihn mit ein wenig kaltem Wasser verdünnen, und so lange ver-

verdünnte Schwefel-Säure hineintröpfeln, bis kein bemerkbarer Niederschlag mehr erfolgt. (Salpeter-Säure oder Salz-Säure würden hier eben dasselbe bewirken). Man süßt den Niederschlag mit kaltem Wasser aus, und trocknet ihn bey einer gelinden Wärme, er ist, wie wir gleich sehen werden, molybdänsaures Pflanzen-Alkali. Wenn die Operation gut gerathen ist, wenn man die Auflösung hat erkalten lassen, ehe man Schwefel-Säure hineintröpfelt und keine überschüssige Säure zugesetzt hat, welche den Niederschlag wieder aufgelöst haben würde, so erhält man ungefähr drey Drachmen von diesem Salze.

Bey allen diesen Prozessen findet man die Bedingungen wieder, von denen wir gesagt haben, daß sie zur Bildung einer Säure wesentlich sind.

Der Molybdän-Kieß enthält, wie das Rauschgelb oder der Arsenik-Kieß, eine besondere Erde oder Basis, die sich als Säure oder als Metall-König darstellen läßt, diese Erde befindet sich in dem Erze selbst, nicht aber im Zustande einer Säure, weil es ihr an Sauerstoff fehlt, sie kömmt im Gegentheile dem regulinischen Zustande näher, da sie mit dem Schwefel verbunden ist, nun kann sie aber eine solche Verbindung, die nach unserm Systeme einer Legirung sehr nahe kömmt, und die sich in gegenwärtigen Fall durch das vorhandene Eisen einer solchen noch mehr nähert, nur in so ferne eingehen, als sie etwas Plogiston enthält, oder wenigstens in so fern sie geneigt ist, auf das Phlogiston des Schwefels zu wirken; man muß demnach durch eine gleichzeitige Wirkung diese Verwandtschaft zu den metallisirenden Brennstoff zerstören und ihr Sauer-

 stoff

stoff darbieten, dies geschieht nun augenscheinlich in dem beschriebenen Fall.

Vor dem Löthrohre verbrennt dieser Kieß gerade so wie der Schwefel, dies kann aber nicht ohne Gegenwart des Sauerstoff-Gas geschehen, und ohne daß ein Theil Sauerstoff an die Rückstände dieser verbrennlichen Körper gebunden würde.

Im zweyten Prozeß wird die Arsenik-Säure zum weißen Arsenik wiederhergestellt; er verliert demnach den Sauerstoff, der ihn zur Säure machte, dieser wird zum Theil durch die Basis des Schwefels, zum Theil durch die des Molybdäns aufgenommen.

Die Salpeter-Säure enthält eine große Quantität Sauerstoff und zieht den Brennstoff sehr stark an, sie muß demnach mit Hülfe der Wärme dem Kieß seinen Brennstoff rauben, die Farbe desselben zerstören, als phlogistisirte Salpeter-Säure (unvollkommne Salpeter-Säure, salpetrigte Säure) entweichen, und an der Basis des Schwefels und des Molybdäns einen Theil ihres Sauerstoffs zurücklassen. Es ist sehr leicht diese beyden Wirkurgen in dem dritten Prozeß aufzufinden.

Es ist endlich bekannt, daß der Salpeter, wenn er sich alkalisirt, Sauerstoff als Sauerstoff-Gas von sich läßt; man wird sich demnach nicht wundern, daß bey der Verpuffung des Salpeters mit Molybdän, Molybdän-Säure, und folglich molybdänsaures Pflanzen-Alkali entsteht.

Die auf beschriebene Art bereitete Molybdän-Säure ist weiß, sie erregt auf der Zunge zugleich einen sauren und metallischen Geschmack, ihr spezifisches Gewicht verhält sich, nach **Bergman**, zu dem des destillirten

Wassers

Wassers = 3,460 : 1,000 d. h. es ist etwas geringer, als das des weißen Arseniks, welches 3,750 beträgt.

An der Luft leidet sie keine Veränderung.

In einer gläsernen Retorte bis zum angehenden Schmelzen erhitzt, leidet sie keine Veränderung, manchmal bemerkt man dabey einen Geruch, nach flüchtiger Schwefel-Säure, dieser rührt daher, daß ihr trotz alles Aussüßens noch etwas von letztgenannter Säure anklebte. Wenn man sie im Schmelztiegel dem heftigsten Feuer aussetzt, so bleibt sie feuerbeständig, so lange der Tiegel wohl verschlossen ist; im Augenblick aber, wo man ihn öffnet, erhebt sich daraus ein weißer Rauch, diesen kann man sammlen, wenn man ein kaltes Eisenblech darüber hält, es ist noch unveränderte Säure; wenn man den Schmelztiegel mit einem Deckel oder einem zweyten umgekehrten Tiegel wieder verschließt, so hört dieser Rauch augenblicklich wieder auf, und man findet im obern Schmelztiegel oder am Deckel keinen Sublimat.

Auf einer Kohle vor dem Löthrohre behandelt, wird sie sehr bald absorbirt; auf dem Löffel schmilzt sie, und giebt einen weißen Rauch; dem mikrokosmischen Salze theilt sie eine schöne grüne Farbe mit; Borax, den man mit einer kleinen Quantität davon zusammen geschmolzen hat, sieht durch Reflexionen betrachtet, aschgrau, durch Refraktion hingegen, dunkelviolett aus.

Wenn man sie in der Destillationshitze mit drey Theile Schwefel behandelt, erhält man künstliches oder regenerirtes Molybdän; dies beweist ganz deutlich, daß das Eisen im natürlichen Molybdän bloß zufällig ist. In dem Recipienten geht phlogistisirte Schwefel-Säure (unvollkommene Schwefel-Säure, schwefligte Säure) über, ein Beweis, daß Sauerstoff entbunden und Brennstoff gebunden worden ist.

Diese Säure löst sich bey mittlerer Temperatur in 570 Theilen Wasser auf; die Auflösung röthet die Lackmus-Tinktur, schlägt die Schwefelleber nieder, und zersetzt die Seife.

Das blausaure Pflanzen-Alkali und die Galläpfel-Säure bewirken in dieser Auflösung einen dunkelroth, braunen Niederschlag, ein Beweis desjenigen, was ich von der metallischen Natur der Molybdän-Säure gesagt habe.

Die geringe Auflöslichkeit dieser konkreten Säure könnte auf die Vermuthung bringen, als befände sie sich in dem nämlichen Zustande, als der weiße Arsenik, das heißt, als komme sie den metallischen Kalken näher als den Säuren, mit einem Worte, als sey sie unvollkommen dephlogistisirt, und nicht mit Sauerstoff gesättigt; dies ist **Bergmans** Meinung; sie scheint indessen doch stärker gesäuert zu seyn als der weiße Arsenik, denn ihre Wirkung auf die salzfähigen Basen ist stärker als die dieses letztern, und sie scheint selbst durch die wirksamsten Säuren nicht mehr verändert werden zu können; die Salpeter-Säure löst selbige nicht auf, die Schwefel-Säure und Salz-Säure lösen sie nur mit Hülfe der Wärme auf.

Die konzentrirte Schwefel-Säure löst davon eine große Quantität auf, beym Erkalten verdickt sich diese Auflösung und nimmt eine schöne blaue Farbe an, die Farbe verschwindet beym Erwärmen wieder, und erscheint beym abermaligen Erkalten von neuen.

Die Salz=Säure löst davon, mit Hülfe des Kochens, eine beträchtliche Quantität auf. Wenn man die Flüssigkeit bis zur Trockniß destillirt, erhält man einen dunkelblauen Rückstand; bey verstärkter Hitze steigen weiße Blumen auf, und es erscheint etwas blauer Sublimat, die in dem Recipienten übergehende Flüssigkeit ist rauchende Salz=Säure. Der Sublimat sowohl als die Blumen ziehen die Feuchtigkeit der Luft an, wenn man sie auf Metalle legt, so werden diese letztern blau gefärbt, beyde sind nichts anders, als durch die Salz=Säure verflüchtigte Molybdän=Säure.

Die blaue Farbe zeigt sich ebenfalls, wenn man das Molybdän=Erz vor dem Löthrohre behandelt; denn wenn man die innere Spitze der Flamme auf den sich erhebenden weißen Rauch richtet, so erscheint er blau, und diese blaue Farbe verschwindet, sobald man den Rauch von der *innern* Flamme entfernt. Diese Erscheinungen beweisen, wie Scheele bemerkt, eine große Anziehung zum Brennstoff, sowohl auf nassem als auch auf trocknem Wege (und einen lockern Zusammenhang mit dem Sauerstoffe).

Um sich eine etwas konzentrirtere Auflösung dieser Säure in Wasser zu verschaffen, hat Scheele diesem letzteren etwas weniges Alkali zugesetzt, nun löste sich die Säure in demselben, mit Hülfe der Wärme, in größerer Quantität auf. Die noch warme Flüssigkeit zeigt ganz unzweydeutige Kennzeichen einer Säure, sie röthet die Lackmus=Tinktur stark, und braust mit der Kalk=Erde und Talk=Erde. Beym Erkalten setzt sie kleine unregelmäßige Krystalle ab, diese beweisen, daß sehr wenig Alkali erfordert wird, um die Molybdän-Säure feuerbeständig zu machen, denn im offenen Feuer behandelt, verflüchtigen sie sich nicht.

Dieselbe Auflösung bildet mit den Alkalien krystallisirbare Neutral-Salze; und mit den Erden wenig auflösliche Mittel-Salze, sie greift auch Metall an.

Sie schlägt das Quecksilber und das Bley aus ihren salpetersauren Auflösungen nieder, sie präcipitirt ebenfalls das Bley aus seiner salzsauren Auflösung; mit den andern metallischen salzsauren Auflösungen verhält es sich ganz anders, denn auch aus der Auflösung des ätzenden Sublimats schlägt sie kein Quecksilber nieder.

Es ist merkwürdig, daß diese Säure der Salpeter-Säure und Salz-Säure die Schwer-Erde entzieht.

Auf trocknem Wege zersetzt sie den Salpeter und das Kochsolz, und ihre Säuren gehen rauchend über; sie entbinder sogar bey der Destillation etwas Säure aus dem schwefelsauren Pflanzen-Alkali.

Um ein vollständiges System der Verwandtschaften dieser Säure aufzustellen, fehlen uns allerdings noch viele Thatsachen, allein dies kann dem berühmten Chemisten, der uns mit derselben bekannt gemacht hat, keinesweges zum Vorwurf gereichen, man muß vielmehr über die vielen Beobachtungen erstaunen, die er in seiner Abhandlung mitgetheilt hat, man muß die Vollkommenheit und die Reife bewundern, die er seiner Endeckung schon bey der ersten Bekanntmachung zu geben gewußt hat.

Zusätze.

Der Graphit (Reißbley, Schreibbley, Eisenschwärze, Lat. Graphites, Plumbago, Plumbum scriptorium, Carburas ferri, Französ. Graphit, Plombagine, Crayon noir, Carbure de fer) hat eine eisenschwarze Farbe, die sich dem stahlgrauen zuweilen etwas nähert. Manchmal, wenn er mit Eisenocher vermengt ist, ist er auch bräunlich schwarz.

Man findet ihn derb und eingesprengt.

Er ist glänzend und wenig glänzend, von einem metallischen Glanze.

Im Bruche ist er nach einer Richtung gewöhnlich dünn- und krumm-, seltner dickschiefrig; nach der andern hingegen uneben, von feinem Korne oder unvollkommen muschlich.

Er springt in unbestimmteckigte, stumpfkantige Bruchstücke.

Hat gewöhnlich klein und feinkörnige abgesonderte Stücke, und erscheint daher schuppig.

Er ist undurchsichtig,
färbt sehr stark ab,
ist weich,
milde,

zienziemlich leicht zerspringbar,

fühlt sich fettig und etwas kalt an, und

ist leicht; denn sein spezifisches Gewicht beträgt nur 1,987.

Der Graphit bestehet nach Vandermonde, Berthollets und Monge's Versuchen *) aus 0,1 Eisen, und 0,9 Kohlenstoff.

Er kommt in ganzen Lagern, aber selten, vor; man findet ihn auf diese Art zu Barrodal in Cumberland, zu Hefnerzell bey Passau, und auch in Kärnten. Er gehört des Kohlenstoffs wegen, der darin den vorwaltenden Bestandtheil ausmacht, zu den brennbaren Fossilien.

Das Wasserbley, (Molybdänum sulfure mineralitum, Franz. Molybdène sulfuré, sulfure de molybdène) hat eine lichte bleygraue Farbe, die öfters stark ins röthliche sticht.

Es kommt derb, eingesprengt, und sehr selten in vollkommnen dünnen, meist gleichwinkligen, sechsseitigen Tafeln krystallisirt vor.

Diese Krystalle sind entweder von mittlerer Größe oder klein, eingewachsen, oder zellig durch einander gewachsen.

Aeußerlich sind sie glänzend.

Inwendig ist das Wasserbley bald glänzend, bald wenig glänzend, von metallischem Glanze.

Im

*) Mémoires de l'Acad. des Sciences. 1786. p. 204. folg. Mitgetheilt in Crells Chem. Annalen 1794. 1. B. S. 524 u. folg.

Im Bruche ist es krummblättrig.

Es springt in unbestimmteckige, ziemlich stumpfkantige Burchstücke.

Kommt gewöhnlich von groß= grob= oder klein= seltener von feinkörnig= abgesonderten Stücken vor, die jedoch zuweilen nicht ganz deutlich sind.

Es ist völlig undurchsichtig,

sehr weich,

milde,

in einzelnen Blättern gemein biegsam,

fühlt sich fettig und glatt an,

färbt etwas ab, und

ist schwer,

sein specifisches Gewicht nähmlich, wechselt von 4,138 zu 4,569 ab.

Man findet das **Wasserbley** beynahe immer in Gesellschaft des Zinnsteins, besonders zu Altenberg, Geyer und Zinnwald in Sachsen, und zu Zinnwald und Schlackenwald in Böhmen.

Man rechnet es zum Metallgeschlecht.

Ueber die Bestandtheile des Wasserbleyes sind die Chemisten noch nicht einig. **Scheele, Klaproth** und **Pelletier** glaubten darin Molybdän=Kalk und Schwefel zu finden, und **Klaproth** (Beobachtungen und Entdeck. der Gesellsch. Naturf. Freunde in Berlin, III. B. St. 1. S. 73.) sagt, es bestehe aus 60 Th. Schwefel und 40 Th. Molybdän=Kalk. **Heyer, Ilsemann** und **Richter** (über die neuern Gegenstände der Chemie, 1. St. S. 50.) fanden darin keinen Schwefel, dies bringt **Gren** (Handb. III. B. S. 718) auf die Vermuthung, daß der Schwefel in diesem Fossil nur zufällig,

fällig, und das Wasserbley (in den Fällen, wo der Schwefel fehlt) Molybdän-König sey.

Verhalten der Molybdän-Säure zu Alkalien und Erden.

Mit **Pflanzen-Alkali** verbindet sich die Molybdän-Säure unter heftigem Brausen, Scheele (Phys. Chem. Schriften 2. B. S. 191.) erhielt aus dieser Auflosung durchs Abkühlen kleine unregelmäßige Krystalle, und **Heyer** (**Crells** Annalen 1787. 2. B. S. 128.) sahe darin beym Abdampfen eine feste Masse entstehen, die aus kleinen Spieschen bestand; dies **molybdänsaure Pflanzen Alkali** (Potassinum molybdänum, Molybdas potassae, Molybdate de petasse) hatte einen stiptischen Geschmack. Als es **Heyer** mit destillirtem Wasser übergoß, lösten sich die Spieschen auf, es blieben aber viele kleine, doppelte, vierseitige Pyramiden am Boden liegen, worunter sich einige sechsseitige Säulchen befanden. Die Auflösung brauste mit Salpeter-Säure heftig, und die Molybdän-Säure fiel in Gestalt eines gelben Pulvers zu Boden.

Mit **Mineral-Alkali** braust sie ebenfalls stark auf, beym Verdünsten krystallisirt sich, nach **Heyer** (a. a. O. S. 29.) die Flüssigkeit zu einer durchsichtigen Salzmasse, die aus kleinen Spieschen bestehet, und an den Wänden des Glases setzten sich artige Dendriten in umgekehrte Richtungen an. Das **molybdänsaure Mineral-Alkali** (Natrum molybdänicum, Molybdas natri, molybdate de soude) löst sich im Wasser leicht auf; mit

Salpe-

Saipeter-Särue braust diese Auflösung stark auf, und die Molybdän-Säure wird in Gestalt eines weißen Pulvers abgeschieden. Wenn man überschüssige Salpeter-Säure zusetzt, so wird der Niederschlag wieder aufgelöst, und die Flüssigkeit nimmt eine gelbgrünliche Farbe an.

Das **Ammoniak** verbindet sich mit der Molybdän-Säure ebenfalls unter heftigem Brausen (Heyer a. a. Ort. S. 28.) das **molybdänsaure Ammoniak** (Ammoniacum molybdänicum, Molybdas ammoniaci, Molybdate d'ammoniac) krystallisirt nicht, sondern fällt wie ein pulvrigtes Magma zu Boden, welches nach dem völligen Eintrocknen eine halbdurchsichtige, streifigte Kruste von einem eigenen Geschmacke liefert. Das molybdänsaure Ammoniak wird nach Scheele (a. a. O. S. 192.) bey gelindem Feuer zersetzt, das Ammoniak entweicht, und die Säure bleibt in Gestalt eines grauen Pulvers zurück.

Den Alkalien ist die Schwefel-Säure, Salpeter-Säure und Salz-Säure näher verwandt als die Molybdän-Säure (Richter über die neuern Gegenstände der Chemie 1. Stück S. 53.).

Mit der **kohlensauren Kalk-Erde** verbindet sich die Molybdän-Säure unter Aufbrausen (Heyer a. a. O. S. 129.) die **molybdänsaure Kalk-Erde** (Calx molybdänica, Molybdas calcis, Molybdate de Chaux) ist im Wasser sehr schwer auflöslich; beym Zusammentröpfeln der flüssigen Molybdän-Säure mit Kalkwasser fällt es als ein Pulver zu Boden. Die Schwefel-Säure, Salpeter-Säure und Salz-Säure sind der

Kalk-

Kalk-Erde näher verwandt als die Molybdän-Säure (m. s. Grens Handb. 3. B. S. 711.).

Die luftsaure Talk-Erde wird, nach Heyer (a. a. Orte) mit Brausen aufgelöst; die Auflösung krystallisirt nicht, sondern liefert beym Abrauchen eine unförmliche Masse, diese **molybdänsaure Talk-Erde** (Magnesia molybdänica, Molybdas magnesiae, Molybdate de magnésie) fühlt sich fett an, schmeckt bitter, und ist etwas auflöslicher als die molybdänsaure Kalk-Erde. Nach **Gren** (a. a. O.) wird dies Mittelsalz von der Schwefel- Salpeter- und Salz-Säure zerlegt.

Die **Thon-Erde** wird unter Entwickelung von nicht sehr häufigen zarten **Blasen** aufgelöst (**Heyer** a. a. O. S. 128.). Die **molybdänsaure Thon-Erde** (Argilla molybdänica, Molybdas argillae. Molybdate d'argille) ist im Wasser schwer auflöslich.

Mit der **Schwer-Erde** verbindet sich die Molybdän-Säure ebenfalls und entziehet sie, wie unser Verfasser schon angemerkt hat, ihrer salzsauren und salpetersauren Auflösung: die Verbindung heißt: **molybdänsaure Schwer-Erde** (Barytes molybdänicus, Molybdas barytae, Molybdate de baryte), dies Mittelsalz soll im kalten Wasser auflöslich seyn.

Mit der **Stronthian-Erde** scheint die Molybdän-Säure, (nach des Hofapotheker **Meyers** Versuche Chem. Annalen 1796. 1. B. S. 211.) eine im Wasser schwer- oder unauflösliche **molybdänsaure Stronthian-Erde** (Stronthiana molybdänica, Molybdas stronthianae, Molybdate

lybdate

lybdate de strontiane) zu bilden: dies Mittelsalz ist noch nicht untersucht.

Verhalten der Molybdän-Säure zu den Metallen.

Richter über die neuern Gegenstände der Chemie 2. St. S. 104 und folg.

Eisen oder dessen nicht zu sehr oxydirte Kalke geben eine braunrothe Auflösung, die noch nicht gehörig untersuchte Verbindung wird mit dem Namen des **molybdänsauren Eisens** (Ferrum molybdänicum, Molybdas ferri, Molybdate de fer) belegt. Das schwefelsaure Eisen wird durch die Molybdän-Säure nicht zersetzt, bringt man aber eine Auflösung des molybdänsauren Pflanzen-Alkali mit der des schwefelsauren Eisens zusammen, so erfolgt eine Zersetzung durch doppelte Wahlverwandtschaft.

Mit dem Kupfer oder besser mit dessen Kalke stellt die Molybdän-Säure eine blaugrüne Auflösung **molybdänsaures Kupfer** (Cuprum molybdänicum, Molybdas cupri, Molybdate de cuivre) dar, die sich wie die Eisen-Auflösung durch Alkalien fällen läßt. Eine schwefelsaure oder salpetersaure Kupfer-Auflösung wird durch das molybdänsaure Pflanzen-Alkali nicht verändert, dies beweist aber nicht, daß keine Zersetzung vorgegangen ist, denn das molybdänsaure Kupfer ist im Wasser auflöslich, und seine Auflösung hat beynahe eben die Farbe, als die des schwefelsauren oder salpetersauren Kupfers.

Wenn man salzsaure Zinn-Auflösung mit einer Auflösung des molybdänsauren Pflanzen-Alkali zusammentröpfelt, so fällt molybdänsaures Zinn (Stannum molybdänicum, Molybdas stanni, Molybdate d'étain) in Gestalt eines blauen Pulvers zu Boden: dies metallische Salz kann als Mahlerfarbe gebraucht werden, und hat eine desto schönere Farbe je weniger der Zinn-Kalk in seiner salzsauren Auflosung oxidirt war. (Ueber dessen vortheilhafte Bereitung lese man nach, Richter über die neueren Gegenst. der Chem. 2. St. S. 97.) Durch salpetersaures Zinn wird die Molybdän-Säure in ein blaues Pulver umgewandelt Chem. Annal. 1793. 1. B. S. 1'8. Dies gründet sich auf die große Anziehung jenes Satzes zum Sauerstoff.

Mit den Bley-Kalken verbindet sich die Molybdän-Säure zu einem sehr schwer auflöslichen molybdänsauren Bley (Plumbum molybdänicum, Molybdas plumbi, Molybdate de plomb). Das molybdänsaure Pflanzen-Alkali zerlegt das salpetersaure und das salzsaure Bley, so wie auch die Verbindungen des Bleyes mit den Pflanzen-Säuren, und giebt die geringste Quantität dieser Salze in einer Flüssigkeit durch weiße Streifen zu erkennen, diese Eigenschaft macht es zu einer Weinprobe sehr geschickt.

Die salpetersaure Silber-Auflösung wird von der Molybdän-Säure nicht verändert; das molybdänsaure Pflanzen-Alkali aber, bewirkt darin einen weißen Niederschlag, der sich sehr wenig ins Grünliche zieht, und molybdansaures Silber (Argentum molybdänicum, Molybdas argenti, Molybdate d'argent) ist: dies Salz ist sehr schwer auflöslich.

Die

Die Gold=Auflösung wird durch diese Säure ebenfalls nicht verändert, besagtes Neutralsalz bewirkt darin einen schönen opermentgelben Niederschlag, welcher **molybdänsaures Gold** (Aurum molybdänicum, Molybdas auri, Molybdate d'or) ist. Salz=Säure, Salpeter=Säure und vieles Wasser lösen ihn auf.

Die **Platina**=Auflösung wird durch das Neutral=Salz roth niedergeschlagen.. Diese **molybdänsaure Platina** (Platinum molybdänicum, Molybdas platini, Molybdate de platine) löst sich in achtzig bis hundert Theilen Wasser auf, und wird weder durch Salz=Säure, noch Salpeter=Säure, noch Königs=Säure zersetzt.

In der **Quecksilber**=Auflösung bildet unser Neutralsalz einen milchweißen Niederschlag: dieses **molybdänsaure Quecksilber** (Mercurius molybdänicus, Molybdas mercurii, Molybdate de mercure) löst sich in 5 bis 600 Theilen Wasser auf, und wird durch Salpeter=Säure zersetzt.

In der schwefelsauren, salpetersauren und salzsauren Zink=Auflösung bildet es einen weißen Niederschlag, dieser **molybdänsaure Zink** (Zincum molybdänicum, Molybdas Zinci, Molydate de Zinc) ist noch schwerauflöslicher als Gyps. Schwefel=Säure, Salpeter=Säure und Salz=Säure zerlegen ihn.

In der salzsauren Braunstein=Auflösung bewirkt das molybdänsaure Pflanzen=Alkali einen bräunlich weißen Niederschlag: dieses **molybdänsaure Magnesium** (Magnesium molybdänicum, Molybdas magnesii, Molybdate de manganèse) ist in 40 — 50 Theilen Wasser auflöslich, Schwefel=Säure, Salz=Säure und Salpeter=Säure zerlegen es.

Mit Spiesglanz-Kalk stellt die Molybdän-Säure einen im Wasser auflöslichen molybdänsauren Spiesglanz (Stibium molybdänum, Molybdas stibii, Molybdate d'antimoine) dar.

Der **Wismuth** wird aus der salpetersäurehaltigen Schwefel-Säure durch das molybdänsaure Pflanzen-Alkali als **molybdänsaurer Wismuth** (Bismuthum molybdänicum, Molybdas bismuthii, Molybdate de bismuth) citronengelb niedergeschlagen, dieses metallische Salz erfordert 500 Theile Wasser zu seiner Auflösung: Salpeter-Säure und Salz-Säure lösen es unzersetzt auf.

Die gesättigte Auflösung des **Kobalts** in Salz-Säure wird von der freyen Molybdän-Säure nicht verändert; das molybdänsaure Pflanzen-Alkali aber, bewirkt darin einen rosenrothen **Niederschlag**. Die Schwefel-Säure, Salpeter-Säure und Salz-Säure zerlegen diesen **molybdänsauren Kobalt** (Cobaltum molybdänicum, Molybdas cobalti, Molybdate de cobalt).

Die gesättigte salzsaure **Nickel**-Auflösung wird durch das molybdänsaure Neutralsalz ebenfalls niedergeschlagen: der **molybdänsaure Nickel** (Niccolum molybdänicum, Molybdas niccoli, Molybdate de Nickel) ist ganz lichte apfelgrün, und im Wasser beynahe so unauflöslich als die kohlensaure Kalk-Erde: Schwefel-Säure, Salpeter-Säure und Salz-Säure lösen ihn wasserhell auf.

Die Auflösung des **Uraniums** in Schwefel-Säure und Salz-Säure wird durch das Neutralsalz ebenfalls niedergeschlagen. Das **molybdänsaure Uranium** (Uranium molybdänicum, Molybdas uranii, Molybdate d'Uranium) ist weiß ins Gelbliche und zuweilen ins

Bläu-

Bläuliche spielend. Die Schwefel-Säure, die Salpeter-Säure und Salz-Säure zerlegen es.

Das Verhalten der übrigen Metalle zur Molybdän-Säure ist noch unbekannt.

Die geringen Abweichungen dieser Resultate, von denen die unser Verfasser oben anführt, rühren wohl daher, daß er die mit etwas Pflanzen-Alkali verbundene Säure noch als freye Säure betrachtet hat.

Richter (1. St. S. 49.) räth, die Molybdän-Säure, die man sich mittelst der Salpeter-Säure bereitet hat, mit dreymal so vielem höchst rektifizirtem Weingeist zu übergießen, als das angewendete Wasserbley am Gewicht betragen hat, ihn einige Zeit, nachdem man alles wohl umgerührt, darüber stehen zu lassen, ihn dann abzugießen, und die Säure noch mit Weingeist auszusüßen.

V. Abschnitt.
Von der Wolfram-Säure.

Die Tungstein-Säure oder Wolfram-Säure wurde durch Scheele zuerst entdeckt, sie gehört zu derjenigen Säure, die wir mit Bergman metallische nennen; weil sich aus derselben, gerade wie aus dem Arsenik, ein Metall-König darstellen läßt, und sie ihre sauren Eigenschaften nur alsdann zeigt, wenn sie in den Zustand eines vollkommen dephlogistisirten und mit Sauerstoff gesättigten Metall-Kalks versetzt wird.

Bis jetzt kennen wir nur zwey Substanzen, aus welchem sich die Wolfram-Säure und der Wolfram-König darstellen ließe, den weißen Tungstein nehmlich und den Wolfram.

I. Von den Substanzen, aus welchen man die Wolfram-Säure gewinnt.

1) Der weiße Tungstein ist eine Substanz, deren specifisches Gewicht dem des Zinnes nahe kömmt; ihre Kry-

Krystallisation gleicht der der Granaten und der Zinn-Graupen; er wechselt vom Perlgrauen zum Röthlichen ab, manchmal hat er ein spathähnliches Ansehen; man findet ihn zu Bispberg, zu Riddarhytta, zu Marienberg, zu Altemberg in Sachsen, zu Sauberg nahe bey Ehrenfriedersdorf, und zu Schlackenwalde in Böhmen. **Kirwan** giebt sein spezifisches Gewicht zwischen 4,99 und 5,18, **Brisson**, unter dem Namen weißes krystallisirtes Zinnerzt, zu 6,0076. Das spezifische Gewicht eines Krystalles, den ich selbst untersuchte, betrug 6,039.

Ich halte mich absichtlich bey dieser Beschreibung auf, weil man über die spezifischen Kennzeichen dieses Minerals zweifelhaft gewesen ist. Vor **Cronstedt** rechnete man es zu den Zinnerzen; dieser hielt es für einen mit einer unbekannten Erde verbundenen Eisen-Kalk (§. 210.), scheint es aber auch von den Zinngraupen nicht gehörig unterschieden zu haben, denn er führt diese Benennung an, und nennt sie uneigenthümlich, in der französischen Uebersetzung hat man statt Zinngraupen, crystaux d'étain blanc gesetzt

Zu eben der Zeit, als **Scheele** mit der Zerlegung des Tungsteins beschäftigt war, suchte **Bergman**, dessen Versuche die von Scheele gemachte Entdeckung nachher so gut bestätigt haben, die Schwer-Erde darin auf, und nannte dieses Fossil lapis ponderosus, (Schwerstein); er versichert ausdrücklich, daß alle Schwersteine aus verschiedenen Gegenden, die er untersuchte, ihm dieselben Resultate lieferten, und daß die sogenannten Zinngraupen oft zu diesem Geschlecht gehören.

Ich will nicht weiter gehen als **Bergman**, ich bin weit entfernt geradezu zu läugnen, daß es ein wahres weißes Zinnerz geben könne, es wird in **Kirwans** Mineralogie angeführt. Der Abbé **Mongez** redet davon in seinen Zusätzen zu **Bergmans** Skiagraphie, als von einer sehr seltnen Varietät; **Brunnich** sagt, dieses Fossil, welches er Zinnspath nennt, sey sehr selten.

Nach Rome de l'Isle (Chrystallographie Tome III. p. 264 und 559.) **ist dieses Mineral der Tungstein der Schweden, nicht aber** tungstène, **welches Wort von den Chemisten der Akademie zu Dijon erfunden worden ist. Es enthält bloß Eisen, und zwar 30 Pfund auf den Centner; und man muß es nicht mit den wahren sächsischen und böhmischen, octaedrischen weißen Zinn-Krystallen verwechseln.**

Es ist leicht zu beweisen, daß alle diese Behauptungen von **Rome de l'Isle** Irrthümer sind. 1) **Scheele**, **Bergman**, **Rinnman**, der Verfasser der Noten zu **Cronstedts** Werken, und alle schwedischen Schriftsteller schreiben Tungsten; **Kirwan** schreibt es im Englischen eben so, die Chemisten der Akademie zu Dijon haben nichts weiter gethan, als die Endung sten in stein verwandelt, welches auch **Mongez** und **Gibelin** nachgeahmt haben. Das Wort Tungstein wäre demnach viel eher zu verwerfen, denn es gehört keiner Sprache zu, da stein eben so wenig schwedisch, als Tung deutsch ist. Der berühmte **Krell**, der den wahren Geist der chemischen Nomenklatur gefaßt hat, sagt bey Gelegenheit dieser Säure, ich gebrauche lieber die Benennung Tungstein als Schwerstein, aus Furcht, man mögte dies Mineral

ral mit dem Schwerspath verwechseln. Chem. Annalen 1784. 2. B. S. 199.

2) Ein Mineral, welches nur Eisen enthielte, würde kein einziges von den Kennzeichen haben, welche die Schweden demjenigen beylegen, welches sie Tungsten nennen. Hier ist es hinreichend zu bemerken, daß der Tungstein einen weißen, im Wasser auflöslichen Niederschlag unter solchen Umständen liefert, wo das Eisen Berlinerblau bilden würde. Rome de l'Isle hat außer Acht gelassen, daß Cronstedt, der vor der Zeit schrieb, wo Bergman und Scheele die Analysis dieser Substanz bekannt machten, in einem einzigen Artikel alle Kennzeichen der schweren eisenhaltigen Fossilien zusammenfaßt, sie mögen nun roth, gelb oder weiß, oder von einer noch andern Farbe seyn. Kirwan beschreibt zwar nach Cronstedt einen Schwerstein, der ungefähr $\frac{30}{100}$ Eisen enthalten mag; allein er bemerkt ausdrücklich, daß dieses der kermesinrothe (incarnat) Tungstein ist, der nach dem Glühen vom Magnet gezogen wird. Rome de l'Isle wendet dies nun geradezu auf dasjenige Fossil an, welches man für ein weißes Zinnerz gehalten hat, und welches er selbst weißen Wolfram nennt, d. h. auf eine Substanz, die eine so geringe Quantität Eisen enthält, daß sie sich gar nicht bestimmen läßt; ein so geringer Eisengehalt aber kömmt, nach Bergman, zufällig in beynahe allen Fossilien vor, und Scheele versichert, man finde nur in einige Tungstein-Arten Eisen (Scheele's Ph. Ch. Schriften, von Hermbstädt. 2. B. S. 298.).

3) Wenn man wörtlich nimmt, was Rome de l'Isle sagt, daß man nehmlich den Tungstein mit den

 okta-

oktaedrischen weißen Zinngraupen aus Sachsen und Böhmen nicht verwechseln müsse: so sollte man glauben, diese äußern Kennzeichen der Farbe und Krystallisation, seyen ausschließende Charaktere des Zinnerzes, da doch eben diese Charaktere mit viel größerer Sicherheit dem Tungstein zugeschrieben werden können; bey einigen meiner Versuche habe ich Krystalle angewendet, die ganz deutlich oktaedrisch waren, und aus Sachsen kamen; einer davon, wie ich schon angeführt habe, hatte ein spezifisches Gewicht von 6,0039, welches gar nicht mit Leonhardi's Bemerkung stimmt, daß der Tungstein ein geringeres spezifisches Gewicht hat, als die Zinngraupen: er setzt aber hinzu, dieser Tungstein halte im Centner 30 ℔ Eisen, dies kann aber auf das Mineral, wovon hier die Rede ist, ganz und gar nicht bezogen werden. Die Brüder d'Elhuyar haben einen schweren Stein, von der Gattung, die man bisher für weißes Zinnerz gehalten hatte, analysirt, er kam aus Schlackenwalde in Böhmen, sie erhielten aus dem Centner 68 ℔ gelben Tungstein-Kalk, und 30 ℔ Kalk-Erde (Mem. de l'Acad. roy. des Sc. de Toulouse Tom. II. p. 152.).

Der berühmte Crell, nachdem er alles angeführt und verglichen hatte, was von den Mineralogen über diesen Gegenstand gesagt worden, schließt damit, daß man, um zur Gewißheit zu gelangen, alle diejenigen Mineralien von neuen untersuchen müsse, die den Namen weißes Zinnerz geführt haben; sie mögen krystallisirt oder nicht krystallisirt seyn (Chemische Annalen 1784. 2. B. S. 201.).

Der weiße Tungstein für sich vor dem Löthrohre erhitzt, verprasselt und schmilzt nicht; wenn man ihn mit Mineral=Alkali erhitzt, zertheilt er sich darin und schwillt ein wenig auf, in dem mikroskomischen Salze löst er sich zum Theil auf, und die so erhaltene Glasperle hat eine schöne himmelblaue Farbe, auch wenn man sie durch zurückgeworfene Lichtstrahlen betrachtet, bemerkt man nicht die geringste Beymischung von Roth, sie unterscheidet sich also deutlich vom Kobalt=Glase. Wenn man zu dieser Glasperle mehr Tungstein nimmt, so wird sie bräunlich, am Ende schwarz und undurchsichtig; im Borax löst sich der Tungstein ohne Aufschwillen auf, und färbt ihn beynahe gar nicht, allein wenn die Glasperle damit überladen ist, so wird sie endlich beym Erkalten braun oder weiß und undurchsichtig.

„Es giebt, sagt **Bergman**, ein sehr einfaches Mittel, den Tungstein von allen andern Fossilen zu unterscheiden, man pülvere ihn, übergieße ihn mit verdünnter Salpeter=Säure oder Salz=Säure, und setze das Gemenge der Destillations=Wärme aus, so wird das Pulver bald (vorzüglich wenn man Salz=Säure angewendet hat) eine schöne hellgelbe Farbe annehmen.“

Woulfe hatte diese Eigenschaft schon bemerkt, und sie in den philosophischen Transaktionen (für das J. 1779 S. 26.) bekannt gemacht; **Scheele** setzt zu diesen Kennzeichen noch ein anderes hinzu, daß er nehmlich mit Schwefel=Säure gekocht eine bläuliche Farbe annimmt (a. a. O. S. 293 und 294.).

II. Der **Wolfram**, dessen Benennung von Wolf und Ram herkömmt, ist auch Spuma lupi (Wolf=

Schaum)

Schaum) oder lupus Jovis (Zinn-Wolf) genannt worden, man hat ihn ebenfalls sowohl als den Tungstein nur erst vor kurzem genauer kennen lernen. Manche Mineralogen haben ihn für ein arsenikhaltiges Zinnerz, andere für Braunstein mit Zinn und Eisen vermengt, gehalten; einige haben ihn mit den Schörl-Arten, andere mit den Eisensinter (mine de fer spéculaire) verwechselt; noch andere haben, man weiß nicht warum, angenommen, es sey Eisen, so mit Basalt verbunden, daß es nicht mehr zum Magnet gezogen werde ꝛc. Die Gebrüder de Luyar unternahmen die Analysis dieses Fossils, nach der genauen Methode ihres Lehrers (Bergmans): aus ihren Versuchen *) erhellet, daß es ein wahres Tungstein-Erz ist. Ich werde oft Gelegenheit haben, diese Chemisten anzuführen, hier will ich gleich die Beschreibung hersetzen, welche sie uns nach Wernerschen Grundsätzen davon geben.

Der Wolfram ist bräunlich-schwarz, man findet ihn derb eingesprengt und krystallisirt. Seine Krystalle bilden sechsseitige gedrückte Prismen, mit vierseitigen pyramidalischen Endspitzen und abgestumpften Kanten. Er

*) Sie sind zuerst zu Vitoria spanisch herausgekommen, unter dem Titel, analysis quimice del Wolfram, nachher französisch mit einigen Zusätzen, im 2ten Bande der Mem. de l'Acad. roy. de Toulouse, endlich deutsch, Juan Joseph und Don Fausto de Luyar Chemische Zergliederung des Wolframs ꝛc. übersetzt von F. Alb. Carl Gren, nebst Beyträgen zur Geschichte des Wolframs und Tungsteins. Halle 1786. 8.

Er ist innerlich glänzend, von einem Glanze, der dem metallischen nahe kömmt, im Bruche ist er blätterricht, und die Blätter sind platt, und etwas verwirrt; an einigen Stellen ist der Bruch mehr ungleich als blätterricht und selten gestreift. Wenn der Bruch blätterricht ist, so bemerkt man darin abgesonderte muschlichte Stücke. Seine Bruchstücke sind unbestimmt eckigt, ziemlich stumpfkantig; er ist immer undurchsichtig, giebt einen dunkeln röthlichbraunen Strich, ist weich, und außerordentlich schwer. Das spezifische Gewicht desjenigen, welches die Gebrüder de Luyart untersuchten, und welcher aus den Zinngruben zu Zinnwalde, auf der sächsischen und böhmischen Grenze kommt, war 6,835. De l'Isle führt an, Brisson habe das spezifische Gewicht eines Stücks sehr reinen Wolfram 7,1195 gefunden, das des Strahlsteins (Schörl vert. prismatique) hingegen nur 3,4529.

Vor dem Löthrohre schmilzt der Wolfram nicht für sich; kaum stumpfen sich seine Kanten etwas ab; er giebt keinen arsenikalischen Rauch, wie Monges sagt, wenigstens habe ich von demselben keine Spuren bemerkt, als ich ein Stück Wolfram aus Ehrenfriedersdorf untersuchte, welches ich vom Herrn Brisson erhalten hatte, und welches dem, von de Luyart beschriebenen, völlig glich *).

Mit

*) Wolfram von Cornwallis, der eine Krystallisation in vierseitigen Säulen anzuzeigen scheint, verknisterte (nach Saussure's Versuchen) vor dem Löthrohre, färbte die äußere

Mit dem mikrokosmischen Salze schmilzt der Wolfram unter Aufschwillen, er bildet ein Glas, welches in der äußern Flamme Hyazinthfarbe, in der innern aber dunkel wird.

Mit dem Borax schwillt er ebenfalls auf, und bildet damit ein Glas, welches in der blauen Flamme grünlichgelb wird, sich aber ins Rothe zieht, wenn man es der weißen Flamme aussetzt.

Er enthält gewöhnlich 6 Theile von der sauren metallischen Erde, 2 Theile schwarzen Braunstein-Kalk, einen Theil Eisen-Kalk und etwas Kiesel-Erde.

Von der Gewinnung der Tungstein-Säure aus dem Tungstein.

Man pülvert in einem gläsernen Mörser eine beliebige Quantität weißen Tungstein, reibt ihn mit vier Theilen kohlensaurem Pflanzen-Alkali wohl zusammen, läßt das Gemenge in einem Tiegel fließen, und gießt es sogleich auf eine Metallplatte aus. Diese Masse löst man nun in 12 Theilen warmen Wasser auf. Während der Auflösung sondert sich ein weißes Pulver ab, welches sich im Gefäße zu Boden setzt; dieser Niederschlag ist größtentheils kohlensaurer Kalk, der sich aus dem Kalke des Tungsteins mit der Kohlen-Säure aus dem Pflanzen-Alkali gebildet hat; er ist gewöhnlich mit

äußere Flamme schön grün, schmolz hierauf zu einer schwärzlichen, fast matten Schlacke, die wegen der vielen Blasen, welche auf der Oberfläche bersten, löcherigt war. Crells Ch. Ann. 1795. 1. B. S. 214.

mit einem Theile unzersetzten Tungstein und etwas Quarz vermengt; um die Abscheidung zu bewirken, gießt man auf den vorher wohl ausgesüßten Präcipitat Salpeter-Säure, diese löst die Kalk-Erde mit Brausen auf; den Rückstand schmilzt man von neuen mit kohlensaurem Alkali zusammen, und löst diese erhaltene Masse, wie das erstemal, in Wasser auf; da die Zersetzung auf diese Weise vollständig bewirkt ist, so läßt die Salperer-Säure von dem neuen Präcipitate weiter nichts zurück, als eine sehr geringe Quantität eines grauen Pulvers, welches Kiesel-Erde ist.

Das Wasser, welches man auf die durch das Schmelzen erhaltene Masse gegossen, und von oben angeführten Niederschlage, durch Abklären getrennt, enthält ein neues, aus der Tungstein-Säure und dem Pflanzen-Alkali zusammengesetztes, Neutralsalz, um die Tungstein-Säure frey zu erhalten, sättigt man diese Auflösung mit Salpeter-Säure, diese reißt das Alkali an sich, die Flüssigkeit wird trübe, und die Tungstein-Säure fällt in Gestalt eines weißen Pulvers zu Boden.

Scheele räth zur Zersetzung des Tungsteins durch das Alkali einen eisernen Schmelztiegel anzuwenden, weil die Thon-Erde eines irdenen durch das Alkali angegriffen wird, ich würde mich aber bey Versuchen, die zur Absicht haben, die quantitativen Verhältnisse der Bestandtheile des Fossils zu bestimmen, auch auf diesen nicht verlassen, weil sich leicht etwas kalkförmiges Eisen absondert, ein gut verfertigter Platinatiegel würde wohl hier das sicherste seyn. Wenn es bloß darauf an-

ankömmt, die Tungstein-Säure zu gewinnen, kann man ohne Nachtheil einen irdenen Tiegel nehmen.

Schecle's andere Methode ist folgende: man übergießt 80 Gran feingepülverten weißen Tungstein mit 240 Gran reinem Scheidewasser; dies Gemenge braust nicht auf, man setzt es einer starken Digestions-Wärme aus, und bald bemerkt man darinnen ein citronengelbes Pulver, man gießt die Flüssigkeit in ein andres Gefäß klar ab, man süßt das gelbe Pulver aus, gießt darüber 160 Gran ätzendes flüchtiges Alkali, und stellt das Gefäß auf das erwärmte Sandbad. Jetzt verschwindet die gelbe Farbe, das Pulver wird weiß, und hat sich bemerkbar vermindert; man gießt die Flüssigkeit klar ab, und bewahrt sie in einer andern Flasche auf. Wiederholt man diese Operation mehrmals mit dem gepülverten Tungstein, so wird er am Ende ganz aufgelöst, und es bleibt nur ein Rückstand von einigen Granen, welcher Kiesel-Erde zu seyn scheint.

Die Ursache der sich bey diesem Versuche zeigenden Erscheinungen ist leicht einzusehen. Die Salpeter-Säure greift die kalkerdige Basis in dem Fossil an, und da diese nicht mit Kohlen-Säure verbunden ist, so geschieht die Auflösung ohne Brausen, und die frey gewordene konkrete Säure fällt als ein gelbes Pulver nieder. Allein die Salpeter-Säure hat das Fossil nicht ganz zerlegt; man wendet deswegen das flüchtige Alkali an, um mit der freyen Säure ein auflösliches Salz zu bilden, welches in der Flüssigkeit bleibt, man scheidet nun allemal den unzersetzten Theil des Fossils ab, und wiederholt mit demselben die Operation.

Man

Man sieht demnach erstens, daß sich die Salpeter-Säure nach und nach mit aller im Fossil vorhandenen Kalk-Erde verbunden hat. Diese Auflösung giebt mit kohlensaurem Alkali niedergeschlagen, 45 Gran Kalk-Erde. Wenn man vor dieser Zersetzung blausaures Alkali hineintröpfelt, so erhält man ungefähr 2 Gran Berlinerblau. Die Salz-Säure könnte eben sowohl als die Salpeter-Säure zu dieser Operation angewendet werden. Nur hat Scheele bemerkt, daß sich alsdann die Auflösung mehr ins Gelbliche ziehet.

Man sieht zweytens, daß die Tungstein-Säure noch mit den flüchtigen Alkali verbunden ist, welches man angewendet hat, um sie auflöslich zu machen; es kömmt also bloß darauf an, ihr diese Basis wieder zu entziehen, dies kann man durch zugesetzte Salpeter-Säure leicht bewirken, die Tungstein-Säure fällt alsdenn in Gestalt eines weißen Pulvers zu Boden.

Dies weiße Pulver ist es, welches Scheele und Bergman unbedenklich für eine konkrete Säure erklärt haben. Es ist unläugbar, daß es einen bemerkbar sauren Geschmack besitzt, daß es die Lackmus-Tinktur röthet, daß es in 20 Theilen kochendem Wasser auflöslich ist, daß es sich mit den Alkalien und Erden verbindet, mehrere metallische Auflösungen zersetzt, ja was noch entscheidender scheint, es stellt den weißen Tungstein wieder her: sowohl geradezu mit Kalkwasser, als auch durch Zersetzung des salpetersauren Kalks, mittelst einer doppelten Wahlverwandtschaft.

Die gelehrten Spanier, die diese Substanz aus den Wolfram gezogen, und nachher den weißen Tungstein ebenfalls einer Zerlegung unterworfen haben, um sich von der Identität beyder erhaltenen Substanzen vollkommen zu überzeugen, bestätigen diese Beobachtungen; sie gestehen sogar zu, daß dies neue Metall eben sowohl wie der Arsenik in den Zustand einer Säure übergehen kann, sie glauben indessen doch, das eben erwähnte Pulver sey keine reine Tungstein-Säure, sondern eine Verbindung aus Tungstein-Säure, der zum Niederschlagen angewendeten Säure und Alkali.

Ich werde die Versuche erzählen, worauf sie diese Meinung stützten. Sie verbreiten vieles Licht über die Natur dieses neuen Körpers; allein zuvor muß ich die Prozesse anführen, durch welche sie die Säure aus dem Wolfram erhielten.

II. Die Gebrüder de Luyart thaten zwey Drachmen gepülverten Wolfram mit 4 Drachmen Pflanzen-Alkali in einen Schmelztiegel: dies Gemenge schmolz leicht, man goß es auf eine kupferne Platte aus. Im Schmelztiegel blieb eine schwarze Materie, die nach sorgfältigem Aussüßen 37 Gran wog, es war ein Gemenge aus Eisen und Braunstein.

Die auf der Platte ausgegossene Materie wurde in Wasser aufgelöst, und die Auflösung mit dem Wasser, womit man den schwarzen Rückstand aus dem Tiegel ausgesüßt hatte, zusammengegossen, die Flüssigkeit wurde, nachdem man sie filtrirt, mit Salpeter-Säure gesättigt, hier entstand ein reichlicher weißer Niederschlag, der mit dem aus dem weißen Tungsteine erhaltenen Pulver ganz übereinkam.

Scheeles Verfahren auf nassem Wege gelingt ebenfalls mit dem Wolfram, und die Gebrüder de Luyar fanden

den es bequemer um die Quantitäten genau zu bestimmen Sie schütteten 100 Gran gepülverten Wolfram in einen Kolben, gossen darin so viel Salz-Säure, daß das Pulver einen Querfinger hoch damit bedeckt war, und ließen das Gemenge eine Stunde lang im Sandbade kochen; sie bemerkten bald ein gelbes Pulver, sie gossen die Flüssigkeit ab, süßten den Rückstand aus, und übergossen ihn mit flüchtigem Alkali, welches die gelbe Farbe verschwinden machte. Diese Operation wurde so fortgesetzt, daß sie den Rückstand wechselseitig mit neuer Salz-Säure und neuem flüchtigen Alkali behandelt, mit der Vorsicht, ihn jedesmal gehörig auszusüßen, und die jedesmal erhaltene Flüssigkeit in einem besondern Gefäße aufzubewahren: am Ende war alles aufgelöst, und es blieben nur 2 Gran einer unauflöslichen Materie zurück; so viel man es bey einer so kleinen Quantität beurtheilen konnte, war dieser Rückstand theils Zinnkalk, theils Quarz.

Die Salz-Säure hatte 22 Gran schwarzen Braunstein-Kalk, 13 Gran Eisen, und eine so geringe Quantität Kalk-Erde aufgelöst, daß die Gebrüder de Luyar diese letzte dem zum Aussüßen angewendeten Wasser zuzuschreiben geneigt sind, ob es gleich destillirt war.

Das zu verschiedenenmalen auf die gelbe Erde aufgegossene flüchtige Alkali hatte die Wolfram-Säure in sich genommen, als man Salpeter-Säure zugoß, ließ es jene in Gestalt eines weißen Pulvers fallen; jetzt war es bloß noch nöthig diesen Niederschlag von dem salpetersauren flüchtigen Alkali, welches sich bey den Niederschlagen gebildet hatte, gänzlich zu befreyen: unsere Chemisten versuchten anfänglich, es bloß mit

Wasser auszusüßen; da sie aber bemerkten, daß dies einen Theil davon auflöste, und es ihre Absicht war, die Quantitäten genau zu bestimmen, entschlossen sie sich, die darüber stehende Flüssigkeit abzurauchen, und das salpetersaure flüchtige Alkali von dem trocknen Rückstande unter der Muffel zu verflüchtigen; so behielten sie 65 Gran einer schwefelgelben Materie. Zu dieser letzten Operation muß man eine gläserne Kapsel anwenden, nimmt man eine irdene, so dringt die gelbe Masse beynahe eine Linie tief in dieselbe ein, und man erleidet also einen beträchtlichen Verlust.

III. Von der Natur und den Eigenschaften der Wolfram-Säure.

Ich habe schon gesagt, daß das weiße, durch die Salpeter-Säure niedergeschlagene Pulver, nach Bergmans und Scheele's Meinung, die wahre Tungstein-Säure sey, daß hingegen die Gebrüder de Luyar dieses für ein zusammengesetztes Salz, die gelbe Materie hingegen, man mag sie aus dem Tungsteine oder dem Wolfram gewonnen haben, für eine einfachere Substanz halten. Dies gelbe Pulver, glauben sie, sey der reine Kalk des neuen Metalls (des Wolfram-Königs) welcher saure Eigenschaften zeigt: um den Leser in den Stand zu setzen, selbst eine oder die andere von diesen Meinungen als die wahrscheinlichere zu wählen, will ich die Eigenschaften dieser beyden Materien anführen.

I. Das weiße Pulver, welches man erhält, wenn man die alkalische Auflösung des Tungsteins oder des Wolframs mittelst einer Säure zersetzt, hat ein specifi-

sches

sches Gewicht von 3,6; es schmeckt sauer, ist in 20 Theilen kochendem Wasser auflöslich; röthet die Lackmus=Tinktur, und verursacht in der Schwefelleber einen grünen Niederschlag.

Mit Schwefel destillirt, wird es aschfarben, und erleidet außerdem nur eine geringe Veränderung.

Für sich vor dem Löthrohre behandelt, wird es erst braun und dann schwarz, es giebt keinen Rauch von sich, zeigt auch nicht einmal eine Spur einer angehenden Schmelzung.

Es theilt dem Borax eine schwache blaue Farbe mit, dem natürlichen Phosphor=Salze giebt es eine deutlichere blaue Farbe.

In einem Schmelztiegel kalzinirt, verliert sich die Eigenschaft sich im Wasser aufzulösen.

Mit Salpeter=Säure oder Salz=Säure gekocht, wird es gelb, mit Schwefel=Säure hingegen, bläulich.

Das blausaure Alkali schlägt es aus seinen Auflösungen weiß nieder, und dieser Niederschlag löst sich im Wasser wieder auf.

Es verbindet sich mit den Pflanzen=Alkali und giebt damit ein Neutralsalz in kleinen Krystallen.

Mit dem flüchtigen Alkali (Ammoniak) bildet es ein in kleinen Nadeln krystallisirtes Salz, welches den salpetersauren Kalk zersetzt, und bey dieser Zersetzung einen wiederhergestellten Tungstein liefert. Dies wolframsaure Ammoniak läßt bey der Destillation seine alkalische Basis von sich, in der Retorte bleibt ein gelbes Pulver zurück.

Es bildet mit der Talk=Erde ein schwer auflösliches Salz.

 Die

Die Essig-Säure raubt es der Schwer-Erde, und bildet mit derselben ein vollkommen unauflösliches Salz.

Die Auflösungen der Kalk-Erde und Thon-Erde trübt es nicht. In den schwefelsauren Auflösungen des Eisens, Zinks und des Kupfers, und in den salpetersauren Auflösungen des Quecksilbers und des Bleyes bewirkt es einen weißen Niederschlag; die salzsaure Auflösung des Zinns schlägt es blau nieder.

Wenn man zu der wässrigten Auflösung dieses Pulvers einige Tropfen Salz-Säure gießt, und nun von der Flüssigkeit auf polirtes Eisen, Zink oder Zinn tröpfelt, oder auch eins von diesen Metallen in dieselbe eintaucht, so nimmt dieses eine schöne blaue Farbe an.

II. Die mittelst der Säuren oder des Feuers aus dem Tungstein oder aus einen Erzen erhaltene gelbe Materie zeigt etwas andere Eigenschaften; die Gebrüder de Luyar beschreiben solche folgendermaßen: Wenn man das gelbe Pulver nach geschehener Kalzination unter der Muffel mit der hydrostatischen Waage untersucht, so findet man sein specifisches Gewicht 6,12.

Es ist völlig geschmacklos.

Es ist im Wasser unauflöslich; wenn man es mit dem Wasser zusammenreibt, so bildet es damit eine Art von Emulsion, die durch das Filtrum läuft, ohne klar zu werden, und sich sehr lange hält, ohne etwas abzusetzen. Wenn das Wasser zu sehr damit beladen ist, bemerkt man bloß nach einigen Tagen nahe am Boden des Gefäßes eine Wolke, die trüber ist, als das übrige, und nach drey Monaten findet man die Flüssigkeit

sigkeit noch etwas trübe, (encore un peu louche). Die Schwefel-Säure, die Salpeter-Säure und Salz-Säure haben keine Wirkung auf dasselbe, es löst sich darin auch beym Zusammenreiben mit denselben nicht auf. Die Essig-Säure macht es blau, löst es aber ebenfalls nicht auf.

Vor dem Löthrohre behält es in der äußern Flamme, auch wenn es auf einer Kohle liegt, seine Farbe; in der blauen oder innern Flamme wird es schwarz und schwillt auf, schmilzt aber nicht.

Mit dem Mineral-Alkali schmilzt es unter Aufschwellen zusammen.

Mit dem Borax schwillt es ebenfalls auf, es bildet damit ein braungelbes durchsichtiges Glas, welches sowohl in der innern als in der äußern Flamme seine Farbe behält.

Mit dem mikrokosmischen Salze schwillt es auf, und bildet damit an der innern Flamme ein durchsichtiges blaues Glas, welches nach dem angewendeten Verhältnisse von einer hellern oder dunklern blauen Farbe ist, aber nie ins Rothe spielt; an der weißen oder äußern Flamme verschwindet die Farbe der Glasperle ganz, allein in der innern Flamme kömmt sie wieder zum Vorschein. Wenn man diesen Versuch oft wiederholt, so verliert die Glasperle die besagte Eigenschaft, und man kann diese Farbe auf keine Weise wiederherstellen. Die Gebrüder de Luyar bemerken ganz richtig, daß diese Erscheinung von dem Alkali auf der Kohle herkömmt, welche sich mit der Glasperle nach und nach verbindet, denn wenn man derselben eine geringe Quantität feuerbeständiges Alkali oder Salpeter zusetzt, so wird sie augenblicklich weiß, wenn sie auch vorher noch so dunkelblau war.

Das gelbe Pulver löst sich in dem feuerbeständigen Alkali *) sowohl als in flüchtigen auf, oder vielmehr es verbindet sich mit diesen Substanzen: die Erscheinungen, welche diese Verbindung darbietet, sind um so interessantee, weil die Gebrüder de Luyar davon die direktesten Beweise für ihre Meinung hernehmen. Die Verbindung dieser Materie mi dem Pflanzen-Alkali gelingt sowohl auf dem trocknen als auf dem nassen Wege, das entstandene Neutralsalz aber enthält immer überschüssiges Alkali. Wenn man in diese Auflösung einige Tropfen Salpeter-Säure fallen läßt, so entsteht augenblicklich ein weißer Niederschlag, der aber beym Umrühren der Flüssigkeit wieder aufgelöst wird, wenn man nach wieder aufgelösten Niederschlage von neuem Salpeter-Säure zutröpfelt, entsteht wieder ein neuer Niederschlag, und dies dauert so lange fort, als die Auflösung noch überschüssiges Alkali enthält: bey diesen Operationen wird die Flüssigkeit sogleich bitterer. Wenn man mehr Salpeter-Säure zusetzt als nöthig ist, um das überschüssige Alkali zu sättigen, so löst sich der entstandene Niederschlag, alles Umrührens ungeachtet, nicht wieder

*) Pflanzen-Alkali mit Wolfram-Säure zur Sättigung verbunden, führt im System den Namen wolframsaures Pflanzen-Alkali (Potassa wolframica, Tungstas potassa, Tungstate de potasse); die Verbindung dieser Säure mit dem Mineral-Alkali heißt: wolframsaures Mineral-Alkali (Soda Wolframica, Tungstas sodae, Tungstate de soude).

wieder auf; wenn man die Flüssigkeit in diesem Zustande filtrirt, so bleibt auf dem Filtro ein weißes Salz zurück, welches nach dem Aussüßen einen anfänglich süßen, nachher aber einen pickanten und bittern Geschmack hat; es bringt im Halse eine unangenehme Empfindung zuwege, es löst sich im Wasser auf, und röthet das Lackmuspapier: es ist ganz dieselbe Substanz als das weiße Pulver, von dem vorher die Rede war.

Die Eigenschaften dieses Salzes (sagen die Gebrüder de Luyar) sind nach den Umständen, die bey dem Niederschlagen statt finden, ziemlich verschieden.

1) Dieses Salz schmilzt für sich vor dem Löthrohre, und mit den Flüssen bietet dasselbe eben die Erscheinung dar als das gelbe Pulver.

2) Beym Kalziniren giebt es einen Geruch nach Salpeter-Säure von sich, und wird gelb; nach dem Erkalten aber ist es weiß, ohne Geschmack und unauflöslich, es schmilzt ebenfalls noch vor dem Löthrohre.

3) Wenn man auf dieses Salz Schwefel-Säure oder Salpeter-Säure gießt, so wird es gelb und zersetzt sich; man findet in der filtrirten Flüssigkeit ein Neutralsalz aus Pflanzen-Alkali und der angewendeten Säure. Wenn man die Säure statt auf das Salz in seine Auflösung gießt, so entsteht, wenn man wenig Säure zugegossen hat, kein Niederschlag, auch nicht einmal beym Kochen, sondern die Flüssigkeit verliert nach und nach ihren zuckerartigen Geschmack, und wird bitterer. Wenn man der Auflösung eine große Quantität Säure zusetzt, und sie alsdann kochen läßt, so entsteht ein gelber Niederschlag, der der gelben Mate-

rie vollkommen gleicht, welche man zur Bildung dieses Salzes angewendet hat.

4) Die Essig-Säure löst dies Salz mit Hülfe des Kochens vollkommen auf, wenn man diese Auflösung erkalten läßt, so setzt sich an den Wänden des Gefäßes eine weiße, zähe, dem Wachse ähnliche Materie an, die mit Wasser ausgewaschen und mit den Fingern geknetet, eine glutinöse Masse liefert, welche dem glutinösen Bestandtheile des Waitzens sehr nahe kommt, sie macht auf der Zunge einen Eindruck wie frische Butter. Wenn sie einige Zeit der Luft ausgesetzt gewesen, nimmt sie eine dunkelbraune Farbe an, verliert ihre Zähigkeit und wird bitter. Diese Substanz löst sich im Wasser auf und giebt ihm einen anfänglich süßen, nachher bittern Geschmack. Sie röthet die Lackmus-Tinktur, und besitzt alle Eigenschaften des eben vorher erwähnten Salzes, mit dem Unterschiede, daß sie durch die Schwefel-Säure blau gefärbt wird, und das schwefelsaure Kupfer niederschlägt. Ich kann inzwischen nicht mit Gewißheit sagen, ob dies Salz etwas Salpeter-Säure enthält; aber so viel ist gewiß, daß ich dasselbe Salz erhielt, wenn ich die Auflösung der gelben Materie durch feuerbeständiges Alkali, mittelst der Essig-Säure niederschlug.

Mein Verfahren ist folgendes:

Wenn man besagte Auflösung bis zur Trockniß verdunstet, und Essig-Säure über den Rückstand gießt, so löst er sich mit Hülfe des Kochens größtentheils auf, gießt man nun die Flüssigkeit augenblicklich klar ab, und läßt sie erkalten, so bilden sich kleine gefiederte Krystalle, diese haben nach dem Aussüßen einen anfängfänglich süßen Geschmack, der nicht so auffallend ist wie beym vorhererwähnten Salze, und sich nachher in einem bittern verändert, die Auflösung dieser Krystalle röthet das Lackmuspapier, der Weingeist bewirket darin einen Niederschlag, und giebt der Flüssigkeit das Ansehen einer Emulsion, welches sie nicht wieder verliert. Der unaufgelöste Theil hat dieselben Eigenschaften. Setzt man die zuletzt erwähnten Krystalle mit neuer Essig-Säure in Digestion, so lösen sie sich in derselben auf und färben sie blau; läßt man diese Auflösung erkalten, so verliert sie ihre Farbe, und setzt an den Wänden des Gefäßes eine glutinöse Materie ab, die mit der weiter oben erwähnten überein kömmt. Läßt man die Flüssigkeit, statt sie erkalten zu lassen, noch länger kochen, so verschwindet ihre blaue Farbe, und es schlägt sich nichts nieder, nicht einmal beym nachherigen Erkalten: läßt man sie bis zur Trockniß einkochen, und übergießt den Rückstand mit Weingeist, um ihn von dem essigsauren Alkali, welches sich gebildet haben könnte, zu trennen, so bleibt ein weißes Pulver zurück, dieses hat, nach einen abermaligem Aussüßen mit frischem Weingeiste, einen sehr bittern Geschmack, und ist im Wasser sehr auflöslich, seine Auflösung röthet das Lackmuspapier nicht, macht auch das durch Essig rothgefärbte nicht blau. Letzterwähntes weiße Pulver verhält sich vor dem Löthrohre, eben so wie jenes essigsaure Salz; mit Schwefel-Säure wird es blau; mit dem schwefelsauren Kupfer giebt es einen weißen Niederschlag, mit einem Worte, es verhält sich ganz eben so. Alle diese verschiedenen erwähnten Salze, werden beym Kalziniren erst blau, dann gelb, und

beym

beym Erkalten weiß, sie haben dieselben Bestandtheile, nehmlich gelben Molybdän-Kalk, Pflanzen-Alkali und Essig-Säure, und sind nur durch das quantitative Verhältniß derselben, oder durch die mehr oder weniger innige Vereinigung derselben verschieden, woraus denn die Verschiedenheiten ihres Geschmacks, und die geringen Abweichungen in ihren übrigen Eigenschaften entstehen. Angeführte Bestandtheile sind folgendermaßen erkannt worden.

Ich goß in die Auflösungen sowohl des durch die Salpeter-Säure erhaltenen Niederschlages, als auch in der Essig-Salze eine Quantität Kalkwasser, es entstand in allen ein Niederschlag, der nichts anders war als wiederhergestellter weißer Tungstein, d. h. (mine blanche de Tungstène), wolframsaure Kalk-Erde (Calx wolframica, Tungstas calcis, Tungstate de Chaux), und ich fand in den filtrirten Auflösungen Neutralsalze, die das Pflanzen-Alkali zur Basis hatten, verbunden mit der Säure, die ich zur Erhaltung der Niederschläge angewendet hatte, dies beweist also, daß das zersetzte Pulver Pflanzen-Alkali und Molybdän-Kalk enthielt.

5) Die schwefelsauren Auflösungen des Eisens, Kupfers und des Zinks, die des Alauns, des salzsauren Quecksilbers und des blausauren Alkalis, bewirkten keinen Niederschlag in der Auflösung des durch Hülfe der Salpeter-Säure erhaltenen Salzes. Das blausaure Alkali schlägt aus den obenerwähnten Essig-Salzen ebenfalls nichts nieder.

Diese Versuche beweisen schon zur Genüge, daß unser Salz außer der eigenthümlichen Erde des Tungsteins (dem Molybdän-Kalk) einen Antheil von dem Pflan-

Pflanzen=Alkali enthält, mit welchem das Mineral anfänglich behandelt wurde, so wie auch von der niederschlagenden Säuren. Der Gebrüder de Luyar's Beobachtungen über die Verbindung des Molybdän=Kalks mit den flüchtigen Alkali=Salzen setzen dies vollends außer Zweifel.

1) Die gelbe Materie löst sich im flüchtigen Alkali ebenfalls vollkommen auf, in der Verbindung aber ist immer etwas überschüssiges Alkali.

2) Als sie diese Auflösung zum Abrauchen ins Sandbad setzten, bildeten sich darin kleine nadelförmige Krystalle, die einen bittern und piquanten Geschmack hatten, und im Halse eine unangenehme Empfindung verursachten, sie lösten sich im Wasser auf, und die Auflösung röthete das Lackmuspapier. Die Hrn. de Luyar wiederholten diese Operation mit verschiedenen Portionen von Krystallen, die sie mehr oder weniger lange über dem Feuer gelassen hatten, die Auflösung erhielt immer um so mehr überschüssige Säure, je länger die Krystalle dem Feuer ausgesetzt gewesen waren, während des Erhitzens ließen alle Krystalle Dämpfe des flüchtigen Alkali von sich. Wenn man die Krystalle zu lange im Sandbade läßt, oder aber zu starkes Feuer giebt, so zersetzen sie sich, und es setzt sich eine blaue unauflösliche und unschmackhafte Materie ab.

Diese Krystalle verloren beym Kalziniren ihr Alkali gänzlich, und der Rückstand war ein gelbes Pulver, welches dem zu ihrer Bildung angewendeten vollkommen ähnlich war. Wenn man die Kalzination in einer Retorte vornimmt, so ist der Rückstand dunkelblau, und nimmt nur alsdann erst eine gelbe Farbe

an,

an, wenn man ihn unter Berührung der Luft erhitzt. Die Auflösung dieser Krystalle wird durch das schwefelsaure Eisen, das schwefelsaure Kupfer, dem schwefelsauren Zink, durch den Alaun, durch die salpetersaure Kalk-Erde, durch das salzsaure Quecksilber, das essigsaure Kupfer, und das essigsaure Bley niedergeschlagen. Die Schwefel-Säure zersetzt dieses Salz und bewirkt in seiner Auflösung einen blauen Niederschlag, die Salpeter-Säure und Salz-Säure zersetzen es ebenfalls, hier aber ist der Niederschlag gelb. Das Kalk-Wasser stellt den Tungstein wieder her, und das blausaure Alkali bewirkt keinen Niederschlag.

3) Sie gossen Salpeter-Säure in eine andre Portion der Auflösung, die ebenfalls überschüssiges Alkali enthielt, es bildete sich ein weißer Niederschlag, der nach dem Aussüßen einen anfangs süßen, nachher einen piquanten und bittern Geschmack hatte; er war in Wasser auflöslich und seine Auflösung röthete das Lackmuspapier.

Die Verbindung des flüchtigen Alkali (Ammoniak) mit dem gelben Pulver, welche im System den Namen **wolframsaures Ammoniak** (Ammoniacum wolframicum, Tungstas ammoniaci, Tungstate d'ammoniac) verdient, zeichnet sich von der des feuerbeständigen Alkali durch folgende Eigenschaften aus.

1) Ihre Auflösung zersetzt sich beym Kochen, bekommt ein milchigtes Ansehen und wird blau, es schlägt sich daraus ein blaues Pulver nieder, welches gar keine salzigten Eigenschaften hat, und sich ganz wie die gelbe Materie verhält, es unterscheidet sich von dieses

nur

nur dadurch, daß es mehr Brennstoff und weniger Sauerstoff enthält.

2) Durch die Kalzination wird dies Salz erst blau, dann gelb, diese gelbe Farbe behält es auch nach dem Erkalten. Dieser Rückstand schmilzt für sich vor dem Löthrohre nicht. 3) Die Schwefel-Säure giebt damit einen blauen Niederschlag. 4) Das feuerbeständige Alkali entwickelt daraus flüchtiges Alkali aus. 5) Wenn man die Flüssigkeit nach der Wiederherstellung des Tungsteins durch Kalkwasser filtrirt; so enthält sie salpetersauren Kalk; 6) endlich ist diese Verbindung viel schwächer als die mit dem feuerbeständigen Alkali.

III. Man kann demnach wohl jetzt nicht zweifeln, daß obenerwähntes weißes Pulver ein zusammengesetztes Salz sey, welches außer der Erde (dem Kalk) des neuen Metalls, einem Theil Alkali, und einem Theil von der zum Niederschlagen angewendete Säure enthält. Wenn hieraus nichts anders zu folgern wäre, als die Möglichkeit einer dreyfachen salzigten Verbindung, so würde ich mich bey den Beweisen für eine Thatsache, wovon wir schon so viele Beyspiele haben, nicht so lange aufgehalten haben: allein hier zeigt sich ein ganz nenes Phänomen: und es ist höchst interessant, eine Materie näher kennen zu lernen, die für sich keine Eigenschaften einer Säure zeigt, die sie aber erlangt, wenn sie sich mit solchen Basen verbindet, deren gewöhnliche Wirkung es ist, die sauren Eigenschaften einzuhüllen: man ist den Gebrüdern de Luyar vielen Dank schuldig, daß sie diese ihre Beobachtung gegen jeden Widerspruch gesichert haben.

Wenn

Wenn es immer nothwendig wäre, zur Zersetzung des weißen Tungsteins und des Wolframs (mine blanche et noire de tungstène) eine fremde Säure anzuwenden, so könnte man vielleicht glauben, es sey im weißen Pulver ein Theil dieser Säure frey genug enthalten, um die blauen Pflanzen-Säfte zu röthen, ja man könnte diesen Verdacht sogar auf diejenigen Fälle ausdehnen, wo man eine zerstörbare Säure anwendet, und das Produkt einem Feuersgrade ausgesetzt hat, welcher hinreichend ist, um diese Säure zu zerstören; allein die Gebrüder de Luyar haben sich versichert, daß der gelbe Tungstein-Kalk, sogar derjenige, der durch bloßes Kalziniren des Tungstein-Königs erhalten wird, die Eigenschaft bekömmt die Pflanzen-Farben zu röthen, wenn man ihn durch Verbindung mit den flüchtigen Alkali im Wasser auflöslich macht, und ihn nachher einem Feuergrad aussetzt, welcher hinreichend ist, einen Theil des Alkali zu vertreiben: hier hat man demnach einen Tungstein-Kalk, der ganz offenbar saure Eigenschaften zeigt, ohne daß man sie von einer fremden Säure ableiten kann.

Wenn wir also mit den Gebrüdern de Luyar einräumen, daß der weiße Kalk in der That eine eigne Säure enthält, so müssen wir zugleich mit diesen Chemisten schließen, die gelbe Materie sey der reine Kalk, die wahre Tungstein-Säure.

Sehr wahrscheinlich ist der Wolfram-Kalk nur seiner Unauflöslichkeit wegen unschmackhaft; das Ammoniak, welches ihn auflöslicher macht, muß nothwendiger Weise zugleich seine sauren Eigenschaften etwas abstumpfen, und doch haben wir gesehen, daß in Verbindung

bindung des Ammoniaks mit demselben, noch sehr auffallende Eigenschaften einer Säure zeigt, wenn nur der Kalk darin etwas prädominirt.

Diese Thatsache führt uns auf manche wichtige Schlüsse, die Theorie der Metall=Kalke betreffend. Es scheint als mache der Wolfram=Kalk zwischen den im Wasser auflöslichen und schmackhaften (wie der Arsenick und Tungstein=Kalk) und den für sich unauflöslichen Metall=Kalken, welche nur in Verbindung mit einer auflöslichen Basis, saure Eigenschaften zu erkennen geben, einen Uebergang aus; sie macht es wahrscheinlich, daß auch die letztern wirkliche Säuren sind; und ladet uns ein, diese Vermuthung durch Versuche zu bestätigen.

Jetzt wird es uns nicht schwer fallen, die Natur unsrer neuen Säure zu bestimmen, sie bestehet wie jede andre aus einer eigenthümlichen Basis (das Wolfram=Metall) und aus Sauerstoff. Die Beweise für die Gegenwart des Sauerstoffs in derselben sind gar nicht zweifelhaft; man erhält bey der Kalzination des Wolfram=Königs die gelbe Materie nur alsdann, wenn die Luft Zutritt hat; bey Behandlung dieses Metalls in verschlossenen Gefäßen oder mit brennbaren Substanzen kömmt sie nicht zum Vorschein.

Die Gebrüder de Luyar setzten 60 Gran Wolfram=König (der nur unvollkommen reduzirt war, da er aus metallischen Kügelchens bestand, die sich unter den Fingern trennten) dem Kalzinirfeuer aus, sie erhielten beym Kalziniren eine Gewichtszunahme von $\frac{24}{100}$ Theil, 100 Gran vom gelben Kalke hingegen, verloren mit reducirenden Flüssen behandelt, 40 Gran von ihrem Gewicht; wir wissen jetzt, daß diese Gewichtszunahme und Abnahme von den Sauerstoff abhängt, der sich bey dem Verkalken mit dem Metalle verbindet, und bey der Reduktion aus dem Metall-Kalke entweicht.

Man könnte glauben, der gelbe unauflösliche und unschmackhafte Kalk sey ein Mitteldding zwischen Säure und Metall-König, und gehen nur erst durch den Beytritt von einem neuen Antheil Sauerstoff in den Zustand einer vollkommnen Säure über. Diese Vermuthung wäre sehr wahrscheinlich, wenn besagter Kalk nur erst alsdann saure Eigenschaften zeigte, wenn er mit Salpeter-Säure behandelt worden ist, denn wir wissen, daß diese letztere sehr gern von ihren Sauerstoff an Substanzen abtritt, denen sie einen Theil ihres Brennstoffs rauben kann. Wir haben aber gesehen, daß der im Feuer bereitete Wolfram-Kalk ein auflösliches Neutralsalz liefert, welches, wenn es einem Feuersgrade ausgesetzt ist, welcher hinreicht, einen Theil seiner Basis zu verflüchtigen, saure Eigenschaften zeigt; es wäre ferner gar nicht leicht anzugeben, wo und wie dieser Kalk sich mit neuem Sauerstoff verbinden könnte; man muß ihn demnach, seiner Unauflöslichkeit ungeachtet, als eine vollkommene Säure betrachten.

IV. Die Seltenheit des Tungsteins und die Schwierigkeit seine Säure mit den verschiedenen Basis zu verbinden, hat die Chemisten bisher gehindert, die Verwandtschaften der Tungstein-Säure und die Eigenschaften ihrer Neutral- und Mittel-Salze zu untersuchen.

Wenn

Wenn diejenige Substanz, auf welche man die Einwirkung dieser Säure untersuchen will, selbst flüssig dargestellt werden kann, wie es mit den Alkalien der Fall ist, so geschieht die Verbindung sehr leicht, und ich zweifle keinesweges, daß sie mit den Kalkwasser nicht auch statt finden sollte, denn Scheele erhielt weißen Tungstein dadurch, daß er denjenigen weißen Präcipitat, den er erhalten hatte, indem er den tungsteinsauren flüchtigen Alkali sein Alkali durch Salpeter-Säure entzog, mit Kalk-Wasser kochen ließ.

Wenn die aufzulösende Substanz nicht flüssig dargestellt werden kann, so nimmt man die Verbindung mit Auswechslung der Basen vor, man trägt zum Beyspiel in eine metallische oder erdigte Auflösung eine Auflösung des tungsteinsauren flüchtigen Alkali. So hat Scheele den Kalksalpeter, und die Gebrüder de Luyar das schwefelsaure Eisen, das schwefelsaure Kupfer, schwefelsaure Zink, die schwefelsaure Thon Erde, das salzsaure Quecksilber, das essigsaure Kupfer, und das essigsaure Bley zersetzt. Allein bey allen diesen Zersetzungen findet immer eine doppelte Verwandtschaft statt, die man nicht aus der Acht lassen muß, ich benenne alle diejenigen Neutral- und Mittelsalze, worin die Wolfram-Säure einen Bestandtheil ausmacht, mit den Geschlechtsnamen wolframsaures Salz, wenn sie nur eine einzige Basis haben, dreyfache wolframsaure Salze hingegen, wenn die Wolfram-Säure darin mit zweyen andern Substanzen verbunden ist.

Um neue Verbindungen mit dieser Säure zu bewerkstelligen, oder die einfachen Verwandtschaften zu untersuchen, scheint es mir am zweckmäßigsten, das wolframramsaure Ammoniak mit überschüssiger Säure anzuwenden; d. h. den gelben Wolfram-Kalk erst durch flüchtiges Alkali auflöslich zu machen, und von dem Neutralsalze nachher im Sandbade nicht allein alles überschüssige Alkali, welches es zu enthalten pflegt, zu vertreiben, sondern auch von dem nicht überschüssigen so lange zu verjagen, bis der gelbe Kalk anfängt nieder zu fallen. Man sieht leicht ein, daß die Wirkung, welche die Säure unter dieser Bedingung äußert, weit geschickter ist, uns mit dem Grade ihrer Wirksamkeit bekannt zu machen. Wenn man aber zur Absicht hat, daß so wenig Alkali als möglich, an die Säure gebunden bleibe, so muß man sich mit dem Röthen der Lackmus-Tinktur nicht begnügen, ich habe bemerkt, daß es während dieser Verdunstung einen Augenblick giebt, wo Lackmus-Papier, und mit Malva-Saft (jus de maure) gefärbtes Papier zugleich in die Flüssigkeit gebracht, beyde sehr bemerkbare Veränderungen litten, das eine wurde sehr bemerkbar roth, und das andere sehr bemerkbar grün; dieser Zustand der Flüssigkeit fand so lange statt, daß ich mich von dieser doppelten neuen Farben-Veränderung durch wiederholte Versuche versichern konnte; man mag sich solche erklären wie man will, so beweist sie immer, daß man sich Vorzugsweise eines solchen Reagens bedienen müsse, welches zugleich die Säure und das Alkali anzeigt, vorzüglich aber das letztere, und daß man mit den brauchen erst alsdann einhalten müsse, wenn die Flüssigkeit keine Spur von Alkali mehr zu erkennen giebt.

Vielleicht könnte man auch, um wolframsaure Verbindungen zu erhalten, diejenige Emulsion anwenden,

die

die man, wie ich schon erwähnt habe, nach de Luyar erhält, wenn man den gelben Kalk mit destillirten Wasser zusammenreibt; man könnte hier die Verbindung durch die Wärme begünstigen, oder auch schon aufgelöste Salze in die Emulsion bringen, in welcher sich die Säure in einem Zustande der halben Flüssigkeit befindet.

Ehe sich ein vollständiges System von den Verwandtschaften der Wolfram-Säure entwerfen läßt, müssen noch eine große Anzahl von Versuchen unternommen werden, bis jetzt müssen wir uns mit Wahrscheinlichkeiten begnügen. Sie scheint sich mit den Erden lieber als mit den Alkalien zu verbinden, denn Scheele erhielt wiederhergestellten weißen Tungstein, indem er Kalkwasser mit der Auflösung des weißen Präcipitat zusammengoß, und wenn das kohlensaure Pflanzen-Alkali im Schmelztiegel die tungsteinsaure Kalk-Erde zersetzt, so geschieht es bloß mit Hülfe einer doppelten Wahlverwandtschaft (durch Hülfe der großen Verwandtschaft der Kalk-Erde zur Kohlen-Säure). Wenn man ihre metallische Natur und einige von den vorbeschriebenen Erscheinungen erwägt, so glaube ich ihre Verwandtschaft auf nassem Wege folgendermaßen angeben zu können.

Die Kalk-Erde.
Die Schwer-Erde.
Die Bitter-Erde (Talk-Erde).
Das Pflanzen-Alkali.
Das Mineral-Alkali.
Das flüchtige Alkali (Ammoniak).
Die Thon-Erde.

 Die

Die metallischen Substanzen.

Der Brennstoff.

Auf trocknem Wege wird das Ammoniak den metallischen Substanzen ebenfalls weichen, und der Brennstoff den ersten Platz einnehmen.

Ich kann diesen Abschnitt nicht endigen, ohne hier einige Beoachtungen zusammenzustellen, welche die große Verwandtschaft dieses sauren Kalks mit dem Brennstoff außer allen Zweifel setzen, und die aus diesem Gesichtspunkt betrachtet zur Entscheidung der wichtigen Frage über das Daseyn des Brennstoffs beytragen können.

1) Die reinste Wolfram-Säure hat von Natur eine schöne gelbe Farbe, wenn man sie an einem erleuchteten Orte stehen läßt, nimmt sie eine blaue Farbe an, diese Farben-Veränderung ist stärker, und geht schneller von statten, wenn man sie der Sonne aussetzt.

2) Sie nimmt dieselbe Farbe an, wenn man sie für sich in einem wohl verschlossenen Schmelztiegel einem hohen Feuersgrade aussetzt.

3) Nach dieser Veränderung, oder nach einer schon weiter getriebenen Reduktion nimmt sie die gelbe Farbe nicht anders wieder an, als wenn man sie unter Zutritt der Luft dem Kalzinirfeuer aussetzt, und hierbey erleidet sie immer eine Gewichtszunahme.

4) Diese Erfolge sind vorzüglich auffallend, wenn man verglastes und mit Tungstein versetztes mikrokosmisches Salz vor dem Löthrohre behandelt. Hier verschwindet die blaue Farbe nach Belieben abwechselnd, grade wie die Purpurfarbe des Braunsteins, je nachdem man die Glasperle der innern Flamme, welche die Metalle reducirt oder der äußern welche sie verkalkt aussetzt.

5) Selbst

5) Selbst beym Destillations-Feuer läßt das wolframsaure Ammoniak einen dunkelblauen Rückstand, der nur durch Kalziniren an der freyen Luft gelb wird.

6) Der berühmte Rinnman versichert, wenn man Wolfram-Säure in Salz-Säure thue, und Eisen, Zink oder Zinn hineinwerfe, so werde die Flüssigkeit blau (Jaernets hist. §. 248.). Endlich wird der saure Wolfram-Kalk auf nassem Wege mit Essig-Säure behandelt, blau, und sogar ohne sich aufzulösen.

Es ist nicht hinreichend zu beweisen, daß der Sauerstoff in dem Kalke und in der Säure den Bestandtheil ausmache, die neue Theorie muß uns noch begreiflich machen, woher die angeführten Veränderungen kommen, warum sie bald bey einem hohen Feuers-Grade, bald bey einer geringen Temperatur statt finden, und wie sie ohne materielle Ursach statt finden können: muß man nun aber eine materielle Ursach, und zwar eine solche annehmen, die sich zugleich in der Wärme, dem Lichte, in der blauen Flamme vor dem Löthrohre, in dem Ammoniak, in dem Metall, in der Essig-Säure rc. vorfindet, wie ist es möglich, daß man nicht die Nothwendigkeit eines Grundstoffs einsieht, der so verschieden gearteten Substanzen ähnliche Eigenschaften mittheilen kann, man mag nun diesen Grundstoff nennen wie man will, und ihn bestimmen durch welche Kennzeichen man will.

Zusätze.

Da die Beschreibungen, welche unser Verfasser von Tungstein und Wolfram liefert, nicht ganz genau sind, so wird es der Leser wohl nicht für überflüssig halten, wenn ich ihm hier beyde Fossilien nach unsern besten deutschen Mineralogen beschreibe. Da der Zinnstein mit dem Tungstein so häufig verwechselt worden, so habe ich dieses Fossil ebenfalls beschrieben, jeder Leser wird nun leicht die Unterschiede beyder Fossilien auffinden.

Der weiße Tungstein, Schelium, Ochraceum album, Franz. Mine d'etain blanche, Tungstate calcaire, Wolfram de couleur blanche, Scheel-Erz, Schwerstein, hat eine gräulich oder gelblichweiße, röthlichweiße, isabellgelbe auch gelblichbraune Farbe.

Er kömmt derb eingesprengt und krystallisirt vor.

a) In vollkommnen Oktaedren,

von mittlerer Größe und klein, äußerlich ist er glänzend, stark glänzend, innerlich hingegen nur glänzend und wenig glänzend, überhaupt aber von einer Art von Diamantglanze.

Sein

Sein Bruch ist, wie es scheint, nach zweyen Richtungen blättrig, nach den übrigen aber sehr flach und krummmuschlig, das ins Unebene übergehet.

Er springt in unbestimmteckige, nicht sonderlich scharfkantige Bruchstücke.

Ist gewöhnlich mehr oder weniger stark durchscheinend,

halbhart,

spröde,

leicht zerspringbar, und

außerordentlich schwer.

Sein specifisches Gewicht ist 6,007.

Er bricht fast immer mit Zinnstein, weswegen man ihn auch lange mit diesem verwechselt hat.

Nach de Luyars Untersuchung bestehet der Tungstein aus

68 Theilen Wolfram- oder Tungstein-Säure,
30 —— Kalk-Erde,
2 —— flüchtigen Bestandtheilen.

100

M. s. die Seite 156 angeführter Schrift.

Nach Scheele's Untersuchung aus

43,75 Theilen Wolfram-Säure,
57,25 —— Kalk-Erde.

100

Der **Wolfram** (Scheelium Ochraceum, Spuma lupi, Franz. Wolfram, Ecume de loup, Tungstate magnésié, Engl. Wolfram) hat eine bräunlich fast dunkelschwarze Farbe; sehr selten ist er auf seiner Oberfläche blau oder bunt angelaufen.

Man findet ihn derb, eingesprengt und krystallisirt

a) in sechsseitigen Säulen mittlerer Größe, mit zweyen einander gegenüberstehenden, sehr breiten, zwey schmälern, und zwey ganz schmalen Seitenflächen. An beyden Enden sind die Säulen mit vier Flächen ziemlich scharf zugespitzt. Die beyden breitern Zuspitzungs-Flächen sitzen auf den breitern Seitenfl chen, die zwey kleinern hingegen auf den Seitenkanten auf. Endlich ist auch noch die, in eine Linie sich endigende Zuspitzung wiederum flach zugeschärft; die Zuschärfungs-Flächen sitzen auf den breitern Zuspitzungsflächen auf.

b) in rechtwinklichen, vierseitigen Tafeln mit zugeschärften Endflächen und abgestumpften Ecken,

c) in rechtwinklichten, länglichen, vierseitigen Tafeln, welche an den längern Seitenkanten abgestumpft sind; die Seitenflächen sind der Länge nach gewöhnlich gestreift, und scheinen oft etwas cylindrisch konvex zu seyn.

Die Tafeln sind entweder groß oder mittlerer Größe, seltner klein; kommen aber meistens so zusammengewachsen vor, daß man sie selten deutlich bes.immen kann.

Aeußerlich ist der Wolfram insgemein wenig glänzend, er kömmt aber auch glänzend und starkglänzend vor; innerlich ist er glänzend und starkglänzend, von Halbmetallglanze.

Im Bruche ist er nach einer Richtung geradblättrig, nach den übrigen aber uneben, von kleinem und feinem Korne.

Seine Bruchstücke sind unbestimmt eckig, ziemlich stumpfkantig.

Er

Er hat zuweilen theils dick- theils dünnschälig abgesonderte Stücke welche manchmal so mit einander verbunden sind, daß das ganze einen strahligen Bruch zu haben scheint.

Er ist jederzeit undurchsichtig, giebt einen dunkeln, röthlichbraunen Strich,

ist weich und

außerordentlich schwer.

Nach de Luyar beträgt sein specifisches Gewicht 6,835.

Der Wolfram kömmt immer in Gesellschaft des Zinnsteins, und zwar häufiger als der Tungstein vor. De Luyar fand darin:

65	Theile	Wolfram-Säure
22	——	Braunstein
13,5	——	Eisen.
100,5		

m. s. die Seite 156 angeführte Schrift.

Wiegleb:

35,75	Theile	Wolfram-Säure
32,	——	Braunstein
11,	——	Eisen, und hatte
21,25	——	Verlust
100,		

M. s. Crells Chem. Annalen 1786. 1. B. S. 308.

Klaproth:

46,9	Theile	Wolfram-Säure
31,2	——	Eisen und Arsenik
78,1		

M. s. Beobachtungen und Entdeckungen aus der Naturkunde von der Gesellschaft naturforschender Freunde in Berlin, 1. B. S. 188.

Der Zinnstein (Stannum ochraceum androgynum, Franz. Mine d'étain vitreuse, Engl. Tinstone), kömmt gewöhnlich von einer dunkelschwarzen oder bräunlichschwarzen Farbe vor; letztere verläuft sich zuweilen auf einer Seite durch das Nelken und Röthlichbraune ins Blutrothe, und auf der andern durch das Gelblichbraune ins Gelblichgraue und Rauhgraue.

Man findet ihn derb, eingesprengt, in stumpfeckigen Stücken, oder in Geschieben und krystallisirt, und zwar:

a) in rechtwinklichten vierseitigen Säulen, die an den freyen Enden mit vier auf den Seitenflächen, aufsitzenden Flächen zugespitzt sind;

b) in ähnlichen Krystallen, die entweder an der Zuspitzung oder an den Seiten und Zuspitzungskanten, oder an den Ecken abgestumpft sind;

c) in rechtwinkligen vierseitigen Säulen, welche mit vier auf den Seitenflächen aufsitzenden Flächen zugespitzt und an den Seitenkanten zugeschärft sind;

d) in rechtwinkligen vierseitigen Säulen, welche mit acht Flächen, von denen immer zwey und zwey unter einem sehr stumpfen Winkel zusammenstoßen, und auf einer Seitenfläche aufgesetzt sind, und dann nochmals mit vier Flächen, die auf den stumpfen Kanten der ersten Zuspitzung aufgesetzt sind, zugespitzt;

e) in

e) in rechtwinklichen vierseitigen Säulen, welche mit vier auf den Seitenkanten aufsitzenden Flächen zugespitzt sind;

f) in vollkommnen etwas flachen Oktaedren;

g) in Oktaedren, welche an den Kanten der gemeinschaftlichen Grundfläche mehr oder minder stark abgestumpft sind, und zuweilen schon den Uebergang in die rechtwinkliche, vierseitige Säule, welche mit vier Flächen zugespitzt ist, ausmachen;

h) in Oktaedren, welche an den Kanten der gemeinschaftlichen Grundfläche, so wie an den durch diese Abstumpfung entstandenen Kanten abgestumpft sind;

i) in Zwillings-Krystallen, welche entweder aus zwey vollkommnen Oktaedren, oder aus solchen bestehen, die an den Kanten der gemeinschaftlichen Grundfläche abgestumpft, und so in einander gewachsen sind, daß gewöhnlich nur noch von der obern Hälfte des einen Oktaeders, so wie von der untern Hälfte des andern, zwey Seitenflächen zum Theil noch zu sehen sind, die mit einander einen einspringenden Winkel (Visir), bilden *).

Diese Krystalle sind selten groß, gewöhnlich von mittlerer Größe und klein; ihre Seitenflächen sind glatt, und theils stark glänzend, theils aber auch nur glänzend.

Inwendig ist der Zinnstein glänzend und wenig glänzend; überhaupt aber von gemeinem Glasglanze, die lichten Abänderungen ausgenommen, welche einen Halbmetallglanz haben.

Ge-

*) Diese Krystalle werden gewöhnlich Visirgraupen genannt.

Gewöhnlich hat er einen unebnen Bruch von kleinem und feinem Korne, der ins Kleinmuschlige, so wie ins unvollkommen Blättrige übergeht.

Er springt in unbestimmt eckige, nicht sonderlich scharfkantige Bruchstücke,

hat selten grob, mehrentheils klein- und feinkörnig, sehr selten hingegen schalig abgesonderte Stücke, zuweilen kömmt er aber auch ohne abgesonderte Stükke vor.

Er wechselt vom Undurchsichtigen durch alle Grade bis zum Durchsichtigen ab,

giebt einen lichtgräulichen Strich,

ist hart,

spröde,

leicht zerspringbar und

außerordentlich schwer,

Sein specifisches Gewicht wechselt von 5,955 bis 6,750 ab.

Vor dem Löthrohre knistert und verspringt er anfänglich, wird etwas blässer und reducirt sich an dem Theile, der die Kohle berührt. Er enthält 70 bis 80 Procent Zinn und etwas Eisen; ob er noch andere Bestandtheile hat, und von welcher Art diese sind, ist noch unbekannt. Der krystallisirte Zinnstein ist auch unter dem Namen Zinngraupen, so wie der eingesprengte unter dem Namen Zinnzwitter bekannt. Er kommt, im ganzen genommen, selten im Mineralreiche vor, ob er gleich, wie an einigen Orten im sächsischen Erzgebirge zu Altemberg, Geyer, Ehrenfriedersdorf, Eibenstock, Marienberg, Schneeberg u. s. w. in Böhmen bey Schlackenwalde, und in der Grafschaft Cornwallis

wallis in England in beträchtlicher Menge gefunden wird; und zwar meistens in Granit, Gneis und in einigen aufgeschwemmten oder sogenannten Seifengebirgen. Arsenikkies, Steinmark, Flußspath, Speckstein, und zuweilen Apathit und weiße Topase sind, außer dem Wolfram und Tungstein, die gewöhnlichen Begleiter des Zinnsteins.

Wolfram=Säure und Erden.

Die Verbindungen der Wolfram=Säure mit Metallen sind noch nicht bekannt. Die Seite 179 angeführten Niederschläge verdienten wohl näher untersucht zu werden.

Wenn reine gelbe Wolfram=Säure, der Sonne ausgesetzt, blau wird, so geschieht es, nach Lavoisier, deswegen, weil ein Theil des Sauerstoffs aus der Säure sich mit Lichtstoff und Wärmestoff zum Sauerstoff=Gas verbindet und entweicht, diese Erscheinung ist mit dem Schwarzwerden des Silberkalks und der Umwandlung der übersauren Salz=Säure (Salz=Säure) in gemeine Salz=Säure (salzigte Säure) ganz analog.

Die Glühehitze hat dieselbe Wirkung als das Sonnenlicht, weil in ihr ebenfalls Licht und Wärme zugleich zugegen sind; geschiehet aber das Glühen bey Zutritt der respiralen Luft, so ziehet die Säure schon vor ihrem gänzlichen Erkalten wieder Sauerstoff an, und die Glühung ist fur nicht geschehen zu achten.

In

In der innern Flamme vor dem Löthrohre wird die Säure blau, weil ihr der Ruß, welcher sie ganz umgiebt, Sauerstoff entzieht.

Wenn man wolframsaures Ammoniak einer Destillation unterwirft, so bleibt eine blaue Säure zurück, weil hier ein Theil des Ammoniaks zersetzt worden ist, und sich der Wasserstoff dieses zersetzten Theils mit Sauerstoff aus der Säure zu Wasser verbunden hat. Diese Erscheinung ist ganz mit der übereinstimmend, welche ich bey der Destillation des schwefelsauren Ammoniaks beobachtet habe. M. s. 1. B. S. 546.

In den salzsauren Eisen- Zinn- oder Zink-Auflösungen sind die Metall-Kalke in einem unvollkommenen verkalkten Zustande, wenn man Molybdän-Säure hineinbringt, so rauben sie ihr von ihrem Sauerstoff und sie wird blau.

Richters Methode die Wolfram-Säure aus dem Wolfram zu gewinnen.

Zwey Theile gepülverter Wolfram werden mit sieben Theilen möglichst reinem Salpeter gut durch einander gerieben, und in einem Schmelztiegel geschüttet, der nur bis auf ein Drittel damit angefüllt seyn darf, man bedeckt sodann den Tiegel mit einem Scherben, und bringt die Materie mit nach und nach verstärk-

tem

tem Feuer im Fluß; wenn solche gut glühet und ruhig fließt, wird der Gehalt des Schmelztiegels auf eine Kupferplatte oder auf einen Ziegelstein, den man vorher mit etwas Unschlitt bestrichen hat, ausgegossen. Die kalt gewordene spröde Materie, die ein braunes Ansehen hat, wird alsbald zu Pulver gestoßen, und in sechsmal so viel reines Wasser geschüttet, wobey sich bisweilen die Farben des mineralischen Chameleon blicken lassen. Die Mischung wird einige Stunden in die Wärme gesetzt und öfters umgerührt, sodann filtrirt. In die filtrirte Salz-Lauge tröpfelt man nun so lange verdünnte Schwefel-Säure, bis sich kein weißer Niederschlag mehr zeigt. Nachdem sich das weiße Pulver zu Boden gesetzt, wird die darüber stehende Flüssigkeit abgegossen, der sorgfältig ausgesüßte Rückstand ist das oben (Seite 164) angeführte weiße Pulver.

Ein Theil des Sauerstoffs aus der Salpeter-Säure tritt hier an den Wolfram- an den Eisen- und Braunstein-Kalk, ersterer wird dadurch in den Zustand der Säure versetzt, die eines Theils ihres Sauerstoffs beraubte salpetrigte Säure entweicht. Im Tiegel bleibt also nach dem Glühen Wolfram-Säure an das Alkali des Salpeters gebunden, und mit etwas Eisen-Kalk und Braunstein Kalk vermengt. Uebergießt man die Masse mit Wasser, so löst sich das wolframsaure Pflanzen-Alkali auf, und der Braunstein und der Eisen-Kalk bleiben auf dem Boden des Gefäßes liegen; wird nun in die Auflösung Schwefel-Säure getröpfelt, so verbindet sich diese vermöge ihrer nähern

Verwandtschaft zu Alkali, mit demselben, und die Wolfram-Säure wird in dem oben erwähntem Zustande abgeschieden.

Die Farben des mineralischen Chameleons entstehen deswegen, weil der im Wolfram vorhandene Braunstein wirklich etwas mineralisches Chameleon bildet. Ueber die neueren Gegenstände der Chemie, 1. St. S. 45 und folg.

VI. Ab.

VI. Abschnitt.
Von der Phosphor-Säure.

Die Phosphor-Säure ist von manchen auch Urin-Säure genannt worden, weil man den Phosphor lange Zeit aus den Urin gezogen hat. Diese Benennung muß aber jetzt abgeschaft werden, theils weil die Phosphor-Säure auch in andern animalischen Substanzen vorkommt, theils weil der Urin noch eine andre Säure enthält, die unter dem Namen Blasenstein-Säure bekannt ist.

§. 1.
Kurze Geschichte ihrer Entdeckung.

Weder die Phosphor-Säure noch irgend eins von den Neutral- oder Mittelsalzen, welche sie bildet, waren den Alten bekannt; kaum findet man in ihren Schriften Spuren von Beobachtungen über die Wirkung des Urins auf die Metalle oder von seiner Anwendung in der Medizin; erst seit der Entdeckung des wesentlichen

Urin-Salzes und des Phosphors haben die Chemisten das Daseyn der Phosphor-Säure gemuthmaßet. Es ist zu bewundern, daß man so spät auf das wesentliche Urin-Salz aufmerksam wurde, da es sich von selbst im Rückstande zeigt, den man beym Verdunsten des Urins erhält. Nach Spielmann ist Schochwitz der erste gewesen, der dieses Salz in einer 1699 zu Halle unter Hofmanns Vorsitz vertheidigten Disputation, beschrieben hat. Pott setzt zwar die Entdeckung desselben viel weiter hinaus, und führt den Raimond Lullius, den Paracelsus, Isaak den Holländer, und Vanhelmont an; er gesteht aber, daß man in ihren Schriften nur dunkle Spuren findet, und es sind bloß Turneißers und einiger anderer Alchymisten Schriften, die ihm in die Hände gefallen waren, welche ihn bewogen, die Kenntniß dieses Salzes über zwey Jahrhunderte hinaus zu setzen. Ganz ohne Grund hat man Boerhaven die Ehre der Entdeckung desselben beygelegt, er redet davon als von einer den Adepten schon bekannten Substanz, welche sich davon wunderthätige Wirkungen auf die Metalle versprachen: übrigens hatten Schochwitz und Lemort die Bereitung desselben auf eine ganz unzweydeutige Art beschrieben.

Wenn man die Meinung einiger Enthusiasten, die einige Ausdrücke aus dem 2ten Buch der Makkabäer auf den Phosphor anwenden zu können glaubten, der verdienten Vergessenheit überläßt, so wird die Epoche der Entdeckung des wesentlichen Urin-Salzes weniger ungewiß. Leibnitz, der davon wohl unterrichtet war, hat die Geschichte desselben in den Miscellanea Berolinenses 1710 geliefert; er erzählt daselbst, der Phosphor sey

von

von Brandt, einem Hamburger Chemisten, um das Jahr 1667 entdeckt worden, kurz nach der Zeit, wo Balduin die phosphorische Eigenschaft des Bologneser-Steins entdeckt hatte.

Brandt machte diese Entdeckung, indem er den Urin in der Absicht bearbeitete, daraus eine Flüssigkeit zu bereiten, die das Silber in Gold umwandeln sollte, er befolgte dabey eine Methode, die er in der Schrift irgend eines Adepten gelesen hatte. Er theilte seine Entdeckungen Kraft und Kunkeln mit, beyde waren in Diensten des Churfürsten von Sachsen, und reisten nach Hamburg, um die Bereitung des neuen Phosphors zu sehen. Einige Zeit nachher zeigte Kraft bey einer Durchreise durch Hannover Leibnitzen diese Erscheinung, und von da ging er nach England, wo er nicht ermangelte sie dem berühmten Boyle mitzutheilen. Leibnitz ließ auf Befehl des Herzogs von Hannover den ersten Erfinder aus Hamburg kommen, ließ ihn in seiner Gegenwart arbeiten, und erfuhr so alle Umstände der Operation. Er versichert, den Phosphor zuerst in Frankreich bekannt gemacht zu haben, er schickte nehmlich davon eine Probe an Hyghens, der sie in der Akademie der Wissenschaften vorzeigte, und theilte die Bereitungs-Art Tschirnhausen mit, zur Zeit als dieser nach Paris zurückkehrte.

Obgleich Leibnitz in dieser Erzählung nur Thatsachen mitzutheilen scheint, mit denen er wohl bekannt war, so hat man ihn doch über verschiedene wichtige Umstände zurecht gewiesen. Es ist zwar wahr, daß Kraft und Kunkel sich anfänglich verbanden, um Brandts Geheimniß zu erlangen; allein demohnerachtet erhielt es Kraft allein, und Kunkel fieng selbst an zu arbeiten, um es von neuen zu entdecken, dies gelang ihm, ob er gleich von der Bereitung nichts weiter wußte, als daß dazu Urin angewendet werde; an der Wahrheit dieser letzten Thatsache kann man gar nicht zweifeln, wenn man dasjenige liest, was Kunkel davon in seinen chemischen Laboratorium, und Stahl in seinen 300 Versuchen erzählen. Da Kunkel seine Entdeckung nicht dem Ungefähr, wie Brandt, sondern seinen Nachforschungen verdankt, so glaubten die Chemisten ihn als Erfinder ehren zu müssen, daher der Name Kunkelscher Phosphor.

Man glaubt ebenfalls nicht, wie Leibnitz annimmt, daß Kraft Boylen die Bereitungs-Art des Phosphors mitgetheilt habe; dieser berühmte Physiker übergab im Jahre 1680 dem Sekretär der Londner Societät die Beschreibung dieses Prozesses in einem versiegelten Schreiben, und dies wurde nur erst nach seinem Tode 1693 erbrochen, (siehe Nr. 193 der Transaktionen). Es ist nicht wahrscheinlich, daß ein Gelehrter, der eines so fest gegründeten Rufes genoß, sich die Entdekkung eines andern würde haben zueignen wollen, wenn es ihm nicht Untersuchungen gekostet hätte, um zu den Besitz derselben zu gelangen; es ist viel natürlicher anzunehmen, Kraft habe ihm bloß den Phosphor gezeigt, und ihm vielleicht die Haupt-Substanz, woraus er bereitet wurde, genannt. Ob nun gleich Kraft Stahlen ausdrücklich versichert hat, er habe Boylen den ganzen Prozeß erklärt, so hat doch Macquer ganz Recht, wenn er bemerkt, das Zeugniß eines Geheimnißkrämers verdiene eben kein großes Zutrauen.

Kun-

Kunkel und Gottfried Hatwitz, ein deutscher Chemist, der in Boylens Laboratorium arbeitete, waren lange Zeit die einzigen, die sich mit der Bereitung des Phosphors beschäftigten, eben daher weil dieser letztere alle Physiker Europens damit versah, ist die Benennung englischer Phosphor entstanden.

Die Operation war zwar bereits von Kraft in Commieres Abhandlung über die Phosphoren (Mercure galant. Juin 1683) bekannt gemacht worden: im Journal des Savans, (Merz desselben Jahres) standen einige Versuche des D. Slare über diese Substanz, und es wurde daselbst ausdrücklich gesagt, sie werde aus dem Urin bereitet. Albinus hatte die Bereitung in einer 1689 zu Frankfurth gedruckten Abhandlung beschrieben. Homberg der Kunkeln Phosphor bereiten gesehen hatte, hatte den Versuch in den Mémoires de l'Acad. für das J. 1692 beschrieben, Kunkel selbst hatte den Prozeß in seinem Laboratorium chemicum beschrieben; bey allen diesen Hülfsmitteln aber fehlte doch noch viel daran, daß alle Chemisten im Stande gewesen waren, diese Operationen zu wiederholen. Sie wurde zum erstenmal in Frankreich 1737 im Königl. botanischen Garten in Hellots, Dufays, Geoffrois und Duhamels Gegenwart, unter der Direktion eines Fremden angestellt, der sich beym Minister für den guten Erfolg derselben verbürgt hatte. (Mémoires de l'Acad. royale des Sciences an. 1737). Selbst seit dieser Epoche sind die Fortschritte unsrer chemischen Kenntnisse dieses Gegenstandes nicht sehr schnell gewesen, wahrscheinlich kommt dies von der langen, schwierigen und abschreckenden Arbeit, deren man sich unterziehen muß, um das mikrokosmische Salz aus dem Urin zu gewinnen, und um den Phosphor aus diesem letztern darzustellen, theils auch von dem übertriebenen hohen Preise her, um welchen man diese Substanzen verkaufte; seit einigen Jahren (geschrieben 1786) haben Gahn und Scheele die Phosphor-Säure in den Knochen entdeckt, und die Möglichkeit gezeigt, aus denselben den Phosphor darzustellen. Durch diese erleichterte Bereitungs-Art ist nun der Phosphor im Preise gefallen, und jetzt kann man also leichter Versuche mit demselben anstellen. Um hier alles dasjenige zu vereinigen, was man über diesen Gegenstand wissen muß, werde ich erst die Methode angeben, das Phosphor-Salz aus dem Urin zu erhalten, nachher werde ich den alten Prozeß, um Phosphor zu gewinnen, beschreiben. Alsdann gehe ich zu der jetzt üblichen Bereitungs-Art des Phosphors über, zeige, wie man daraus die reine Säure abscheidet, untersuche ihre Natur und Eigenschaften, und mache dem Leser mit ihren vorzüglichen Verbindungen und ihren Verwandtschaften bekannt.

§. 2.

Von dem mikrokosmischen Salze.

Die Phosphor-Säure ist im Urin der Thiere ganz gebildet, und zwar in verschiedenen Zuständen vorhanden.

Erstens frey; davon kann man sich leicht überzeugen, wenn man Kalk-Wasser in frischgelassenen Urin gießt, er trübt sich, und es fällt darin ein weißes Pulver zu Boden, mehrere Aerzte, die den Urin solcher

Kran-

Kranken, welche mit Kohlen-Säure geschwängertes Wasser gebraucht hatten, durch Kalk-Wasser untersuchten, haben sich durch diesen Niederschlag irre führen lassen, indem sie ihn der Kohlen-Säure zuschrieben; ich weiß durch eigne Versuche, daß es ein wahrer phosphorsaurer Kalk ist, und der einzige Schluß, den man sich hier erlauben kann, ist, daß die Kohlen-Säure die Absonderung der freyen Phosphor-Säure bewirkt, und dies kann der Medizin allerdings interessante Aussichten eröfnen (siehe Kohlen-Säure).

Rouelle der jüngere hatte zwar schon beobachtet, daß der Urin in einer gewissen Periode, die seiner Fäulniß vorangeht, den Violen-Syrup röthet, und **Macquer** hatte gesehen, daß der Urin solcher Personen, die an einer fehlerhaften Verdauung leiden, die Lackmus-Tinktur röthet; **Bertholet** ist in seinen Versuchen weiter gegangen, er hat sich versichert, daß der Urin der gesundesten Personen eben diese Eigenschaft besitzt, und daß sie von freyer Phosphor-Säure herrührt (Mémoires de l'Acad. royale des Sciences 1780. p. 10.). **Macquer** glaubt, diese Säure sättige sich nachher mit flüchtigem Alkali, welches entweder durch die Fäulniß oder durch das Feuer gebildet wird, dies kann man annehmen, ohne deswegen zu läugnen, daß ein schon vorher mit flüchtigem Alkali gesättigter Theil Phosphor-Säure existire. Uebrigens bemerkt **Bertholet** ganz richtig, wenn man Kalk-Wasser in frischen Urin gießt, so verbinde sich die Kalk-Erde nicht allein mit der freyen Phosphor-Säure, sondern auch mit derjenigen, die an Alkalien gebunden war, weil die Kalk-Erde der Phosphor-Säure näher verwandt ist, als den Alkalien.

Zweytens an flüchtigem Alkali gebunden, da man das flüchtige Alkali durch bloße Erhitzung abscheiden kann, so scheint es anfänglich ganz überflüssig zur Bereitung der Phosphor-Säure ein einfacheres Mittel aufzusuchen; allein der Urin enthält zugleich außer dem Extraktirstoffe noch eine große Anzahl feuerbeständiger Salze; erst in den letzten Zeiten hat man diese gehörig unterschieden, und auf die Eigenschaften derselben Methoden gegründet, sie von einander zu trennen.

Boerhave ist der erste gewesen, der den Prozeß beschrieben hat, um das mikrokosmische Salz zu erhalten (Pars 2. process. 98); er empfiehlt frischgelassenen Urin von einem gesunden Manne zu nehmen, und ihn sogleich bey einem Feuersgrad von 200° Fahrenheit bis zur Konsistenz des Milchrahms zu verdunsten, den Rückstand noch warm zu filtriren, und ihn bloß mit Papier überbunden ein Jahr lang an einem kühlen Orte stehen zu lassen. Nach dieser Zeit findet man das Salz auf den Boden des Gefäßes in Gestalt einer festen halbdurchsichtigen Masse, über demselben steht eine fettige, dicke und schwarze Flüssigkeit. Dies Salz wäscht man zu wiederholtenmalen mit kaltem Wasser ab, löst es in warmem Wasser auf, filtrirt die Auflösung, dunstet sie bis zum Salzhäutchen ab, und stellet sie an einen kühlen Ort, hier schießt das Salz ziemlich rein an.

Vanhelmont hat behauptet, das Salz aus dem Urin der Thiere sey von dem aus dem Urin der Menschen verschieden; allein die Art, wie er sich darüber ausdrückt, beweist, daß er davon eben keine genaue Kenntniß hatte, und es bloß von den mineralischen Salzen zu unterscheiden wußte, man sieht nicht einmal,

daß

daß er einen einzigen Versuch unternommen habe, um den von ihm angegebnen Unterschied zu beweisen.

Nach einigen Chemisten ist die Wahl des Urins nicht gleichgültig, Henkel will eben so wie Boerhave, man soll ihn von erwachsenen gesunden Personen nehmen, andere ziehen den von Kindern vor, andere von solchen Personen, die nichts als Wein oder Bier trinken, andere endlich wollen den Urin in den Monaten März, April und May gesammlet wissen. Es ist allerdings sehr möglich, daß der Urin nach Verschiedenheit der Nahrungs-Mittel mehr oder weniger mit Salztheilen beladen sey. Es ist augenscheinlich, daß Unordnungen in den thierischen Funktionen einigen Einfluß auf die Absonderung des Urins haben; indessen ist es doch, wie Pott ganz richtig bemerkt, nicht nöthig, bey der Wahl so ängstlich zu Werke zu gehen, denn jeder Urin giebt eine ziemlich beträchtliche Quantität von dem Salze.

Die Chemisten sind lange über die Frage uneins gewesen, ob es besser sey, frischen oder gefaulten Urin anzuwenden. Henkel war hierüber Boerhavens Meinung; allein Haupt und Margraf zogen den Urin vor, der anfängt zu faulen, der letzte war der Meinung, daß alles Kochsalz, welches der Urin enthält, binnen 6 Wochen in mikrokosmisches Salz umgeändert würde. Pott der diese Meinung mit Recht bestritt, und derselben seine eigne Erfahrung entgegen setzte, gesteht indessen, daß solcher Urin etwas mehr liefere als frischer. Diese Meinung wurde von Venel und Willermoz angenommen.

Bey der Aufzählung derjenigen Chemisten, die sich mit der erwähnten Frage beschäftigt haben, muß man Schlosser nicht vergessen, der es unternahm, sie durch einen

einen Versuch, der mit Margraffs Erfahrungen zusammengestellt werden sollte, zu entscheiden (Diss. de Sale Urinaee nativo Lugd. Bat. 1753, übersetzt im Journ. de Phys. Tom. XIII.). Dieser Chemist ließ 50 Unzen Urin bis zu $\frac{17}{256}$ oder $\frac{1}{17}$ seines Gewichts verdunsten, und nach seiner Methode krystallisiren, er schloß aus den Produkten dieser Operation, daß 120 Kannen (pintes) frischgelassener Urin 6 Unzen 6 Drachmen Urin-Salz liefern müßten, da Margraff aus dieser Quantität nur 3 bis 4 Unzen dieses Salzes erhalten hatte; Pott macht bey dieser Gelegenheit eine wichtige Bemerkung: Margraff nehmlich bringt bloß diejenigen Krystalle in Anschlag, welche sich sogleich bilden, und zur Bereitung des Phosphors dienen können, die andern läßt er aus der Acht, weil er sie zu dieser Absicht für unbrauchbar hält, Schlosser hingegen hat alle diejenigen Salze gesammlet, die der Urin durch wiederholtes Abdampfen und Krystallisiren liefert.

Margraff hatte diese Operation schon sehr abgekürzt, denn statt eines Jahres, fordert er zur Abscheidung der Krystalle nur einen Monat; allein Schlosser ist noch glücklicher gewesen, er versichert, nach seiner Methode gehe die Krystallisation in einer Nacht vor sich, alles hänge von der Regierung des Feuers beym Verdunsten ab, erstens will er, man soll mit einem mäßigen Feuer anfangen, und es allmälig verstärken, damit die Dämpfe, die sich immer mit größerer Schwierigkeit entbinden, so wie die Quantität Wasser abnimmt, immer gleichförmig entweichen. Zweytens empfiehlt er den Schaum zu beobachten, an welchem man, seiner Meinung nach, die Fortschritte und das Ende der

Opera-

Operation erkennen kann; wenn das Feuer wohl regiert wird, so bildet sich gegen die Wände zu ein weißer Schaum, der nach und nach zunimmt, und die ganze Oberfläche der Flüssigkeit bedeckt, dies ist der Augenblick, wo sie noch warm filtrirt werden muß; wenn die Wärme zu geringe ist, so zeigt sich der Schaum gar nicht, oder bildet sich sehr unvollkommen, die Flüssigkeit wird mit einem Häutchen bedeckt, und ein Theil des Salzes fällt als Pulver zu Boden; ist die Hitze zu stark, so erscheint der Schaum, ehe die Flüssigkeit noch gehörig konzentrirt ist, sie wird dick und zähe, so daß alles Verdunsten aufhöret, sie steigt über, und das Salz schlägt sich zu Boden.

Rouelle's des jüngern und Proust's Arbeiten haben über diesen Gegenstand neues Licht verbreitet, nach ihren Bemühungen kann man endlich Grundsätze an die Stelle des blinden Tappens setzen.

Rouelle hat ganz richtig bemerkt, daß sich bey dem Kochen sowohl als bey dem Faulen flüchtiges Alkali aus dem Urin entwickelt, dadurch wird die Phosphor-Säure ihrer Basis beraubt, und so die Quantität der Krystalle vermindert; allein er hat diesen Umstand zu benutzen gewußt, um eine vollständigere Zersetzung des Kochsalzes, welches sich im Urin befindet, zu bewirken; er räth, den Urin bis zur Konsistenz eines Syrups einzudicken, ihn noch ganz warm durch doppelte Leinewand zu filtriren, indem man in eben demselben Augenblicke so viel Wasser zusetzt, als nöthig ist, um die Krystallisation zu verhindern.

Man gießt zu wiederholtenma'en kaltes Wasser durch das Filtrum, und setzt es nachher der Flüssigkeit

zu

zu, dadurch wird die geringe Quantität Phosphor-Salz, die mit Selenit und Koch-Salz vermengt auf dem Filtrum zurückgeblieben war, gewonnen. Hält man diese Flüssigkeit für nicht konzentrirt genug, so verdampft man sie allmälig, und nach dem Erkalten setzt man ihr flüchtiges Alkali zu, so erhält man eine große Quantität Krystalle (Journal de med. Juillet 1776). Bey diesen Zusätzen des Alkali erfolgt immer ein stärkeres oder schwächeres Brausen, man kann es bis nach der ersten Krystallisation verschieben. Rouelle zog die an der Luft von selbst erfolgende Verdunstung vor, hierbey aber wählte er die Jahrszeit aus, denn er hatte bemerkt, daß der im Sommer verdunstete Urin im Herbste so viel Feuchtigkeit an sich zog, daß die Flüssigkeit überlief. Dieses Verdunsten an der Luft ist das beste Mitttel, um alles Salz aus dem Urin zu erhalten; inzwischen ist es doch schwer, diese Absicht zu erreichen. Rouelle erhielt aus aufbewahrten Rückständen nach 4 Jahren noch Salz. Hieraus schloß er, die Quantität des Salzes, welches der Urin zu liefern im Stande ist, sey noch nicht recht bestimmt, und man habe daraus bisher noch viel weniger erhalten, als darin enthalten ist.

Welchen Prozeß man auch wählen mag, so ist das phosphorsaure Urin-Salz von der ersten Krystallisation nie rein, es ist durch den Extraktirstoff verunreinigt, und enthält auch noch etwas Koch-Salz; endlich ist es noch mit einem andern Salze verbunden, welches einige für schwefelsaures Mineral-Alkali gehalten haben, und welches Proust Sel fusible à base de natron nennt. Dieses Salz wird durch eine ganz eigenthümliche von der

der Phosphor=Säure ganz verschiedene Säure gebildet.

Um diese ersten Krystalle zu reinigen, löst man sie bey einer gelinden Wärme in 5 bis 6 Theilen destillirtem Wasser auf, und filtrirt die Auflösung durch Papier oder durch einen Filtrirhut.

„Wenn man (sagt Rouelle) diese Flüssigkeit in einer Schaale verdunstet, die größtentheils ledig bleibt, so verfliegt die Flüssigkeit, sie mag kochen oder nicht, nicht allein flüchtiges Alkali (Ammoniak), wie dies schon Margraff bemerkte, sondern auch eine ziemlich große Quantität Phosphor=Salz. Der ganze über der Flüssigkeit befindliche leere Theil der Schaale, belegt sich nach und nach mit kleinen weißen Punkten, die so häufig werden, daß daraus eine ununterbrochene Rinde entsteht. Diese Rinde erstreckt sich sogar noch auf dem Ofen, wenn dieser mit der Schaale gleiche Höhe hat, hier wird das Phosphor=Salz durch die Dämpfe des flüchtigen Alkali und des Wassers mit fortgerissen, denn die Phosphor=Säure selbst ist außerordentlich feuerbeständig. Wenn man mit der Flüssigkeit besagte Salzrinde bespült, so entsteht ein ziemlich bemerkbares Brausen, dies beweist, daß die Rinde ein Phosphor=Salz ist, welches den größten Theil seines flüchtigen Alkali verloren hat, das sich aus der Flüssigkeit, womit man die Salzrinde bespült, beständig entwickelnde Alkali bewirkt hier das Brausen. Diese Erklärung ist ganz richtig, denn man kann das Brausen ebenfalls bewirken, wenn man mit einem Strohhalme, aufgelößtes flüchtiges Alkali auf die Rinde trägt."

Nach Rouelle kann man den Verdunstungs-Punkt nicht leicht bestimmen, und obgleich das Phosphor-Salz zu seiner Auflösung nur wenig Wasser erfordert, so muß man die Flüssigkeit doch nicht bis zur Salzhaut verdunsten.

Wegen der Flüchtigkeit dieses Salzes, wäre hier das allmälige Verdunsten an der freyen Luft bey der Temperatur der Atmosphäre vorzuziehen.

Wenn man über dem Feuer verdunstet, so ist es nothwendig, der Flüssigkeit flüchtiges Alkali zuzusetzen; wenn sie den Krystallisations-Punkt erreicht hat und erkaltet ist, sättigt man sie nochmals mit diesem Alkali, es ist sogar gut, sie etwas damit zu übersättigen, denn es liegt sehr viel daran, die Phosphor-Säure möglichst neutralisirt zu erhalten, sonst nimmt sie die Konsistenz eines Syrups an.

Nachdem man die ersten Krystalle erhalten hat, verdunstet man die Flüssigkeit von neuem, man sättigt sie abermals mit flüchtigem Alkali, und stellt sie wieder an einen kühlen Ort zum krystallisiren: man wiederholt diese Operation so lange, bis sie keine Krystalle mehr liefert; um die Krystalle zu reinigen, löst man sie zu wiederholtenmalen in destillirtem Wasser auf, und läßt die Flüssigkeit jedesmal wieder krystallisiren.

Durch diese wiederholten Krystallisationen erhält man endlich das mikrokosmische Salz rein und frey von einem andern Neutral-Salze, womit es anfänglich verunreinigt ist, nemlich das blasensteinsaure Mineral-Alkali. Obgleich dieses letztere Salz nur erst nach den mikrokosmischen krystallisirt, und auf dasselbe an-

anschießt, so wird es doch schwer halten, beyde einzeln zu sammlen, um diese Absicht zu erreichen hat man zwey Methoden.

Die erste gründet sich auf die Kenntniß der eigenthümlichen Krystallen-Gestalt eines jeden dieser Salze. Das blasensteinsaure Mineral-Alkali, krystallisirt in rechtwinklichten Parallelipipeden, (siehe Blasenstein-Säure). Alle Chemisten sind darin einig, daß die Krystalle des mikrokosmischen Salzes von den eben beschriebenen leicht zu unterscheiden sind, obgleich ihre Gestalt noch nicht ganz genau bestimmt ist. Nach Linné sind es Tetraedren, Hellot sagt, dies Salz krystallisire in Pyramiden, Pott redet auch von langen Spitzen; Brogniard konzentrirte Urin durchs Gefrieren und verdunstete ihn hernach bey einer Temperatur von 32 Graden, er erhielt Krystalle in Gestalt abgestumpfter Oktaedren. Man sieht leicht ein, daß die Abweichungen in diesen Beschreibungen von den verschiedenen Graden der Reinheit des Salzes abhängen, glücklicher Weise haben wir von Rome de l'Isle eine Beschreibung, die er nach Krystallen machte, welche ihm von Rouelle zugestellt waren. Diese scheint zur Richtschnur dienen zu können.

„Dieses Salz (sagt Rome de l'Isle) bildet keine andere Krystallen als 4 seitige rhomboidalische sehr zusammengedrückte Prismen, die an ihren zweyen gegenüberstehenden Seitenkanten abgestumpft sind, durch diese Abstumpfung bekommen die Säulen sechs Seiten; sie gleichen den Krystallen des Seignette-Salzes. Es ist gar nicht selten Segmente dieser Krystalle zu finden, die den Schnitt des Prisma vorstellen, welcher entstehet,

het, wenn man eine Ebene durch seine Axe legt. Diejenige Seitenfläche, die an der Kapsel angelegen hat, ist breiter und glätter als die andere, auch etwas rhomboidalisch, man erkennt sie leicht an zweyen Streifen, welche Diagonalen des Rhomboides sind, und sich in seiner Mitte durchschneiden.

Die zweyte Art diese Salze von einander zu trennen, ist noch sicherer, denn hier ist es gleichsam die Natur selbst, die das Geschäft des Sortirens übernimmt. Das phosphorsaure Ammoniak ist luftbeständig, das blasensteinsaure Mineral-Alkali hingegen zerfällt an derselben: man braucht demnach bloß das Gemenge beyder Salze eine Zeitlang der Luft auszusetzen, alsdann ist es leicht, das zerfallene Salz von demjenigen zu unterscheiden, welches seine Gestalt unverändert beybehalten hat.

Da so viele Manipulationen mit sehr ekelhaften Substanzen erfordert wurden, um dies Salz zu erhalten, und man es dabey noch dazu nur in kleinen Quantitäten erhielt, so ist es kein Wunder, daß es theuer und sogar selten war, und daß wenige Chemisten den Muth hatten, es im Großen zu behandeln. Man wird aber im folgenden Paragraphen einen Prozeß finden, vermittelst welchen man dasselbe Salz aus thierischen Knochen weit geschwinder und weit reiner erhält, als aus dem Urin; inzwischen ist doch, meines Wissens, die alte Bereitungsart bis jetzt noch allein üblich.

Hat man nun recht reines phosphorsaures flüchtiges Alkali (Ammoniak), so ist es leicht, die flüchtige Basis in der Hitze zu verjagen. „Wenn das phosphorsaure flüchtige Alkali von der Beymischung jedes andern

dern Neutral-Salzes frey ist (sagt Rouelle), so darf man nur die Flüssigkeit in einem porzellänenen Schmelz-Tiegel oder in einem jeden andern schicklichen Gefäße, entweder ins freye Feuer, oder in das Sandbad sezzen, so alle Feuchtigkeit verjagen, und alsdann einen Feuersgrad geben, welcher hinreicht, um die Phosphor-Säure zu schmelzen, so erhält man sie so durchsichtig als der reinste Krystall.

Dies wäre nun schon ein Verfahren, um die Phosphor-Säure zu erhalten, allein verdient diese verglaste Substanz noch den Namen einer Säure? Ist es wohl eine reine Säure? Diese Fragen würden wenig Interesse haben, wenn uns die Beantwortung derselben bloß bey der Bereitung des Phosphors leiten sollte, denn wir haben jezt unstreitig vortheilhaftere Bereitungs-Arten, als die beschriebenen; allein sie hängen mit der Kenntniß von den Eigenschaften der Phosphor-Säure und mit einem wichtigen Punkt der Theorie genau zusammen, es ist demnach wohl der Mühe werth, sie aufmerksam zu untersuchen.

1) Man muß nicht vergessen, daß die an keiner Basis gebundene Phosphor-Säure, oder auch diejenige Phosphor-Säure, die man durch die Hitze des flüchtigen Alkali's beraubt hat, alle ihre sauren Eigenschaften beybehält, so lange sie nicht verglast ist. **Bertholets** Beobachtungen über die Röthung des blauen Papiers im frischgelassenen Urin, und über die Bildung des phosphorsauren Kalks beym Zugießen des Kalk-Wassers zu demselben, so wie auch **Rouelles** Beobachtung über das Brausen, welches entsteht, wenn man dem

Urin während des Verdunstens flüchtiges Alkali zusetzt, beweisen dies zur Genüge.

2) Wenn die Säure des natürlichen Urinsalzes sich im Zustande eines Glases befindet, so besitzt sie weder die Auflöslichkeit, noch den eigenthümlichen Geschmack einer Säure, und nach Proust's Bemerkung scheint sie von dem allgemeinen und beständigen Gesetze eine Ausnahme zu machen, daß eine einfache Substanz, die die ganze Kraft ihrer Verwandschaften besitzt, auch den Geschmack als Zeichen dieser Kraft haben müsse.

Bergman sieht in seiner Abhandlung über das Löthrohr (Opusc. B. II. de tub. fer. §. VI.) das mikrokosmische Salz als ein dreyfaches Salz an, aus Phosphor-Säure, Mineral-Alkali und flüchtiges Alkali; er fügt noch eine fette gallertartige Materie hinzu; da aber diese durch das Feuer verjagt wird, so braucht man darauf bey unserm Glase keine Rücksicht zu nehmen. Nach **Bergman** wäre demnach dieses Glas Phosphor-Säure, die ihre flüchtige Basis verloren hat, und vollkommen mit Mineral-Alkali gesättigt ist; seiner überschüssigen Säure wegen, sagt **Bergman**, zieht es die Feuchtigkeit der Luft sehr an. Proust, dem wir die Kenntniß der eigenthümlichen und vom Phosphor ganz verschiedene Substanz verdanken, die **Bergman** Perlsalz-Säure nennt, und die ich mit dem Namen Urin-Säure belegen zu müssen glaube, ist der Meinung, eben diese Substanz sey es, welche diese Phosphor-Säure in dem besagten unauflöslichen Glase sättigt, und **Bergman** scheint dieser Hypothese in der neuen Auflage seiner Abhandlung über die Verwandtschaften beyzutreten. (Opusc. 3. B. §. 33.). Ich muß gestehen, daß ich nicht

nicht begreifen kann, wie eine Säure eine andere Säure sättigen kann, und warum sie solche nur im trocknen Zustande sättigt, da sie ihr hingegen im flüssigen Zustande alle Eigenschaften einer freyen Säure ungeändert läßt. Proust legt zwar dieser Substanz den Namen einer Säure nicht bey, und macht hingegen auf ihre Eigenschaft, den Violen-Syrup grün zu färben, aufmerksam; allein er gesteht oder vielmehr er selbst beweist, daß sie die Stelle der Säure vertritt, und daß sie auf die Alkalien wie eine Säure wirkt: wenn man die Vergleichung erwägt, welche Proust zwischen dieser Substanz und der Borax-Säure anstellt, so wird man vielleicht glauben, sie selbst verglase sich leicht, und wenn sie in einem großen Verhältnisse gegen die Phosphor-Säure vorhanden ist, so schütze sie solche gegen jede Substanz, die auf letztere auf nassem Wege wirken könnte; man wird ferner annehmen können, die Phosphor-Säure werde zum Theil durch das Mineral-Alkali gesättigt, welches die Urin-Säure immer bey sich führt, man wird glauben, diese letztere habe dies Alkali der Phosphor-Säure als derjenigen, deren Verwandtschaft überwiegend ist, bey der Kalzination abtreten müssen, oder auch sie habe dasselbe während der Verglasung mit ihr getheilt: Allein so groß auch die Wahrscheinlichkeit seyn mag, welche Prousts Hypothese durch diese Voraussetzungen erhält, so wird man sie doch verlassen müssen, wenn es eine Thatsache ist, daß reine, von Urin-Säure und jeder Basis freye Phosphor-Säure, beym Verglasen, ihre sauren Eigenschaften (wenigstens zum Theil) verliert: man wird eingestehen müssen, daß die Verglasung und der Verlust der sauren Eigenschaften von einer und derselben bis jetzt noch unbekannten Ursache abhängen, solche Thatsachen, die unsern Hypothesen zu widersprechen scheinen, sind sehr wichtig, sie führen immer zu neuen Wahrheiten; erst müssen wir die Thatsachen selbst genauer prüfen, und nachher die Folgerungen untersuchen, die sich aus demselben ziehen lassen.

Diejenige Säure, die man aus dem Phosphor selbst erhält, ist nach dem Geständniß aller Chemisten die reinste. Proust nennt sie Vorzugsweise Phosphor-Säure, wir werden in der Folge dieses Abschnitts sehen, wie man sie frey erhält.

Einige Schriftsteller haben behauptet, das Glas, welches man aus dieser Säure erhält, behalte den Geschmack der Säure und sey ganz auflöslich. Dies behauptet insbesondere Proust in seiner oben angeführten Abhandlung, er sagt daselbst, wenn man diese Säure flüssig in eine Retorte thut, und sie bis zur Konsistenz des Glases konzentrirt, so zieht sie die Feuchtigkeit der Luft stark an, erhitzt sich mit dem Wasser, und röthet die blauen Pflanzen-Säfte. Versuche, die ich über diesen Gegenstand übernommen habe, machen es mir wahrscheinlich, daß die Phosphor-Säure nur alsdann diese Eigenschaften behält, wenn man sie nur bis zu einem gewissen Punkt der Verglasung treibt, das heißt, sie in einem Zustande versetzt, der mehr den Namen eines trocknen Magma als den des Glases verdient, und dies ist auch alles, was man in einer gläsernen Retorte bewirken kann. Nun zieht aber die aus dem natürlichen Urinsalze erhaltene Säure in diesem Zustande (eines Magma) ebenfalls Feuchtigkeit

aus

aus der Atmosphäre an, ob sie gleich unstreitig mit Urin-Säure verbunden ist; Bergman hat dies sogar an der Perl von dem natürlichen Urinsalze beobachtet, die er vor dem Löthrohre verglast hatte.

Ich habe sehr reine, durch das langsame Verbrennen des Phosphors erhaltene Phosphor-Säure genommen, sie durch langsames Verdunsten ihrer Wässrigkeit beraubt, und sie nun in einem hessischen Schmelztiegel, der um das Hineinfallen jeder fremdartigen Substanz, mit einem zweyten umgestürzten bedeckt war, im Schmelzofen dem Feuer ausgesetzt, und ein sehr schönes durchsichtiges Glas erhalten. Dies Glas wurde mehrere Monate lang der Luft ausgesetzt, allein es zerfloß keinesweges, es zog nicht einmal bemerkbar Feuchtigkeit an. Ich ließ destillirtes Wasser darüber kochen, dieß röthete das Lackmus-Papier nur sehr schwach, ich goß dies erste Wasser ab und neues auf, dies röthete keinesweges die Lackmus-Farbe, ob ich es gleich mehrere Stunden mit einer großen Quantität des Glases hatte kochen lassen.

Hier haben wir demnach eine glasartige Phosphor-Säure, deren saure Eigenschaften beynahe gänzlich verschwunden sind, ohne daß man sagen könnte, sie seyen durch die von Proust entdeckte Substanz eingehüllt, ohne daß man irgend eine Art von Sättigung voraussetzen kann. Dieses Glas kann inzwischen in den Zustand der Säure zurück gebracht werden. Man braucht es bloß durch Zusatz eines verbrennlichen Körpers in Phosphor umzuwandeln, und diesen Phosphor verbrennen, so hat man Phosphor-Säure. Man frage nun die Chemisten, welche Substanz sich hier bey dem schnellen oder langsamen Verbrennen mit dem Phosphor verbindet? sie werden ohne Zweifel antworten: der Sauerstoff; heißt dies nicht eingestehn, das Radical der Phosphor-Säure sey nur in so fern sauer als es mit dem Sauerstoff verbunden ist, und warum sollen wir hier nicht umgekehrt schließen: die Abwesenheit jenes Grundstoffs lasse das Phosphor-Glas in demjenigen Zustande der Unthätigkeit zurück, der die saure Eigenschaft auszuschließen scheint.

Bis jetzt haben wir die Basen der Säuren nach Belieben aus ihrer Verbindung mit Brennstoff zu der Verbindung mit Sauerstoff übergehen sehen, und umgekehrt; allein die Radikale selbst haben wir nur mit den Augen des Geistes gesehen, wir hatten sie nie rein und frey von andern Verbindungen darstellen können, es war uns immer leichter sie zu zerstören, als sie bey dem Uebergange zu ertappen; daher ist ein Vorurtheil entstanden, welches uns gehindert hat, diejenigen zu erkennen, die sich uns frey darstellten. Das ist, wenn ich nicht irre, die wahre Erklärung der verschiedenen Eigenschaften, welche die Phosphor-Säure in ihrer wässrigten Auflösung und in ihrem verglasten Zustande zeigt. Es giebt säurefähige Basen, welche die geringste Hitze zersetzt, es giebt andere, welche dem heftigsten Feuer widerstehen, oder sich bey demselben in Säure umwandeln und verfliegen; die Phosphor-Säure giebt uns ein Beyspiel von einer ganz besonders gearteten säurefähigen Basis, im heftigsten Feuer erleidet sie keine weitere Veränderung, als daß sie sich vielleicht mit einer Quantität Wärmestoff verbindet, dies mag nun von ihrer erstaunlichen Feuerbeständigkeit oder ihrem geringerern Zusammenhange mit dem Sauerstoff herrühren.

Dies vorausgesetzt sieht man leicht ein, daß die Unauflöslichkeit derjenigen verglasten Phosphor=Säure, die man aus dem Urinsalze erhalten hat, keineswegs beweise, daß diese Säure unrein, oder mit einer andern Substanz verbunden sey, und man kann es allerdings für möglich halten, durch die Verschiedenheit der Krystallgestalt beyder Salze, das phosphorsaure flüchtige Alkali (Ammoniak) vom blasensteinsauren Mineral=Alkali abzuscheiden, ich habe aber gesagt, es sey am bequemsten, die Phosphor=Säure aus dem Phosphor selbst zu gewinnen, ich will also jetzt die Bereitung des Phosphors beschreiben.

§. III.

Verfahren um den Phosphor aus dem Urin zu bereiten.

Margraffs Bemühungen verdanken wir eine Operation zur Bereitung des Phosphors, die jedesmal gelingt. Man hatte zwar in Frankreich schon im Jahre 1737 Phosphor bereitet, und **Hellot** hatte das Verfahren auf das ausführlichste beschrieben; demungeachtet erzählt **Macquer**, daß der Versuch **Rouellen** dem ältern, der ihn in seinen Vorlesungen wiederholen wollte, der fehlerhaften Beschaffenheit der Retorte wegen, mislang. **Rouelle** war zwar in der Folge glücklicher; allein als **Margraff** 1743 eine neue und bequemere Bereitungs-Art bekannt machte, so nahmen alle Chemisten diese letztere an, und befolgten sie so lange, bis man den

Phosphor aus andern Substanzen, als den Urin, zu gewinnen lernte: hier ist Margraffs Verfahren.

Man raucht den Urin bis zur Honigdicke ab, nach Baumé's Bemerkung ist es gleichviel, ob man frischen oder gefaulten anwendet; zu einer Unze Phosphor werden beynahe drey Maaß (Muids) Urin erfordert. Man wirft einige Unzen Talg in den Kessel, um das Aufschwillen zu verhindern.

Jetzt bereitet man sich salzsaures Bley, oder Horn-Bley, in dem man ein Gemenge aus 4 ℔ Mennige und 2 ℔ gepülvertem Salmiak destillirt; es geht ätzender Salmiakgeist in die Vorlage über, die Salz-Säure verbindet sich mit dem Bley, und bleibt mit demselben in Gestalt einer bräunlichen, schwerauflöslichen Masse in der Retorte zurück.

Man mischt nach und nach, in einem über dem Feuer stehenden Kessel, dieses salzsaure Bley mit 9 oder 10 ℔ eingedickten Urin.

Man setzt diesem Gemenge ½ ℔ Kohlenstaub zu, und rührt es so lange um, bis es in ein schwarzes Pulver verwandelt wird. Der Kessel muß hierbey so hoch als möglich unter einem Rauchfange stehen, weil sich ein abscheulicher Geruch entwickelt.

Dieses so getrocknete Pulver schüttet man in eine Retorte, um daraus, bey einer gelinden und gehörig regierten Hitze, alle flüchtigen Produkte des Urins zu erhalten, das heißt, das flüchtige Alkali, das stinkende Oel, und eine ammonikalische Materie, die sich im Retortenhalse ansetzt; es bleibt eine schwarze, sehr zerreibliche Masse zurück, die den Phosphor oder vielmehr

die

die zu seiner Hervorbringung nöthige Materie enthält. Man kann sich hiervon überzeugen, wenn man etwas davon auf glühende Kohlen wirft, es verbreitet einen Knoblauchgeruch, und bildet eine blaue wellenförmige Flamme.

Zur Destillation dieses Rückstandes wird ein viel höherer Feuersgrad erfordert: man füllt eine irdene Retorte, die dem heftigsten Feuer widerstehen kann, auf ¾ ihres Raums damit an, und legt sie in einem Reverberir-Ofen, dessen Kuppel mit einer Thüre, zum Nachwerfen der Kohlen, versehen ist, man lutirt an den Retortenhals (der, wenn er kurz ist, durch einen Vorstoß verlängert werden muß) eine halb mit Wasser gefüllte Vorlage, die an ihrem Obertheile ein Loch hat, zwischen der Vorlage und dem Ofen führt man eine kleine Mauer von Ziegeln auf, um jene gegen die Hitze des Ofens zu schützen; ein Brett, welches auf der Seite des Ofens mit Lehm beschmiert ist, erfüllt diese Absicht weit bequemer.

Wenn alles so vorgerichtet ist, erhitzt man die Retorte allmählig bis zum Rothglühen, bey diesem Feuersgrade fängt der Phosphor an in leuchtenden Dämpfen überzugehen, die die Vorlage erfüllen, und die zu dem vorher erwähnten Loche derselben, welches man von Zeit zu Zeit zu öffnen genöthigt ist, herausfahren; diese herausschießenden Dämpfe leuchten im Dunkeln sehr lebhaft, brennen aber nicht; wenn man das Loch der Vorlage öffnet, umgeben sie die Hand, ohne den geringsten Schmerz zu verursachen, das Feuer unter der Retorte müßte denn zu heftig seyn. Man kann sich die Mühe ersparen, das Loch von Zeit zu Zeit öff-

nen

nen, und wieder zu verstopfen, man darf nur eine gebogene Röhre in dieselbe festkitten, dessen unteres Ende im Wasser hängt, diese Vorrichtung hat den Vortheil, daß die Dämpfe in den Gefäßen nie eine hinreichende Elasticität erreichen können, um letztere zu zersprengen, oder auch nur den Kitt zu lösen; auch kann dabey die atmosphärische Luft nie in die Vorlage kommen, wenn letzteres geschähe, würde ein Theil des Phosphors an der Oberfläche des Wassers verbrennen. Wenn man das Feuer mit solchen Kohlen unterhält, die zuvor in der Schmied-Esse oder in einem andern Ofen glühend gemacht sind, und die man durch die Thür der Kuppel nachwirft, so sieht man den Phosphor in Tropfen übergehen, die im Wasser der Vorlage erstarren; man unterhält das Feuer so lange, bis nichts mehr übergeht, die Operation dauert 7 bis 8 Stunden.

Man muß hier auf zwey Dinge aufmerksam seyn, auf die Güte der Retorte, und die Festigkeit des Kitts. Selten widerstehen die irdenen Retorten, die gewöhnlich im Handel vorkommen, dem hier erforderlichen Feuersgrade; sie enthalten gewöhnlich steinigte Körner, und an solchen Stellen pflegen sie zu springen, oder wenn die Steinchen kalkartig sind, wohl gar sich zu verglasen und zu schmelzen; übrigens sind sie auf der Töpferscheibe verfertigt, und mit den weit dichtern gar nicht zu vergleichen, die man unter seinen Augen aus wohl bereiteter Erde in Formen verfertigen läßt. Ich habe es mehrmals erfahren daß letztere zwey bis dreymal zur Bereitung des Phosphors dienen konnten.

Man wendet hier den fetten Kitt an, den man mit einen Leinwandstreifen, der mit Eyweiß und ungelöschten Kalk beschmieret ist, überlegt.

Sollte das Lutum oder die Retorte selbst einen Riß bekommen, so merkt man dies bald an dem Knoblauchgeruch und an der Farbe der aus dem Loche der Vorlage herausschießenden Dämpfe. Es bleibt in solchem Falle nichts weiter zu thun übrig, als das Feuer so schnell als möglich zu dämpfen, um die Materie nicht zu verlieren.

Wir werden in der Folge das Verfahren kennen lernen, durch welches man den in der Vorlage erhaltenen Phosphor reinigt.

Der Prozeß, den ich eben beschrieben habe, wurde so lange allgemein befolgt, als man den Phosphor bloß aus dem Urin zu bereiten wußte, die Mitglieder der Akademie zu Dijon haben ihn mit glücklichem Erfolge bey ihrer ersten Vorlesung im Jahre 1776 befolgt; allein der unerträgliche Geruch, der sich bey dem Vermengen des salzsauren Bleyes mit dem eingedickten Urin verbreitete, erregte in der Nachbarschaft so viele Klagen; daß sie sich genöthigt gesehen haben würden, diesen Versuch künftig zu übergehen, wenn nicht in eben dem Jahre die Entdeckung der Phosphor-Säure in andern Substanzen bekannt geworden wäre.

Ehe ich die neue Methode vortrage, muß ich über die alte noch einige Betrachtungen anstellen. Margraff schreibt vor, die Materie in mehrere kleinere Retorten zu vertheilen, damit man nicht Gefahr liefe, alles durch einen einzigen Unfall zu verlieren; man hat diese

Vor-

Vorsicht für unnütz und für unbequem gehalten, weil sie eine besondere Einrichtung der Oefen erfordert.

Von eben denselben Chemisten rührt auch der Vorschlag her, die Destillation in zwey verschiedene Perioden abzutheilen, wodurch sie weniger mühsam wird, da man sie sonst in einem Zuge beendigte.

Es ist ebenfalls Margraffs Vorschlag, dem Gemenge das salzsaure Bley zuzusetzen, und, wie Macquer bemerkt, hat man diesen Zusatz immer beybehalten, obgleich der Nutzen desselben nicht außer Zweifel war, es schien aber sicherer, einen Prozeß genau eben so wieder vorzunehmen, wie er einmal gelungen war. Jetzt ist es erwiesen, daß das Hornbley zur Erzeugung des Phosphors keinesweges nöthig ist, man erhält ihn geradezu und eben so leicht, wenn man zwey Theile verglastes natürliches Urinsalz mit einem Theile Kohlenstaub destillirt; einige Chemisten haben behauptet, diese letzte Methode sey die vortheilhafteste; sie haben ganz recht, wenn es bloß darauf ankommt, die Bereitung des Phosphors in einer Vorlesung zu zeigen, wenn sie aber ernstlich anrathen, sie anzuwenden, um den Phosphor in Quantität zu gewinnen, so beweisen sie ganz deutlich, daß sie die lange, mühsame und unangenehme Arbeit nicht kennen, deren man sich unterziehen muß, um das natürliche Urinsalz aus dem Urin abzuscheiden.

Wenn der Zusatz des salzsauren Bleyes wirklich nützlich ist, so kann dies nur daher kommen, daß es die in dem Gemenge präexistirende Materie zur Bildung des Phosphors disponirt, indem es solche mehr aufschließt, ihre Zerstreuung verhindert, durch größere Flüssigkeit

der

die Berührungs-Punkte vermehrt, und so mittelbar zur größern Ergiebigkeit der Operation beyträgt. Es ist zum Exempel begreiflich, daß die metallische Basis dieses Salzes sich bey Margraffs erster Destillation durch Hülfe des vorhandenen Phlogistons reduzirt; daß seine nunmehr frey gewordene Säure sich des flüchtigen Alkali bemächtigt und so als Salmiak aufsteigt; daß ein andrer Theil derselben sich auf das Mineral-Alkali wirft, welches einen Theil der Säure des Urins sättigte, und damit eine Art von glasartigen Fluß bildet, wodurch nun der Zusammenhang zwischen dem Phosphor-Glase nnd dem Blasenstein-Glase lockerer gemacht wird, ein Zusammenhang, der dem Fortgange der Operation nicht anders als schädlich seyn kann. Allein es giebt so viele Arten diejenigen Umstände hervorzubringen, welche die Verbindung zweyer Substanzen befördern, daß man nur unbestimmte Vermuthungen äußern kann, so lange man nicht durch Versuche diejenigen Umstände bestimmt hat, die in dem besondern Fall, mit welchen man sich beschäftigt, statt finden. Der berühmte Black ist meines Wissens der einzige, der sich mit dieser Frage beschäftigt hat, man sieht aus Crells neuesten Entdeckungen, daß der gelehrte Edimburger Chemist sich durch Versuche überzeugt hat, daß das phosphorsaure Mineral-Alkali mit Hülfe der Hitze durch die Kohlen nicht zerlegt wird; er versuchte nun die Zersetzung durch zugesetztes salzsaures Bley zu bewirken, und erhielt in der That Phosphor; wenn dies gegründet ist, so ist kein Zweifel, daß das salzsaure Bley in Margrafs Prozeß auf eben die Art wirkt (Neueste Entdeckungen, Theil X., Seite 141.).

§. IV.

§. IV.

Prozeß um den Phosphor aus den Knochen zu erhalten.

Obgleich die Entdeckung der Phosphor-Säure in den Knochen noch ganz neu ist, (geschrieben 1786) so ist doch der erste Entdecker derselben nicht recht bekannt, denn Macquer glaubt, Gahn und Scheele haben gleiche Rechte daran; da beyde Chemisten den Werth dieser Entdeckung fühlen müssen, so beweist ihr Stillschweigen, daß sie mehr beschäftigt sind, neue Wahrheiten zu entdecken, als sich die Ehre der von ihnen gemachten Entdeckung zu versichern.

Der gelehrte Crell erzählt, daß, als er in dem 3ten Theile der Denkschriften der medizinischen Gesellschaft zu Edimburg (wovon 1776 eine deutsche Uebersetzung zu Altemberg erschienen ist) eine Abhandlung von Gahn zu Stockholm gelesen habe, worin behauptet wurde, man könne Phosphor aus den Knochen der Thiere, und besonders aus dem Hirschhorn ziehen, so habe er alle mögliche Nachforschungen angestellt, um über diesen Gegenstand fernere Belehrung zu finden, er habe aber nichts weiter finden können, als was Scheele hievon in seinen 1771 in den Denkschriften der Akademie zu Stockholm erschienenen Versuchen über den Flußspath sagt, nehmlich: **man hat neulich entdeckt, daß die Erde der Knochen und der Hörner eine mit Phosphor-Säure gesättigte Kalk Erde ist.** (Scheele Physisch-chemische Werke, von Hermbstädt 2ter Band S. 17.)

Wenn

Wenn man diese Jahrzahlen vergleicht, so kann man Scheelen die Ehre nicht abstreiten, die Haupt-Thatsache zuerst bekannt gemacht zu haben; ich habe inzwischen Bergmans Noten zu Scheffers Chemie nachgesehen, weil ich glaubte, Bergman müßte hiervon genau unterrichtet seyn, und ich habe in der That etwas gefunden, welches meiner Meinung nach die Sache entscheidet.

Bergman sagt in seiner Note zum 173. §. (Seite 291 und 292. der Weigelschen Uebersetzung): Gahn habe 1769 analytisch und synthetisch erwiesen, daß die Erde, welche nach der Kalzination der Knochen, der Klauen und der Hörner der Thiere, so wie auch der Schaalen ähnlichen Haut der Insekten zurückbleibt, Kalk-Erde mit Harn-Säure verbunden sey.

Allein derselbe Schriftsteller setzt beym §. 206 eben desselben Werks (Seite 367 der Uebersetzung) nachdem er von Margraffs Bereitung des Phosphors geredet hat hinzu. „Scheele hat eben diese Absicht erreicht, indem er gebranntes Hirschhorn in Salpeter-Säure aufgelöst, die Auflösung durch Schwefel-Säure gefällt, sie nachher filtrirt, und alsdann die klare Flüssigkeit aus einer Retorte bis zur Trockniß destillirt hat, wo denn in derselben nichts als Phosphor-Säure zurückblieb. Diese löste er in der Wärme mit wenigen Wasser auf, ließ sie erkalten, seihete sie durch, verdampfte sie bis zur Syrupsdicke, und destillirte sie nachher auf die gewöhnliche Art mit Kohlenstaub."

Man wird sich nun nicht mehr wundern, daß Scheele im Jahre 1771 von der aus den Knochen bereiteten Phosphor-Säure, als von einer ihm nicht zu-

zugehörigen Entdeckung geredet habe; man wird aber auch keinen Anstand nehmen, ihn für den Erfinder desjenigen Prozesses zu halten, den man jetzt befolgt, um Phosphor aus denselben zu bereiten.

Dies Verfahren wurde im Jahre 1775 in Frankreich durch die Gazette salutaire de Bouillon bekannt gemacht. Gahn und Scheele werden in derselben als Erfinder genannt. Das Journal de physique für den Februar 1775 zeigte diese Bereitungs-Art ebenfalls an: und obgleich darin von der ersten Auflösung der Knochen in Salpeter-Säure gar nicht mehr die Rede ist, so wird doch Scheele allein als Erfinder genannt.

Nach dieser kurzen Anzeige unternahmen es die Mitglieder der Akademie zu Dijon im Jahre 1777 den Phosphor auf diesem Wege in ihren öffentlichen Vorlesungen zu bereiten. Die Operation glückte vollkommen, hier ist eine ausführliche Nachricht von ihrem Versuche.

Sie kalzinirten Ochsen- Schaaf- Hammel- &c. Knochen weiß, indem sie solche in einem Ofen stratum super stratum mit Kohlen legten; ein und vierzig Pfund Knochen gaben auf diese Weise vier und zwanzig Pfund gebrannte Knochen.

Diese Knochen wurden in einem eisernen Mörser gestoßen, und nachher durch ein Haarsieb durchgeschlagen, man nahm zwölf Pfund von diesem Pulver, und goß darauf so lange verkäufliche konzentrirte Schwefel-Säure, bis kein Brausen mehr erfolgte, und sogar etwas Säure überschüssig blieb; man rührte das Gemisch um, goß etwas Wasser zu, um die Einwirkung

kung der Säure zu erleichtern, und erhitzte es drey Stunden lang in einem großen Kolben im Sandbade.

Diese mit vielen Wasser verdünnte Materie wurde nachher auf ein papiernes Filtrum geworfen, der darauf befindliche Rückstand zu wiederholtenmalen mit warmen Wasser ausgesüßt, das Aussüßungs-Wasser wurde mit der durchgelaufenen Flüssigkeit zusammen gegossen, und diese nun im Sandbade anfänglich in großen irdenen Näpfen, nachher in gläsernen oder porzellänenen Schaalen abgeraucht.

So wie die Flüssigkeit konzentrirter wurde, setzte sich auf den Boden ein schöner seidenartiger Selenit ab, der durch das Filtrum abgeschieden, und mit Wasser abgespült wurde, um die etwa daran noch hängende Phosphor-Säure zu gewinnen.

Als das Verdunsten so weit getrieben worden war, daß saure Dämpfe entwichen, bildete sich an den Wänden der Schaalen eine Art von Band aus einer weißen Materie, die mehr Phosphor-Säure als Selenit enthielt, da sie auf Löschpapier getrocknet, und alsdann auf Kohlen geworfen ein sehr feuerbeständiges Glas zurückließ.

Man setzte das Abdampfen so lange fort, bis die Schaalen trocken waren, jetzt that man den Rückstand in einem Schmelztiegel, den man im Schmelzofen dem Feuer so lange aussetzte, bis er keine schweflichte Dämpfe mehr lieferte; man goß die geschmolzene Masse auf einen erhitzten Scherben, sie wog nach dem Erkalten 2 ℔ 9 Unzen, ohne dasjenige zu rechnen, was am Schmelztiegel hängen geblieben war.

Diese glasartige Masse wurde fein gepülvert, mit ⅛ ihres Gewichts Kohlenpulver vermengt, und mit der gehörigen Vorsicht aus einer guten irdenen Retorte destillirt, sie lieferte 6 Unzen 7 Drachmen sehr schönen Phosphor.

Da diese Methode den Phosphor zu bereiten als die leichteste und wohlfeilste angenommen worden, und einzig gebräuchlich ist, so wird es nicht unnütz seyn, hier einige Beobachtungen mit anzuführen, die die Theorie derselben aufhellen, und vielleicht Mittel an die Hand geben, das Verfahren selbst abzukürzen.

1.) Die Chemisten sind über die Art Knochen, die man hier anwenden soll, nicht einig. Wir haben gesehen, daß Scheele das Hirschhorn anwendete; Rouelle hielt dieses letztere ebenfalls für reichhaltiger an Phosphor-Säure als die Knochen; Elfenbein, Krebsaugen und Perlenmutter, mit welchen er Versuche anstellte, gaben ihm keine Phosphor-Säure oder doch wenigstens nicht in bemerkbarer Quantität; dies ist vom Elfenbein sehr schwer zu glauben, es enthält diese Säure ganz sicher. Crell hat Phosphor-Säure aus menschlichen Knochen bereitet, und verhältnißmäßig weit mehr erhalten, als Rouelle aus dem Hirschhorn; denn er erhielt aus 4 Unzen menschlichen Knochen etwas mehr als 1 Unze durchsichtiges Glas, und Rouelle bekam aus 1 ℔ gebrannten Hirschhorn nur 2 Unzen 1 Drachme Säure, die eine klebrichte Konsistenz hatte. Die Mitglieder der Akademie zu Dijon wendeten Ochsen- Kälber- und Hammelknochen an, und sie erhielten an konkreter Säure etwa ⅐ des Gewichts der kalzinirten Knochen. Wenn es wahr ist, was Proust nach Stahl

und

und mehrerern Metallurgisten anführt, daß man die Schweineknochen zu Kapellen deswegen nicht anwendet, weil sie zu schmelzbar sind, so folgt, daß zwischen ihrem Bestandtheile ein andres qualitatives, oder wenigstens quantitatives Verhältniß statt findet, als bey andern Knochen; allein ehe der Versuch hier nicht entschieden hat, kann man aus dieser Beobachtung wider die Anwendung dieser Knochen bey der Bereitung des Phosphors durchaus nichts schließen. Nikolas sagt, er wisse aus eigner Erfahrung, daß die Hammelknochen, die man so leicht bekommen kann, an Phosphor-Säure sehr reichhaltig sind, es ist sehr möglich, wie dieser Chemist bemerkt, daß die Knochen junger Thiere nicht so viel davon liefern, als die der Erwachsenen, man sieht aber sehr leicht ein, daß hier nur vergleichende Versuche etwas entscheiden können, und daß die ganze Frage mehr zur Analysis der thierischen Substanzen, als zur Bereitung des Phosphors gehört.

II.) Einige wollen, man soll die Knochen weiß kalziniren; Crell bemerkt, daß alsdenn die Niederschlagung der Erde durch die Schwefel-Säure schneller und vollständiger geschieht. Berniard versichert, man erhalte alsdenn mehr Phosphor-Säure; Nikolas versichert hingegen, die Kalzination dürfe nur mäßig seyn, sonst gehe die Phosphor-Säure in den Zustand des Phosphors über, und werde durch das Verbrennen zerstreut: diese Zersetzung der Knochen-Erde scheint mir indessen sichere Beweise zu erfordern, derjenige, den Nikolas noch hinzufügt, daß nehmlich über den Knochen eine solche Flamme entstand, daß einer seiner Lehrlinge glaubte, der Schornstein brenne, wird wahrscheinlich keinen größern Eindruck machen; wenn Knochen unter Berührung mit Kohlen dem Feuer ausgesetzt, so viel Phosphor liefern könnten, daß man die hier entstehende Flamme für ein Brennen des Schornsteins halten könnte, so wäre es unbegreiflich, daß man dies Phänomen nicht öfter beobachtet, da man doch täglich Kapellen in unmittelbarer Berührung mit verbrennlichen Substanzen einem sehr heftigen Feuer aussetzt. Ob man nun gleich wenig Ursache hat, eine Zerstreuung der Phosphor-Säure zu befürchten, so ist es doch nicht nöthig, die Kalzination bis zum Glühen zu treiben, denn **Mesaize** hat gezeigt, daß man sogar aus dem kohlichten Rückstande der Destillation des Hirschhorn-Salzes Phosphor-Säure gewinnen kann; (Journ. de physique Tom. XV. p. 447.) es ist hinreichend, die fettige Materie zu zerstören, welche die Auflösung verzögern, das Produkt derselben färben, und einen Theil der Schwefel-Säure und Salpeter-Säure unnützer Weise zersetzen würde. Ich habe Knochen bis zur Verglasung ihrer Oberfläche kalziniren sehen, ohne daß ein bemerkbarer Phosphor-Geruch statt fand; es ist wahr, nach einer weniger starken Kalzination zeichnete sich ein etwas großer Knochen durch eine Flamme aus, die der des Phosphors nahe kam; man wurde dadurch aufmerksam gemacht, und trug ihn an einen finstern Ort, wo er in der That sehr stark leuchtete; man erkannte ihn aber für einen Kälberknochen, und ich wäre nicht abgeneigt zu glauben, daß die Knochen junger Thiere weniger gebundene und mehr freye Phosphor-Säure enthalten, als die alter Thiere.

III.

III. Wir haben gesehen, daß man die Knochen geradezu durch Schwefel-Säure auflösen kann, ohne Salpeter-Säure anzuwenden. Nikolas befolgt hierin das Verfahren der Chemisten zu Dijon; allein Crell und Rouelle wendeten, nach Scheele's Beyspiel, zuerst Salpeter-Säure an, und gebrauchten die Schwefel-Säure nur, um die Kalk-Erde niederzuschlagen. Man muß gestehen, daß dies Verfahren kostbarer ist, allein es hat auch wesentliche Vorzüge: da der Kalk-Salpeter auflöslicher ist, als der Selenit, so hat man nicht zu befürchten, daß das sich bildende Salz der Wirkung des Auflösungs-Mittels hinderlich werde; und da man nur nöthig hat, Schwefel-Säure zuzusetzen, um ein aufgelöstes Salz zu zerlegen, so kann man es leicht vermeiden, zuviel zuzugießen, und dies ist ein wichtiger Punkt, denn überschüssige Schwefel-Säure macht, daß das Selenit aufgelöst bleibt, und alle Chemisten sind darin einig, daß man um so weniger Phosphor erhält, jemehr Selenit in der Flüssigkeit bleibt.

IV. Es ist sehr gut, die Flüssigkeit, wenn sie filtrirt und eingedickt worden ist, nach Rouelle's Rath, dadurch zu probiren, daß man wechselsweise etwas Auflösung der Knochen-Erde in Salpeter-Säure, und etwas Schwefel-Säure hineintröpfelt. Die Schwefel-Säure trübt die Flüssigkeit, wenn darin noch unzersetzter salpetersaurer Kalk vorhanden ist, und die salpetersaure Auflösung der Knochen-Erde entdeckt die überschüssige Schwefel-Säure. Man hat bemerkt, daß die salpetersaure Auflösung der Knochen den Violen-Syrup röthet, da ihn hingegen der salpetersaure Kalk grün färbt: man wird sich über diesen Unterschied nicht mehr wundern, wenn man bedenkt, daß die Salpeter-Säure, indem sie sich mit der Kalk-Erde der Knochen verbindet, die Phosphor-Säure daraus frey macht, welche in der Flüssigkeit bleibt.

V. Diejenigen Chemisten, die Scheele's Verfahren genau befolgen, das heißt, diejenigen, welche die Knochen zuerst in Salpeter-Säure auflösen, schütten die Flüssigkeit, nachdem sie von der Schwefel-Säure niedergeschlagen worden ist, in eine Retorte, um die Salpeter-Sänre abzudestilliren. Crell macht bey dieser Gelegenheit die Bemerkung, daß die Materie weit weniger aufschwillt, wenn die Knochen kälzinirt waren, daß die Retorte und der Recipient sogleich mit rothen Dämpfen erfüllt werden, und daß der Rückstand nicht mit so vieler schwarzer Materie beladen ist. Zu Ende dieser Destillation erhält die Retorte eine hüpfende Bewegung, (la cornue est agitée de soubre sauts.) welche Rouelle der Reaktion der Phosphor-Säure auf die Erde des Selenits zuschreibt, aus welcher die Schwefel-Säure zu eben der Zeit frey wird.

VI. Wenn man die Destillation so lange fortsetzt, bis nichts mehr übergeht, erhält man die Phosphor-Säure in Gestalt einer schönen, festen, halbdurchsichtigen Glasmasse, die sich fett anfühlt, an der Luft etwas zerfließt, und mit einer weißen Selenitrinde umgeben ist. Dieses Produkt, welches Champy im Jahre 1777 bey den öffentlichen Vorlesungen bey der Akademie zu Dijon vorzeigte, scheint mir zur Bereitung des Phosphors sehr geschickt, man muß es nehmlich sogleich pülvern, und es mit dem Kohlen-Pulver vermengen, ehe es Zeit hat zu zerfließen. Bey dem hier angewendeten

deten Feuersgrade ist die überflüssige Schwefel-Säure nothwendig entbunden worden; der Selenit hat sich niedergeschlagen und abgeschieden, ehe die Phosphor-Säure ihn auf trocknem Wege angreifen konnte; endlich befindet sich die Säure auch in demjenigen Grade der Reinheit und der Trockniß, bey welcher sich der Brennstoff am bequemsten mit derselben verbindet.

VII. **Margraff** hat beobachtet, daß die Phosphor-Säure im Weingeist unauflöslich ist; diese Beobachtung ist durch **Wenzel** bestätigt worden, und **Rouelle** hat geglaubt, man könne diese Eigenschaft der Phosphor-Säure benutzen, um sie zu vereinigen; man soll nach seinem Vorschlage den glasartigen Rückstand zwischen Papier in Stücken zerschlagen, durch Hinzusetzung von etwas Wasser einen Brey daraus machen, und wenn sich das Gemenge aufgehellt hat, das Klare abgießen, um die erdichte Rinde zu trennen; in die abgegossene Flüssigkeit gießt man ungefähr 12 Theile Weingeist. „Nach 24 Stunden, sagt er, findet man die Phosphor-Säure in der Konsistenz des frischbereiteten Jalap-Harzes niedergeschlagen, wenn man diese in einen Schmelztiegel thut, den man anfänglich gelinde erhitzt, um die Wässrigkeit und den geringen Antheil Schwefel-Säure zu verjagen, die sich noch aus etwas rückständigen Selenit entwickelt, und ihn alsdenn schnell zum Glühen bringt, so erhält man ein krystallhelles Glas." Ich weiß nicht, ob **Rouelle** sich von allem, was bey dieser Operation vorgeht, deutliche Vorstellungen gemacht hat. Es ist gewiß, daß der Weingeist eben so wenig den Selenit als die Phosphor-Säure auflöst, und daß er das Urinsalz eben so wenig angreift; die ganze Wirkung dieser kostspieligen Reinigung schränkt sich demnach darauf ein, daß die freye Schwefel-Säure hinweg geschafft wird; da aber diese bey einem etwas hohen Feuersgrade ohnehin verfliegt, so schadet sie ganz gewiß weder der Durchsichtigkeit des Glases, noch der Bildung des Phosphors.

VIII. Wenn man keine andere Absicht hat, als die Säure zu Gewinnung des Phosphors zu bereiten, so kann man sich, wie ich schon angemerkt habe, die Mühe ersparen, selbige im Schmelztiegel zu verglasen, denn der Zusatz des Kohlenpulvers macht die Masse schon so trocken, daß man sie pülvern kann; es ist aber doch wichtig, die Veränderungen kennen zu lernen, die sie bey dem zur Verglasung nöthigen Feuersgrade erleidet. Mehrere Chemisten haben geglaubt, die Phosphor-Säure werde dabey reiner, dies ist ein Irrthum, zu welchen sie sich durch die schöne Durchsichtigkeit, die sie erhält, haben verführen lassen, allein diese Durchsichtigkeit beweist weiter nichts, als daß das Phosphor-Glas, wenn es in einem gewissen Verhältnisse vorhanden ist, die milchigte Farbe des blasensteinsauren Glases, und sogar der phosphorsauren Kalk-Erde zerstöret. Daß diese Substanzen mit dem Phosphor-Glase verbunden bleiben, leidet gar keinen Zweifel, denn sie sind eben so feuerbeständig, als die Phosphor-Säure selbst. Dieser letzte Grad der Verglasung bewirkt demnach nichts weiter, als eine Zersetzung eines rückständigen Antheils Selenit, dessen Basis nun mit der Phosphor-Säure verbunden bleibt.

Dieses Phosphor-Glas ist im Wasser unauflöslich, und ohne Geschmack, es röthet das Lackmuspapier nicht,

nicht, wenn man es darauf legt, braust nicht mit Säuren, und ritzt das gemeine Glas; sein specifisches Gewicht verhält sich, nach Crells Beobachtungen, zu dem des Wassers = 3 : 1, es ist demnach geringer, als das des Diamants, der sich gewöhnlich zum Wasser verhält = 35 : 10., und folglich noch geringer, als das des Flintglases, dessen specifisches Gewicht noch beträchtlicher ist, als das des Diamants. Crell hat das Phosphor-Glas mit dem Diamant verglichen, und ihre gemeinschaftlichen Eigenschaften gegen einander gestellt, allein die Verbrennlichkeit des letztern macht zwischen beyden einen zu wesentlichen Unterschied, als daß man sie füglich vergleichen könnte.

Wiegleb hat im Crellschen Journale eine Untersuchung des Phosphor-Glases einrücken lassen, man findet sie im Journal de Physique, 20ster Band, S. 301. von Proust übersetzt. Der gelehrte deutsche Chemist bediente sich der Salz-Säure zur Auflösung der Knochen, weil er glaubte, bey Anwendung derselben lasse sich der Selenit nachher bequemer niederschlagen; er gesteht inzwischen, daß von diesem letztern nach der ersten Destillation der Flüssigkeit noch etwas zurückbleibt, und es ist begreiflich, daß der salzsaure Kalk feuerbeständiger seyn muß, als der salpetersaure Kalk. Nachdem er den Selenit durch das gewöhnliche Verfahren so viel als möglich abgeschieden hatte, schlug er seine Flüssigkeit noch durch flüchtiges Alkali nieder, und die so niedergeschlagene Flüssigkeit, die er ammoniakalisches Phosphor-Salz nennt, destillirte er aus einer gläsernen Retorte, er erhielt in der Vorlage ätzendes flüchtiges Alkali, und fand im Retortenhalse eine Portion

tion Salmiak, und im Bauche derselben die Phosphor-Säure, die das Glas angegriffen und ganz matt gemacht hatte: diese letztere löste er im warmen Wasser auf, verdunstete die Auflösung bis zur Trockniß, schmolz den Rückstand im Schmelztiegel, und goß die Masse auf eine Platte aus, es war kein Glas, ob er gleich das Ansehen desselben hatte, schmeckte sehr sauer, und zog Feuchtigkeit aus der Luft an: Wiegleb erwartet von dieser Operation eine sehr reine Phosphor-Säure, weil sich seiner Meinung nach die Phosphor-Säure nur alsdann verglast, wenn noch Erden darinnen vorhanden sind.

Dieser Schluß ist, meiner Meinung nach, ganz falsch, denn es ist ausgemacht, daß sich die durch Zerfließen des Phosphors gewonnene Phosphor-Säure ebenfalls verglast, und daß hier die Verglasung durch die Erden des Schmelztiegels bewirkt werden sollte, ist wegen der geringen Einwirkung der Phosphor Säure auf die Kiesel-Erde und Thon-Erde gar nicht wahrscheinlich; eine an sich nicht verglasbare Substanz muß doch schon eine beträchtliche Quantität von jenen Erden in sich nehmen, wenn sie eine gleichförmige Glasmasse darstellen soll.

Wenn es wahr wäre, daß das flüchtige Alkali (Ammoniak) in der That aus der Auflösung der Knochen alle Kalk-Erde niederschlüge, so wäre es, der Kosten ungeachtet, ein sehr schätzbares Mittel, um reines phosphorsaures, flüchtiges Alkali, reine, freye Phosphor-Säure, und sogar Phosphor aus dem Knochen zu bereiten; denn die rückständige Kalk-Erde veranlaßt, wie ich schon gesagt habe, bey der Bereitung des Phosphors

phors einen ansehnlichen Verlust desselben. Ich zweifle gar nicht daran, daß das flüchtige Alkali, sogar im ätzenden Zustande, einen sehr reichlichen Niederschlag in der Auflösung der Knochen bewirke, ich habe mich davon selbst überzeugt, indem ich mit einer solchen Flüssigkeit Versuche anstellte, die durch wiederholtes Abdampfen vom Selenit und durch Zutröpfeln der salpetersauren Knochen-Auflösung von der überschüssigen Schwefel-Säure befreyt war, mit einem Worte, die nur zur Trockniß verdunstet werden durfte, um zu der Bereitung des Phosphors zu dienen: ich kann inzwischen Wieglebs Meinung doch nicht beytreten, dieser Chemist hat nicht bedacht, daß es die freyen Säuren sind, welche in unsrer Flüssigkeit die phosphorsaure Kalk-Erde, und sogar einen großen Theil des Selenits, aufgelöst erhalten; daß demnach das flüchtige Alkali, welches nicht im Stande ist, diese Salze durch eine einfache Wahlverwandtschaft zu zersetzen, sich bloß mit den freyen Säuren, die ihnen zum Auflösungs-Mittel dienten, also hier mit der Phosphor-Säure, und der etwa noch vorhandenen Schwefel-Säure, verbindet. Auch bemerkt Proust in einer Note, das Magma des Niederschlages müsse noch Phosphor-Säure enthalten, und ich habe beobachtet, daß dieser Niederschlag, den Wiegleb für eine reine Kalk-Erde hält, vor dem Löthrohre eben sowohl eine Glasperle giebt, als die darüber stehende Flüssigkeit. Ist es Wiegleb gelungen, einen Theil wahrer Kalk-Erde abzuscheiden, so kömmt es daher, daß er einen neuen Theil Schwefel-Säure angewendet hat, deren er gar nicht bedurft hätte, wenn der Niederschlag eine freye Erde gewesen wäre.

Man muß noch hinzufügen, daß Wiegleb die von Proust entdeckte und erwiesene Blasenstein-Materie ganz aus der Acht gelassen hat, die doch gewiß in den Knochen sowohl als im Urin vorhanden ist, bey einigen Versuchen im Kleinen erhielt ich eine von selbst erfolgende Efflorcszenz, die dieser Substanz eigenthümlich ist.

Aus diesen Bemerkungen kann man schließen, daß Wieglebs Methode nicht richtig ist, das heißt, der Absicht nicht entspricht, die er dabey hat, nehmlich die Quantität des erhaltenen Phosphors zu vermehren; allein ich glaube nach meiner eignen Erfahrung behaupten zu können, daß sie zur Bereitung des phosphorsauren Ammoniaks sehr nützlich ist; die Chemisten werden die Theorie und die Vortheile dieser Operation leicht einsehen.

Man löse kalzinirte Knochen in verdünnter Schwefel-Säure auf, und wende dies Mahl nur gerade so viel Schwefel-Säure an, als erfordert wird, um die ganze Knochen-Masse zu zersetzen, man verdunste nachher die Flüssigkeit, um den Selenit abzuscheiden: es wird gewiß nur sehr wenig von diesem Salze in derselben zurückbleiben; und wenn man richtig operirt hat, wird sie nicht ein Atom Schwefel-Säure enthalten; man kann sich davon überzeugen, wenn man einige Tropfen salpetersaure Knochen-Auflösung hinein fallen läßt: hat sie die erwähnten Eigenschaften, so wird sie sich nicht trüben. Gießt man nun eine Auflösung von flüchtigem Alkali (wenn es auch ätzend ist) bis zur Sättigung zu, so wird sie ein beynahe festes Magma bilden

bilden, welches man mit Wasser verdünnen muß, um es filtriren zu können; die Flüssigkeit, die durch das Filtrum läuft, ist eine wahre Auflösung des phosphorsauren flüchtigen Alkali (Ammoniaks) welches man nur an der Luft zu verdunsten braucht, um dies Salz, welches man sonst so mühsam aus dem Urin bereitete, in sehr schönen, und sehr reinen Krystallen zu erhalten; es wird bloß mit derjenigen Substanz vermengt seyn, womit es bey den andern Bereitungs-Arten ebenfalls verunreinigt ist, ich meine mit der Blasenstein-Säure, die mit verbrennlichen Körpern keinen Phosphor liefert, und die **Bergman** selbst als eine Art von Schwefel betrachtet, d. h. als eine Substanz, deren eigenthümliche Eigenschaften durch den Brennstoff eingehüllt sind; man kann aber, wie ich schon oben gesagt habe, die blasensteinsauren Salze dadurch von den phosphorsauren trennen, daß man das Salzgemenge der Luft aussetzt, wo denn erstere zerfallen, letztere aber nicht.

Wenn man die auf das Filtrum zurückgebliebene Materie in Schwefel-Säure wirft, so ist es leicht, sie zur Bildung des Phosphors zu zersetzen, es ist demnach in obigen Prozesse nichts verloren; denn man gebraucht dabey nicht einmal so viel flüchtiges Alkali, als man bey der Verdampfung des Urins zusetzen muß, um der Phosphor-Säure eine Basis zu liefern.

Endlich giebt uns diese leichtere und wohlfeilere Bereitung des phosphorsauren Ammoniaks ein neues Mittel an die Hand, die Phosphor-Säure selbst frey und ziemlich rein zu bereiten. Wenn die so erhaltene Phos-

Phosphor-Säure auch nicht zu ganz genauen Untersuchungen dienen kann, so ist sie doch zu manchem andern Behufe anwendbar; man muß nur die Vorsicht gebrauchen, nicht stärkeres Feuer zu geben als nöthig ist, um das flüchtige Alkali zu verjagen, ohne die Phosphar-Säure zu verglasen.

Der Rückstand derjenigen Operation, durch welche man den Phosphor aus den Knochen erhält, ist noch nicht gehörig untersucht worden; er verdiente doch wohl einige Aufmerksamkeit, es wäre interessant, die in ihr enthaltene Quantität Blasenstein-Säure genau zu bestimmen; bis jetzt hat man sie nur nach dem Mißverhältnisse zwischen der Quantität des erhaltenen Phosphors, und der des angewendeten Phosphor-Glases geschätzt: allein dies kann leicht trügen. Der salzigte Antheil dieser Rückstände ist im kochenden Wasser auflöslich, wenn man so viel Kohle zugesetzt hat, als nöthig ist, um die Verglasung der Masse an den Wänden der Retorte zu verhindern, und vorzüglich, wenn man Sorge getragen hat, das Phosphor-Glas vom Selenit, und der phosphorsauren Kalk-Erde gehörig zu reinigen; wenn eine gewisse Quantität erdigter Salze darinnen bleibt, so findet man im Rückstande nichts, als Kügelchen eines milchigten Glases, die der Einwirkung des kochenden Wassers durchaus widerstehen: ich habe solche Glaskügelchen gesehen, die in fließendem Salpeter oder fließendem, reinen, feuerbeständigen Alkali geworfen, nicht angegriffen wurden, und auf welche die Schwefel-Säure selbst keine merkliche Einwirkung äußerte; dies Glas bestand aus einem Gemenge von Selenit und phosphorsaurem Kalk oder Knochen-Erde,

wel-

welches durch die Blasenstein-Säure vollkommen verglast war. Der Grad der Verglasung hängt von dem bey Gewinnung des Phosphors angewendeten Feuersgrade ab.

Nikolas ist meines Wissens der einzige, der den in der Retorte rückständigen Kohlenstaub aufmerksam untersucht hat: er hatte die Eigenschaft nicht mehr, sagt Nikolas, wie der gewöhnliche Kohlenstaub mit einer Flamme zu verbrennen, dies beweist eine Zersezzung der Kohle durch die Phosphor-Säure, mittelst welcher sie beynahe in den Zustand einer Erde versetzt wird. Es ist viel wahrscheinlicher, daß die fortgesetzte Einwirkung eines so hohen Feuergrades dieselbe in einen dem Graphit ähnlichen Körper verwandelt hat; wenigstens ist die Veränderung, welche das Kohlenpulver hier erleidet, ein Phänomen, welches aufmerksamer untersucht zu werden verdient.

§. V.

Von der Reinigung des Phosphors.

Man mag den Phosphor aus dem Urin oder aus Knochen erhalten haben, so bedarf er einer Reinigung, der aus dem Knochen erhaltene, bedarf aber derselben ganz vorzüglich, denn er ist immer mit fremdartigen Materien vermengt, die ihn mehr oder weniger schwarz färben. Ehemals bediente man sich, zur Rektifikation desselben, einer kleinen Glasretorte, an welche man so wie zu manchen andern Destillationen, eine mit Wasser halbgefüllte Vorlage anlutirte; diese Operation gelingt auch in der That bey einem gelinden Feuer ganz gut, denn der schon gebildete Phosphor ist sehr flüchtig; inzwischen mag man bey dieser Operation auch noch so vorsichtig seyn, so geht doch immer ein Theil des Phosphors verloren; und man ist bald inne geworden, daß es hinreichend sey, den, durch die erste Destillation erhaltenen Phosphor im warmen Wasser zu erweichen, um die Unreinigkeiten davon zu trennen, und daß man ihn alsdenn gleich formen könne; hier ist das Verfahren. Nachdem man allen Phosphor, der noch in oberm Theile des Recipienten und im Retortenhalse sitzt, in das Wasser des Kolben gestoßen hat, gießt man alles in einen Napf; nun thut man sowohl den auf dem Wasser schwimmenden Phosphor als auch den zu Boden gesunkenen in einen Kolben, diesen füllt man halb mit Wasser, bedeckt ihn mit Papier, und hält ihn einige Stunden lang in Wasser, welches bis zum Siedepunkte, oder etwas darunter, erhitzt ist. Wenn der Phosphor geschmolzen und zu einer Masse zusammen geflossen ist, gießt man ihn in einen mit Wasser gefüllten Napf, mit der Vorsicht, den Hals des Kolbens unter Wasser zu tauchen, oder noch besser, den Kolben ganz mit warmen Wasser anzufüllen, ehe man ihn ausgießt, dies ist nöthig, um einer Entzündung des Phosphors vorzubeugen, die, wenn eine beträchtliche Quantität vorhanden ist, gefährlich werden könnte. Wenn der Phosphor geronnen ist, welches bald geschiehet, so zerschneidet man ihn in langen schmalen Stükken, die man nun in etwas konischen am schmälern Ende mit einem Korke verstopften gläsernen Röhren bringt. Diese so mit Phosphor gefüllte Röhren werden in einem mit Wasser gefüllten Kolben gesteckt, den man nun 4 bis 5 Stunden lang, beynahe bis zum Koch-Punkte erhitzt. Bey dieser Operation schmilzt der Phosphor, und nimmt folglich die Gestalt der Röhre an; da der Phosphor schwerer ist als die mit ihm vermengten fremdartigen Materien, so trennen sich solche von demselben, und es bildet sich oben auf eine Lage einer rothen Materie, die (größtentheils) aus solchem Phosphor bestehet, der durch die Hitze eine angehende Zersetzung erlitten hat; der reine, durchsichtige, beynahe ungefärbte Phosphor, nimmt den untern Theil der Röhre ein. Nach dem Erkalten kann man ihn, da die Röhren etwas konisch sind, leicht aus denselben herausstoßen.

Nikolas, von dem ich einen Theil dieser Manipulation entlehnt habe, sagt, die heterogenen Bestandtheile, die sich im Phosphor befinden, und ihn roth färben, seyen etwas Eisen, das während des Verbrennens, welches ein Theil Phosphor bey der Destillation unvermeidlich erleidet, verkalkt wird; er hat sich von der Richtigkeit dieser seiner Meinung durch folgende Versuche überzeugt, er ließ in einem Schmelztiegel, in welchem sich etwas Alkali befand, um die entstandene Phosphor-Säure zu sättigen, eine geringe Quantität gefärbten Phosphor verbrennen, auf den Rückstand ließ er Oel verbrennen, und als er nun einen Magnetstab darüber hielt, wurde ein Theil davon angezogen. Ich will nicht leugnen, daß sich nicht einige Eisentheile zufällig im Phosphor befinden können; allein um zu beweisen, daß dieses Metall die wahre Ursach von der Röthe des Phosphors ist, würde erfordert, daß das Roth die eigenthümliche Farbe der Verbindung des Eisens

 mit

mit dem Phosphor wäre, es sey nun mit dem Phosphor selbst, wie zum Beyspiel in dem gephosphorten Eisen (syderotète), oder mit seiner Säure wie im phosphorsauren Eisen: dies ist aber keinesweges der Fall. Man kann sich im Gegentheil leicht überzeugen, daß der Phosphor ganz in diese röthliche Substanz umgeändert werden kann, wenn man ihn so schnell verbrennt, daß er sich nicht mit Sauerstoff sättigen, und sich alles seines Brennstoffs entledigen kann. Der durch das Feuer veränderte Phosphor (sagt Sage) ist staubigt; er schmilzt nicht mehr, und leuchtet im Dunkeln nur schwach; man kann ihn durch Schmelzen im Wasserbade von andern unveränderten Phosphor leicht abscheiden, weil er leichter ist, als dieser, und wenn man ihn 1 Stunde lang geschmolzen gehalten hat, erhält man einen durchsichtigen hell zitronengelben Phosphor, der, wenn man ihn in den Glasröhren, in welche er geformt worden ist, und die man an beyden Enden mit Korkstöpseln zugestopft hat, aufbewahrt, seine Durchsichtigkeit behält. (Mém. de l'Acad. roy. des Sciences, an. 17⸗0.) Man bewahrt den Phosphos gewöhnlich in mit Wasser gefüllten Flaschen auf, und es ist ausgemacht, daß dies Wasser mit der Zeit etwas sauer, und der Phosphor an seiner Oberfläche weiß wird; allein von den Eigenschaften des Phosphors selbst kann hier die Rede nicht seyn: die Bereitung desselben habe ich bloß deswegen hergesetzt, weil es gleichsam eine Vorbereitung zu Gewinnung der Phosphor⸗Säure ist, jetzt ist es Zeit, zu zeigen, wie man die Phosphor⸗Säure aus dem Phosphor erhalt.

§. VI.

§. VI.

Von der Bereitung der Phosphor-Säure aus dem Phosphor.

Zu Hellots Zeit glaubte man, das Zerfließen des Phosphors an der Luft sey eine wahre Auflösung dieser Substanz im Wasser, man erklärte sich die Möglichkeit einer solchen Auflösung durch die feine Zertheilung des Wassers in den Dämpfen, und durch die Entweichung des Brennstoffs aus dem Phosphor.

Im Jahre 1772 machte ich bekannt, der Rückstand nach dem schnellen Verbrennen des Phosphors erleide eine sehr bemerkbare Gewichtszunahme; (siehe Digressions Academiques etc.) allein ich war damals weit entfernt, die wahre Ursach derselben einzusehen, jetzt da uns die neuern Arbeiten der Chemisten über die Gasrten bekannt sind, ist es leicht, dieselbe anzugeben. Ich habe schon oben (siehe Einleitung, 1ster Band, Seite 9.) den Grundsatz aufgestellt, daß die Schwefel nur in so fern in den Zustand einer Säure übergehe, als sie einen Theil Sauerstoff binden; dies ist auch die Hauptbedingung, unter welcher der Phosphor Phosphor-Säure liefert, und seine Gewichtszunahme rührt vom Sauerstoff her.

Diese Bedingung nun kann verschiedentlich erfüllt werden; hier sind drey Wege möglich, das schnelle Verbrennen, das langsame oder unmerkbare Verbrennen (Zerfließen an der Luft), und die Verbindung mit Sauerstoff auf nassem Wege.

Wenn man Phosphor in ein Gefäß thut, in welchem er trocken, einer natürlichen oder künstlichen Wärme von ungefähr 24 Graden ausgesetzt ist, so entzündet er sich von selbst mit einer Art von Explosion, der Boden des Gefäßes wird mit weißen Flocken bedeckt, die mehr als doppelt so viel wiegen, als der angewendete Phosphor, diese Flocken ziehen Feuchtigkeit aus der Luft an, und zerfließen, wenn man dies Zerfließen nicht abwarten will, kann man auf diesen Rückstand etwas Wasser gießen, er wird sich darin bis auf eine geringe Quantität einer orangegelben Materie auflösen, welche unzersetzter Phosphor ist, und auf das Filtrum zurückbleibt.

Diese Operation hat der berühmte Margraff selbst beschrieben, er hat sogar an der noch warmen Materie eine Gewichtszunahme bemerkt; und zu seinen ersten Versuchen über die Verbindung der Phosphor-Säure, wendete er die eingedickte Auflösung dieser weißen Blumen an.

Die von Lavoisier angegebne Methode, mittelst welcher er die zu seinen Versuchen nöthige Phosphor-Säure erhielt, bestehet ebenfalls in ein schnelles Verbrennen, man zündet unter einer mit Quecksilber gesperrten Glocke mit einem Brennglase Phosphor an, hierbey bildet sich eine Menge weißer Flocken, die sich an der innern Fläche der Glocke anlegen; dies ist die konkrete Phosphor-Säure, bey Berührung der Luft zerfliessen sie sehr bald zu einer sehr konzentrirten und sehr schweren Säure, die das öligte Ansehen der konzentrirten Schwefel-Säure hat, und keinen Geruch mehr

mehr besitzt (Mémoires de l'Acad. royal. des Sciences, 1777. Lavoisiers Physisch-Chemische Schriften rc. B. Seite 287 u. 288.).

Will man eine weniger konzentrirte Säure haben, so darf man ihn nur, nach Lavoisier's Vorschlag, in großen krystallnen, inwendig mit destillirtem Wasser benetzten Glocken verbrennen; wenn die durch ein erstes Verbrennen gebildeten Dämpfe sich gelegt haben, bringt man eine neue Portion Phosphor unter die Glocke, den man wie die erste verbrennt, und wiederholt diese Operation mehrere Tage hindurch, bis man die verlangte Quantität Phosphor-Säure hat.

Dieser Prozeß hat zwar den Vortheil, daß er in kurzer Zeit Phosphor-Säure liefert, allein die so erhaltene Säure enthält immer eine Quantität unzersetzten Phosphor aufgelöst, der ihre Eigenschaften abändert.

Der Phosphor wird durch das langsame Verbrennen viel vollständiger zersetzt. Man setzt kleine Stangen Phosphor rund herum an die Wände eines gläsernen Trichters, der in einer Flasche steckt, worin die sich bildende Flüssigkeit ablaufen kann. Wenn die Temperatur der Atmosphäre über 15 Grad ist, so entzündet sich der Phosphor bey dieser Operation leicht mit einer Art von Explosion: um dies zu verhindern, räth Sage, die obere weite Oeffnung des Trichters mit einem Helme zu bedecken, und in die untere eine dünne Glasröhre zu stecken, damit die Luft, welche die Phosphor-Säure aus der Flasche austreibt, einen Ausweg habe (Mém. de l'Acad. de Sciences, an. 1777. p. 435.). Die erwähnte Entzündung kann bey einer viel niedern Temperatur als 15° statt finden, wenn viel Phosphor vorhanden ist, und die Phosphorstäbe zu nahe an einander liegen, oder sich gar berühren; dies geschah vor einigen Jahren sogar in einem Keller der Akademie zu Dijon.

Eine Unze Phosphor giebt ungefähr 3 Unzen einer ungefärbten und geruchlosen Phosphor-Säure, die die öligte Konsistenz der konzentrirten Schwefel-Säure besitzt, und noch etwas unzersetzten Phosphor aufgelöst enthält, von diesem letzten Umstande kann man sich leicht überzeugen, wenn man diese Säure dem Feuer aussetzt, es entstehn alsdenn weiße Dämpfe, und kleine leuchtende Explosionen. Die Quantität dieses aufgelösten Phosphors ist zwar eben nicht beträchtlich, allein sie kann doch bey genauen Versuchen zu Irrthümern Anlaß geben, man kann die Phosphor-Säure leicht gänzlich davon reinigen, wenn man Weingeist darüber abzieht, dieser geht mit dem Phosphor über, und die Säure bleibt rein zurück.

Die so bereitete Phosphor-Säure nennt man **Phosphor-Säure durchs Zerfließen**, (acide phosphoriques par déliquescence) man siehet, daß dies eine sehr uneigenthümliche Benennung ist, es ist keinesweges das Wasser, welches den Phosphor in Phosphor-Säure umwandelt. Dies letztere wird nur von der Phosphor-Säure angezogen, wenn sie schon gebildet ist, oder während sie sich hier durch ein wahres langsames Verbrennen bildet, welches von dem eigentlich sogenannten Verbrennen nur dadurch unterschieden ist, daß es langsam vorgeht. Denn während dieser ganzen Operation verbreitet sich der Geruch des Phosphors, und man bemerkt

merkt ein Leuchten, welches sich zwar seiner Schwäche wegen nur im Dunkeln zeigt, aber auch da sehr bemerkbar ist. Die Luft ist demnach das einzige Mittel, welches hier die Umwandlung bewirkt; ehe ich die Beweise dieser Behauptung aufstelle, muß ich eine dritte Art, die Phosphor-Säure zu gewinnen, vortragen *).

III. Der Phosphor kann, so wie der Schwefel, mittelst seiner Verwandtschaft zum Sauerstoff auf nassem Wege gleichsam durch ein Verbrennen ohne Erhitzung in Säure umgewandelt werden. Man darf ihn nur mit Salpeter-Säure behandeln, ich will hier dasjenige Verfahren beschreiben, auf welches Lavoisier durch seine Untersuchung über den Sauerstoff, und durch Bertholets Versuche über die Verbindung des Phosphors mit der Schwefel-Säure geleitet wurde.

„Ich habe eine tubulirte Retorte genommen, (sagt Lavoisier) welche sechs bis sieben Pinten faßte, und in selbige 2 ℔ reine Salpeter-Säure gegossen, deren specifisches Gewicht sich zu dem des destillirten Wassers seinem, = 129895 : 100000 verhält. Ich habe die Retorte auf ein Sandbad gesetzt, einen Kolben vorgelegt,

*) Daß das Wasser als Wasser zur Bildung der Phosphor-Säure bey dem sogenannten Zerfließen des Phosphors nichts beyträgt, ist wohl eine ausgemachte Sache, ob aber hier keine Zersetzung des in der atmosphärischen Luft dampfförmig enthalten oder darin aufgelösten Wassers, vorgeht, ist wenigstens noch eine Frage, daß Phosphor Wasser zersetzen könne, sieht man daraus, daß Wasser, worin man Phosphor aufbewahrt, am Ende einen Knoblauchs-Geschmack erhält.

gelegt und langsam angeheizt, bis die Feuchtigkeit ungef hr 45 Grad eines Quecksilber-Wärmemessers erhielt, worauf ich den Tubulus geöffnet, und ein 10 bis 12 Grane wiegendes Stück Phosphor hinein geworfen habe; dieses ist sogleich in der Feuchtigkeit zu Boden gefallen, wie Wachs geflossen, und hat angefangen, mit einem ziemlich lebhaften Brausen aufgelöst zu werden; nachdem das erste Stück aufgelöst worden war, habe ich ein zweytes, darnach ein drittes hineingeworfen, und so sehr langsam fortgefahren, bis ich dahin gelangt war, allen Phosphor, welcher sich auflösen ließ, mit der Säure zu verbinden, welche Menge 2 Unzen und 6 bis 7 Quentchen betragen hat."

„Anfänglich gieng die Auflösung äußerst leicht vor sich, und ich ward aus Furcht, daß das Brausen zu stark werden mögte, das Feuer sehr gelinde zu unterhalten genöthigt; aber gegen das Ende ließ die Wirkung der Säure, auf den Phosphor, immer mehr und mehr nach, ich konnte das Brausen und die Auflösung nur durch eine Verstärkung des Feuers unterhalten, und bin solche, nach und nach und stufenweise, bis über die Siedhitze des Wassers zu treiben genöthigt worden."

„So lange nur 1 oder $1\frac{1}{2}$ Quentchen Phosphor aufgelöset waren, hat die Feuchtigkeit keine andere Veränderung erlitten, als daß sie eine gelbe Farbe, wie Königswasser erhielt; darnach ist sie grün geworden, und zugleich stiegen sehr dicke und trübe Dämpfe von derselben auf, welche nichts anders, als Salpeterluft und sehr rauchende Salpeter-Säure waren; diese Dämpfe, welche eine dicke Wolke bildeten, schienen vom

vom Halse der Retorte, wie ein anderer fließender Stoff, herunter zu fallen und zu fließen, und fuhren während der ganzen Zeit der Auflösung des Phosphors fort, überzugehn; man begreift wohl, daß ich nicht habe ermangeln dürfen, die Produkte, welche bey dem Uebertreiben übergiengen, sorgfältig aufzufangen, und folgendes ist das, was ich während der 17 bis 18 Stunden, welche die Verrichtung gewährt hat, erhalten habe."

„Ich habe anfänglich 2 Quentgen und 24 Grane einer nicht rauchenden, beynahe weißen und sehr schwachen Salpeter-Säure erhalten, die Dämpfe, welche während der ganzen Zeit, da diese Säure übergieng, von der Feuchtigkeit aufstiegen, waren fast gar nicht gefärbt; in dem Maaße, wie in Dämpfe stärker wurden, sahe die Säure, welche übergieng, gelber aus, und fieng an rauchend zu werden; der zweyte Antheil, welchen ich besonders abgenommen habe, wog 3 Unzen und 50 Grane."

„Auf diesen zweyten Antheil ist eine dunkelgrüne, gelbliche, noch rauchendere Salpeter-Säure, als die vorhergehende, gefolgt, welche 6 Unzen und 2 Quentchen wog."

„Die Salpeter-Säure, welche ich darnach erhalten habe, sah etwas weniger grün aus, war nicht so rauchend, und wog 5 Unzen 5½ Quentchen; gegen das Ende des Ueberganges dieser Säure hat die Stärke der rothen Dämpfe beträchtlich abgenommen, und ich habe nur weiße, kaum rauchende Salpeter-Säure erhalten: dieser letzte Antheil wog 4 Unzen, 2 Quentchen, 6 Gran."

„Die in der Retorte befindliche Feuchtigkeit war sodann gänzlich mit Phosphor gesättigt, und die Antheile, welche ich hinzuthat, wollten sich durchaus nicht auflösen lassen, ob ich die Stufe des Feuers gleich sehr verstärkt, und lange damit anzuhalten versucht hatte."

„Nachdem ich das Geräthe aus einander genommen hatte, habe ich in der Retorte 13 Unzen und 4 Quentchen reiner, etwas gelblicher Feuchtigkeit gefunden, welche eine öligte Dicke, beynahe wie die verstärkte Schwefel-Säure, oder das Vitriol-Oel, und noch einigen Geruch nach Salpeter-Säure behalten hatte."

„Diese letzten Antheile flüchtiger Säure, welche sie enthalten konnte, hinwegzunehmen, habe ich selbige in eine beschlagene, gläserne Retorte gegossen, und mit einem stufenweise verstärkten Feuer im Reverbrir-Ofen getrieben."

„Anfänglich habe ich eine schwache und leichte Salpeter-Säure erhalten, welche immer wässriger geworden ist, darnach ist bloß ein braunrothes (rousse), etwas bitteres Wasser übergegangen, welches nicht mehr sauer war, und mit den Laugensalzen nicht brauste: nachdem das Feuer etwas stärker und so weit getrieben worden ist, daß die Stangen, auf welchen die Retorte ruhete, dunkel glüheten, so haben sehr durchdringende weiße Dämpfe zu gehen angefangen, welche sich in der Vorlage gesammlet haben, dies war ächte Phosphor-Säure, jedoch in einem halb flüchtigen Zustande."

„Ich habe die Verrichtung nunmehr für völlig vollendet gehalten, und die Gefäße daher kalt werden lassen, aber, wie ich die in der Retorte nachgebliebene Feuchtigkeit herausgießen wollte, bemerkt, daß der größ-

größte Theil dick, wie Terpenthin, geworden war, daß sie dem Gefäße inwendig anhieng, und ich war nicht im Stande, sie anders, als durch Verdünnen mit übergetriebenem Wasser, heraus zu bekommen; dieser Umstand hat mich verhindert, das Gewicht derselben genau zu erfahren. — — — — Ich glaube, man kann die Menge Phosphor-Säure, welche von 2 Unzen 6 Quentchen Phosphor und 2 ℔ Salpeter-Säure zu erhalten steht, ohne Gefahr sich zu irren, auf 8 bis 9 Unzen schätzen, wobey ich voraussetze, daß man die Abdampfung nicht zu weit treibe, daß die Säure die Dicke eines verdickten Terpenthin zu erhalten, sondern nur so dick, wie ein etwas dicker Syrup werde." (**Lavoisiers** physisch-chemische Schriften rc. 3ter Band, S. 283 bis 288. übersetzt aus mém. de l'academie roy. des scienc. an. 1780 pag. 349 bis 354). **Lavoisier** glaubt, es sey bey diesem Versuche ungefähr 2 Drachmen Phosphor von der Salpeter-Säure mit fortgerissen worden, und diese letztere habe dadurch einige Veränderungen erlitten.

Ich zweifle gar nicht, daß man nicht dieselbe Zersetzung durch andere Säuren bewirken sollte. Wenn man, nach **Bergman**, ein Stück Phosphor in Arsenik-Säure wirft, so wird sehr bald die ganze Oberfläche derselben durch Theilchen von reducirten Arsenik schwarz gefärbt; von dem Zustande der Flüssigkeit sagt **Bergman** zwar nichts, indessen ist es augenscheinlich, daß hier ein Theil Phosphor in Säure umgewandelt wird: indessen ist dieser Umstand unabhängig von der Erklärung dieser Erscheinungen. **Bergman** versichert eben so wie **Scheele**, der Phosphor werde in der übersauren

Salz-

Salz-Säure augenblicklich in einen weißen Rauch aufgelöst, nach dem Zeugniß dieser Chemisten habe ich eben besagte Thatsache in dem Abschnitt von der übersauren Salz-Säure angeführt *); allein ich muß hier meinen Versuchen zufolge zusetzen, daß die konzentrirteste, flüssige, übersaure Salz-Säure, auch sogar diejenige, die nach Bertholets Methode aus den geronnenen Krystallen erhalten wird, (siehe 1ster Band, Seite 474.) der mittlern Temperatur und bey 15° auf den Phosphor durchaus keine Wirkung äußert, dies hat mich auf den Gedanken gebracht, die schwedischen Chemisten möchten diesen Versuch bey der Destillation selbst unternommen haben, und die Hitze der Gefäße möchte die Einwirkung der Säure auf den Phosphor dadurch begünstigt haben, daß sie letztern schmolz, wie dies bey Lavoisiers Versuch mit der Salpeter-Säure der Fall war.

Es ist leicht einzusehn, daß in allen eben beschriebenen Operationen der Sauerstoff bey Umwandlung des Phosphors in Phosphor-Säure die Hauptrolle spielt, allein findet denn in der That hier eine bloße Zusammensetzung durch einfache Wahlverwandtschaft statt, wie Lavoisier glaubt? spielt hier der Brennstoff nicht auch eine wesentliche Rolle? ich kann nicht umhin, hier nochmals das theoretische Problem in Erinnerung zu bringen, da Lavoisier mehrere der triftigsten Gründe für sein System, von seinen Versuchen über den Phosphor hergenommen hat; allein diese Fragen werden

*) Man sehe hierüber noch meine Zusätze.

den im folgendem §. eine schicklichere Stelle finden, hier ist es genug, den Leser mit den verschiedenen Bereitungs-Arten der Phosphor-Säure bekannt gemacht und gezeigt zu haben, wie man dieselbe durch das halbe Verglasen von den ihr anklebenden flüchtigern Säuren, und durch Behandlung mit Weingeist, von dem rückständigen Phosphor reinigen könne.

§. VIII.

Von der Natur und den Eigenschaften der Phosphor-Säure.

Die Phosphor-Säure wird in den dreyen Reichen der Natur gefunden; Gahn entdeckte sie in dem Bley-Erze *) (mine de plomb), und nach Bergman (opuscula Tom. II. de minerarum docimasia humida §. VII.) hat dieses Mineral eben dasselbe kalkförmige Ansehen, als dasjenige, welches durch Kohlen-Säure vererzt ist; man weiß jetzt, daß diejenige Substanz, die das Eisen kaltbrüchig macht, (der Raseneisenstein, Meyers Wassereisen) und die man lange für ein neues Metall gehalten hat, nichts anders ist, als eine Verbindung aus Phosphor-Säure und Eisen. Es könnte befremdend scheinen, daß sich der Raseneisenstein mehr den Kiesen, das Bleyerz hingegen mehr den Salzen nähert, dies ist aber gar nicht zu bewundern, wenn man bedenkt, daß der Raseneisenstein immer, bevor man ihn näher untersuchte, im Schmelzfeuer mit reducirenden Substanzen

*) Man sehe die Zusätze.

stanzen behandelt wurde, das Bleyerz hingegen nicht. Es ist wahrscheinlich, daß man, wie Proust sagt, die Phosphor-Säure zwar mit mehreren erdigten und metallischen Substanzen verbunden antreffen werde, allein nicht in einem Zustande, einer solchen Vererzung, in welche der Schwefel jene Substanzen zu versetzen pflegt, es sey denn daß die Phosphor-Säurehaltigen Mineralien, die Einwirkung des Feuers erlitten hätten, denn es ist noch kein Beyspiel bekannt, daß sich der Phosphor, so wie der Schwefel, auf nassem Wege bilde. Wenn der Turkis nicht eine bloße durch Kupfer gefärbte Knochen-Erde ist, so ist er ein kupferhaltiges Phosphor-Salz, dies kann sich leicht mittelst der Phosphor-Säure bilden, welche durch Hülfe solcher Wässer frey wird, die über, in der Zerlegung begriffenen, Kiese gestrichen sind.

Die Phosphor-Säure findet sich im Pflanzen-Reiche. Albinus, Hoffmann, Pott hatten dies schon erwähnt; der berühmte Margraff wollte sich davon durch eigne Versuche überzeugen; er destillirte in dieser Absicht den Saamen vom weißen und schwarzen Senf, von Garten-Kresse, Pfeffer und Weizen; der trockne Rückstand dieser Destillationen wurde gepülvert, und in einer beschlagenen irdenen Retorte einer zweyten Destillation unterworfen: alle diese Saamen-Arten *) lieferten ihm einen schönen Phosphor. Meyer in Stettin hat in den chemischen Annalen 1784, ister Band, Seite

521

*) Ausgenommen der Pfeffer, stehet in Margraffs chemischen Schriften 1. B. S. 76.

521 und 522 bekannt gemacht, daß der grüne, harzige Bestandtheil der Pflanzenblätter Phosphor-Säure enthält, und daß die dauerhafte grüne Farbe der Essenzen von Kräutern, die man nur erhält, wenn man sie in kupfernen Gefäßen digerirt, vom Kupfer herrühre, das sich in der Phosphor-Säure des harzigten Bestandtheils derselben auflöst. Dieser Chemist hat aus dieser verbrannten und in Kohlen geschmolzene, grüne, harzige Materie ein kleines metallisches, graues, sprödes Korn erhalten, welches ihm phosphorsaures Kupfer zu seyn schien, er ahmte es nach, indem er Kupferkalk, den er aus Kupfer-Vitriol mit flüchtigem Alkali niedergeschlagen hatte, auf einer Kohle mit Phosphor-Säure zusammen schmolz. Pilatre de Rosier hat im Journal de Physique, Monat November 1780, eine Abhandlung einrücken lassen, in welcher er an Rouelle des ältern Meinung erinnert, welcher behauptet: die Säure eines jeden mucilaginösen Körpers, sey mit der Phosphor-Säure sehr analog, Rosier versichert in dieser Abhandlung, die Unze Pyrophor liefere bey der Destillation 5 bis 6 Gran Phosphor.

Endlich ist die Phosphor-Säure in vielen thierischen Substanzen reichlich vorhanden: wir haben gesehen, daß man sie aus dem Urin, den Knochen, den Hörnern rc. in Quantität gewinnt. Sie ist wahrscheinlich in den thierischen Flüssigkeiten und gewiß in dem Fleische vorhanden. Maret ließ 12 ℔ vorher kalzinirtes Rindfleisch in Schwefel-Säure digeriren, und als er den bis zur Trockniß abgerauchten Rückstand im Schmelztiegel glühete, erhielt er beynahe 3 Drachmen eines durchsichtigen Phosphorglases. Crell erhielt sie aus

Rindertalch und aus Menschenfett; Hankwitz aus thierischen Exkrementen. Leidenfrost, Hensch und Andrea aus altem Käse; Fontana aus den Wirbelbeinen des Thunfisches, und aus den Knochen anderer Fische, der Marquis v. Bouillon aus dem Kopfe eines Störs, und Berniard aus Eyerschalen (Succovs Chemie. §. 370—383. Journ. de Phys. Tom. XVI. p. 152. 371. XIX. p. 298.)

Wird denn nun die Phosphor-Säure in allen drey Reichen der Natur gebildet? gehört sie den organisirten Körpern ursprünglich zu? ist es ein ausschließliches Eigenthum der thierischen Organisation sie zu bilden? Wir haben keine direkten Beweise, um diese Fragen geradezu zu entscheiden; inzwischen ist es ziemlich wahrscheinlich, daß sie in dem Mineral-Reiche und auch vielleicht im Pflanzen-Reiche nur deswegen vorhanden ist, weil sie täglich durch die Trümmer belebt gewesener Körper dahin gebracht wird; daß sie sich im Mineral-Reiche nur deswegen mit ihren charakteristischen Kennzeichen erhält, weil sie so feuerbeständig ist, oder vielmehr, weil sie eine Unzerstörbarkeit besitzt, die bey ihrer Feuerbeständigkeit zum Grunde liegt. Wenn die Phosphor-Säure noch unverändert in solchen Knochen vorhanden ist, die sehr lange in Gräbern gelegen haben, wie Berniard durch die Zerlegung solcher Knochen bewiesen hat, die er aus dem Knochenberge zu Geilenreuth, in der Marggrafschaft Baireuth erhalten hatte. (Journal de Physique, Tom. XVI. Seite 373.) so ist es augenscheinlich, daß die wirksamsten Zerlegungsmittel die stärksten mineralischen Säuren selbst, sogar mit Hülfe der Zeit, nicht im Stande sind, das Radikal

dieser

dieser Säure in seine Urstoffe aufzulösen, sondern ihr bloß unter gewissen Umständen ihre Basis rauben. Ich gestehe gern, daß diese Hypothese bis jetzt keinen andern Grund hat, als die Quantität Phosphor-Säure, welche alle thierischen Materien enthalten, die Menge dieser Säure, welche alle lebende Thiere täglich in ihren Exkrementen von sich geben, und das Mißverhältniß, zwischen der in diesen immerwährenden Sekretionen enthaltenen Säure, und der, welche man allenfalls in den verschiedenen Nahrungsmitteln präexistirend annehmen könnte; mir scheint inzwischen diese Betrachtung wenigstens so lange befriedigend, bis man entscheidendere Beobachtungen gesammlet haben wird. Ist es wahr, daß die Phosphor-Säure im thierischen Körper erzeugt wird, so folgt aus ihrer Unzerstörbarkeit, sowohl auf nassem als auf trocknem Wege, daß der Vorrath derselben in der Natur immer größer werden müsse, und durch diese allmählige Anhäufung derselben, am Ende bemerkbare Veränderungen in der Oekonomie der drey Natur-Reiche entstehen müssen.

II. Die Phosphor-Säure ist, wie jede andre, aus einer besondern Basis oder einem besondern Radikal und dem Sauerstoff zusammengesetzt, diejenigen Methoden, die ich angeführt habe, um den Phosphor in Phosphor-Säure umzuwandeln, geben uns schon Beweise für diese Behauptung. Scheele warf ein Stück Phosphor in eine mit Sauerstoff-Gas gefüllte Phiole, die 8 Unzen Wasser fassen konnte, und erhitzte die Stelle, wo der Phosphor lag, mit einer Lichtflamme: die äußere Luft drückte so stark auf den Pfropfen, daß er sich genöthigt sahe, die Mündung der Phiole unter

Wasser zu bringen, und sie wurde beynahe gänzlich mit Wasser erfüllt. Ein andermal beobachtete eben derselbe Chemist, daß 9 Gran Phosphor in einem hermetisch verschlossenen gläsernen Gefäße, welches 30 Unzen Wasser fassen konnte, die gemeine Luft in demselben während des Verbrennens, um den Raum von 9 Unzen Wasser verminderte. Der Umstand, daß der Phosphor die atmosphärische Luft bey seinem Verbrennen weit mehr vermindert, als jeder andre verbrennliche Körper, kam schon **Kirwan** sehr wichtig vor: ich glaube nicht, daß dieser Unterschied der größern Hitze zugeschrieben werden kann, welche der Phosphor vorbringt, denn diese größere Hitze selbst kömmt daher, daß eine größere Menge Sauerstoff-Gas zersetzt wird; sie kann auch nicht von der schnellern Wirkung der Verwandtschaften, oder daher rühren daß eine größere Quantität Wärmestoff in einer kürzern Zeit frey wird, wäre dies der Fall, so müßte die progressive Verminderung der Luft in ungleichen Zeiträumen dieselbe seyn, als bey andern verbrennlichen Körpern: ich nehme demnach lieber mit **Scheele** an, es finde hier bloß deswegen eine größere Absorbtion des Sauerstoffs statt, weil keine sich entwickelnden Dämpfe die Flamme umgeben, und so das Verbrennen verzögern.

Nach **Lavoisiers** Versuchen verschlucken fünf und vierzig Gran Phosphor bey ihrem Verbrennen 65,62 Gran Sauerstoff, bey der Bildung der Phosphor-Säure verbindet sich also 1 Theil Phosphor mit 1,4444 Sauerstoff *). **Lavoisier** und **Laplace** haben ferner gefunden,

*) In dem Traité élémentaire, 1. B. S. 59 und 60. (S. 77. von

funden, daß die Quantität Wärmestoff, welche bey der Zersetzung des Sauerstoff=Gas durch Phosphor frey wird, ungefähr $2\frac{1}{2}$ mal größer sey, als diejenige, welche bey der Zersetzung eines gleichen Volumens des Gas durch Kohle frey wird: (m. s. Acad. des Sciences, Jahr 1780. S. 399. und Lav. Phys. Chem. Schriften, 3. B. S. 374.) dies rührt nun wohl bloß daher, daß bey der Bildung der Kohlen=Säure, welche man als kohlensaures Gas erhält, ein beträchtlicherer Theil des Wärmestoffs wieder gebunden wird, als bey der Bildung der Phosphor=Säure.

Es bleibt uns noch zu untersuchen übrig, welche Basis denn hier eigentlich der Phosphor dem Sauerstoff liefert. Nach demjenigen Systeme, in welchem man Stahls Grundsätze den neuern Entdeckungen angepaßt hat, ist diese Basis eine eigengeartete Substanz, die mit Brennstoff verbunden den Phosphor giebt; Lavoisier glaubt im Gegentheil, diese Basis sey der Phosphor selbst, dieser Gelehrte giebt indessen zu, daß sich die erstere Meynung mit allen Thatsachen vereinigen lasse, sogar mit der Bildung der Phosphor=Säure durch Salpeter=Säure, er sieht aber nicht für erwiesen an, daß die rauchende Salpeter=Säure mehr Brennstoff enthalte, als die nicht rauchende, und daß

 nicht

von Hermbstädts Uebersetzung) setzt Lavoisier die Quantität des von 45 Gran Phosphor beym Verbrennen verschluckten Sauerstoffs auf 69,375 Gran an, nach dieser Angabe erfordert 1 Theil Phosphor 1,5416 Theile Sauerstoff.

nicht rauchende Salpeter-Säure über Phosphor erhitzt, deswegen rauchend werde, weil sie ihm Brennstoff entzieht. Ich muß gestehen, daß es sehr schwer hält, die Frage so zu entscheiden, wie sie Lavoisier entschieden wissen will, nehmlich, ohne auf die Aehnlichkeit zu achten, welche die Umwandlung des Phosphors in Säure mit andern Operationen hat, bey welchen es nothwendig scheint, eine Mitwirkung des Brennstoffs anzunehmen.

Was die Umwandlung der nichtrauchenden Salpeter-Säure in rauchende betrift, so verweise ich den Leser auf den Abschnitt, Salpeter-Säure, im ersten Bande: hier will ich nur einige Gründe anführen, welche mich bestimmen, einen Brennstoff im Phosphor, wenigstens so lange anzunehmen, bis meine Gegner meine Einwürfe widerlegt haben werden.

1) Wenn die Phosphor-Säure wirklich aus dem ganzen Phosphor, verbunden mit Sauerstoff, bestehet, was ist denn das Phosphor Glas, welches doch weder die Eigenschaften des Phosphors noch der Phosphor-Säure zeigt, und welches nur erst wieder zur Säure werden kann, nachdem man es zum Phosphor wieder hergestellt hat; und welches, um Phosphor zu werden, mit verbrennlichen Substanzen erhitzt werden muß? Je wichtiger mir dies Argument schien, desto mehr Mühe habe ich mir gegeben, die Thatsache, auf welche es beruhet, außer Zweifel zu setzen: ich habe mit dreyerley Phosphor-Säure Versuche angestellt. 1) Habe ich die durch langsames Verbrennen gewonnene ohne weitere Vorbereitung verglast; 2) habe ich eben diese Säure erst mit Weingeist behandelt und alsdann

dann verglast; 3) habe ich die aus den Knochen gewonnene, und zu einer durchsichtigen leicht zerfließlichen Masse geschmolzne ebenfalls verglast: die Gläser von allen verhielten sich vollkommen gleich; ich konnte Wasser darüber abdampfen, ohne daß dies aus denselben Säure genug in sich nahm, um das Lackmuspapier zu röthen.

2) Wie ist es begreiflich, daß die Phosphor-Säure durch die bloße Entziehung, eines, an sich expansiblen, Stoffes *), ihre große Feuerbeständigkeit verliere, und so flüchtig werde, wie es der Phosphor wirklich ist.

3) Der Phosphor schlägt die Metalle aus ihren Auflösungen regulinisch nieder, ich habe schon bey der Arsenik-Säure 2. B. S. 12. angeführt, daß er den Arsenik aus der Arsenik-Säure als ein schwarzes Pulver niederschlägt; die Phosphor-Säure wird in Phosphor umgewandelt, wenn man sie mit Weingeist kocht, und ihn mit Metallen, zum Beyspiel mit Zink, destillirt; wenn alle diese Erscheinungen nur durch einfache Wahlverwandtschaften des Sauerstoffs hervorgebracht werden, wenn hier kein vierter Stoff im Spiele ist, der hier die Verwandtschaften bestimmt, Zersetzungen und neue Zusammensetzungen zu bewirken, warum verbindet sich denn der Phosphor nicht mit dem Sauerstoff ohne Verbrennen? warum bieten denn die metallischen Kalke, und die regulinischen Metalle bey ihrer Auflö-

 sung

*) Daraus daß Sauerstoff mit Wärmestoff verbunden eine expansible Flüssigkeit des Sauerstoff-Gas darstellt, folgt nun wohl nicht, daß er ein an sich expansibler Körper sey.

sung in Säuren, so ganz verschiedene Erscheinungen dar? Warum kann mit Sauerstoff gesättigte Phosphor-Säure, das in der Königs-Säure aufgelöste Gold, zum Metall-Könige wiederherstellen? warum verändert sie den aufgelösten Braunstein, eben so wie die blaue Flamme vor dem Löthrohre *)?

4) Wenn man (nach Wiegleb) 10 Gran Phosphor mit 400 Gran gereinigtem und recht trocknem Salpeter zusammenreibt, so entstehet eine lebhafte Detonnation: die Hitze des Phosphors kann es nicht seyn, welche hier die Detonnation bewirkt, denn Salpeter für sich im Tiegel erhitzt, detonnirt nicht: sie wird demnach wohl durch nichts anderm als durch jenen flüchtigen Grundstoff bewirkt, welche sich in der Kohle in den Metallen rc. befindet, und welcher allein fähig ist, durch seine Einwirkung auf den Salpeter Detonnationen zu veranlassen, ich meyne durch den Brennstoff **).

5) Man

*) Von diesen Erscheinungen in den Zusätzen, wo ich von dem Verhalten der Phosphor-Säure zu den Metallen reden werde.

**) Wie man sich die Detonnationen der verbrennlichen Körper, der Kohle, der Metalle rc. mit dem Salpeter, nach Lavoisier, erklären könne, habe ich im 1. B. S. 569. angeführt, der Phosphor wirkt auf den Salpeter, eben so wie die Kohle, die Metalle rc. nur heftiger, und schon bey einer niedrigern Temperatur, weil seine Verwandtschaft zum Sauerstoff auch schon bey der mittlern Temperatur beträchtlich ist, wie dies aus seinem sogenannten Zerfließen an der Luft erhellet.

5) Man werfe ein Stück recht reinen Phosphor in eine geräumige, mit gemeiner Luft gefüllte Flasche, man verstopfe sie genau, und lasse sie zwey bis drey Tage bey einer Temperatur von 17° bis 18° + 0 stehen, nachher öffne man sie unter Kalk-Wasser; das Kalk-Wasser wird hineinsteigen und sich trüben. Man könnte glauben, die Trübung entstehe bloß von einem sich bildenden phosphorsauren Kalk, allein man filtrire die Flüssigkeit, sammle den Niederschlag, und tröpfle Salpeter-Säure darauf, so wird das Brausen ganz deutlich zu erkennen geben, daß das Pulver wiederhergestellter roher Kalk war. Es hat sich demnach während des Verbrennens des Phosphors Luft-Säure (Kohlen-Säure) gebildet; es ist aber gewiß, daß diese Luft-Säure in der atmosphärischen Luft nicht zugegen war, sie hat sich demnach durch die Verbindung eines Bestandtheils des Phosphors, mit der Basis der respirablen Luft gebildet: es gehen folglich nicht alle Bestandtheile des Phosphors in die Verbindung der Phosphor-Säure *).

Ich lasse es hier bey diesen Bemerkungen bewenden, sie scheinen mir hinreichend, meine Meinung so lange zu rechtfertigen, bis neue Thatsachen etwas entschieden haben werden.

III. Die Chemisten haben lange Zeit Stahls Meinung angehangen, welcher behauptete, die Phosphor-Säure sey nichts weiter, als eine durch Brennstoff modifizirte Salz-Säure; sie stützten sich vorzüglich dar-

*) Man sehe die Zusätze.

darauf, daß der Urin, aus welchem sie den Phosphor gewonnen, die Salz-Säure sowohl als den Brennstoff in reichlichem Maaße enthält; und daß man eine wellenförmige blaue, der des Phosphors ähnliche, Flamme siehet, wenn man Koch-Salz auf Kohlen streut. Seit Margraffs Versuchen, der sich ohne Erfolg alle mögliche Mühe gab, diese vermeintliche Verbindung zu bewirken, hat man jene Meinung verlassen. Man darf auch nur auf eben demselben Kohlfeuer ein salzsaures Salz, und konkrete Phosphor-Säure werfen, so wird man bemerken, daß die Flamme des erstern blau, und die der letztern, ganz deutlich grün ist.

Einige haben behauptet, die Phosphor-Säure präexistire nicht ganz gebildet in den Körpern, und zwar nicht einmal in denen aus dem Thierreiche; ihnen zufolge wird sie immer erst durch das Feuer oder durch die Fäulniß gebildet. Ich habe diese Meinung bloß deswegen mit angeführt, weil auch die Irrthümer mit zur Geschichte einer Wissenschaft gehören, und weil die Kenntniß derselben den Gelehrten manchmal nützlich seyn kann. Der eben erwähnte hängt mit der unbestimmten und falschen Vorstellung von den Verwandlungen ohne Zusammensetzung oder Zersetzung, zusammen, eine Vorstellung, die man sich wundern muß, zu einer Zeit bey manchen Chemisten wieder zu finden, wo die höhere Chemie so große Fortschritte gemacht hat. Um die Frage zu entscheiden, hat man bloß nöthig zu erwägen, daß man ein Phosphor-Salz auf nassem Wege erhält, wenn man frischen Urin, entweder bey gelinder Wärme abraucht, oder ihn an der Luft stehen läßt: im ersten Falle ist die Phosphor-Säure gewiß

kein

kein Produkt der Fäulniß, und im zweyten kann man ihre Entstehung wohl nicht dem Feuer unsrer Oefen zuschreiben. Das Salz, welches auf diesen beyden Wegen erhalten wird, ist ganz identisch, es präexistirte demnach im Urine, wie das schwefelsaure Pflanzen-Alkali, der Salpeter und das Kochsalz in den Pflanzen, aus deren Extrakte man sie durch Krystallisiren erhalten kann: Ist wohl bey jenem eher eine erst erfolgte Bildung als bey diesen anzunehmen.

Mit noch mehrerem Grunde kann man dies auf den phosphorsauren Kalk anwenden, welcher den festen Grundtheil der Knochen bildet, das sogenannte philosophisch kalzinirte Hirschhorn, die Knochen, die im Papinianischen Topfe gekocht worden sind, und diejenigen, welche lange im fließenden Wasser gelegen haben, ja sogar ganz frische Knochen, werden von der Schwefel-Säure angegriffen, und diese treibt daraus wenigstens einen Theil der Phosphor-Säure aus: Das Kalziniren der Knochen bewirkt demnach wohl nichts weiter, als daß es sie gleichsam aufschließt, und sie fähiger macht, von den Säuren angegriffen zu werden, indem sie den fettigen Bestandtheil zerstört, welcher sie gegen die Säuren eben so schützt, wie das Oel die Kreide in dem Glaserkitte.

Ich muß hier noch eine andere Meinung mit anführen, welche beweist, wie weit man sich verirren kann, sobald man Theorien nachhängt, die nicht von der Erfahrung unterstützt werden: man hatte als Grundsatz angenommen, eine Substanz, die in den Exkrementen enthalten ist, kann nicht als Bestandtheil im thierischen Körper vorkommen, und nun schloß man,

der

der Urin enthält Phosphor-Säure, also kann die Phosphor-Säure kein Bestandtheil des thierischen Körpers seyn; was können solche Schlüsse gegen Thatsachen beweisen, die so unumstößlich sind, als die Gegenwart der Phosphor-Säure in den Knochen, im Fleische, im Fette? Homberg versichert sogar, sie in dem Blute einiger Biertrinker gefunden zu haben, obgleich Marggraf diese Säure vergebens im Blute suchte, so ist es doch nicht unwahrscheinlich, daß es unter gewissen Umständen etwas davon enthalte; Scheele endlich hat phosphorsauren Kalk im Käse gefunden. Nun ist man wohl eben so wenig berechtigt, Sätze zu läugnen, welche durch Analysen außer Zweifel gesetzt werden, als solche zu behaupten, die noch nicht durch Versuche erwiesen sind.

IV. Die reine Phosphor-Säure ist weiß, ohne Geruch, sie schmeckt sauer, ohne ätzend zu seyn.

Sie röthet die blauen Pflanzen-Säfte, und stellt die durch Alkalien veränderten in ihrer ersten Farbe wieder her.

Crell fand das specifische Gewicht des Phosphor-Glases im Verhältniß zum Wasser wie 3 : 1, allein seine Säure kann nicht als rein betrachtet werden, da er sie nicht erst als Phosphor dargestellt hatte.

Der Grad der Konzentration der flüssigen Phosphor-Säure (sogar derjenigen, die man durchs Zerfließen erhalten hat) ist sehr verschieden: einmal hatte ich welche, die mir bey der hydrostatischen Untersuchung 1,417 gab, ein andermal fand ich 1,306. Man hat vorgeschlagen, die eigne und von angezogne Wasser unabhängige Dichtigkeit des Phosphors dadurch zu bestimmen,

men, daß man annimmt, sie nehme in dem hydrostatischen Gefäße ein Volumen ein, gleich dem Volumen Wasser, welches mit dem zu ihrer Bildung nöthigen Phosphor gleiches Gewicht hat; allein die Verfasser der Anfangsgründe der theoretischen und praktischen Chemie machen gegen diese Methode mit vollem Rechte folgende Einwendungen: 1) Wird in dieser Hypothese der Sauerstoff gar nicht in Anschlag gebracht, mit welchem sich der Phosphor bey seinem schnellen oder langsamen Verbrennen verbindet, um zur Säure zu werden; 2) wird auf das wechselseitige Durchdringen der sich verbindenden Körper nicht Rücksicht genommen, und von einem solchen Durchdringen giebt uns doch eine jede Auflösung eines Salzes im Wasser ein Beyspiel. 3) Giebt diese Rechnung wirklich eine zu große Dichtigkeit, sie haben sich davon überzeugt, indem sie eine Menge durchs Zerfließen erhaltene Phosphor-Säure, die, dem Raume nach, einer Unze Wasser gleich war, durch Abdampfen im Sandbade zur Konsistenz eines Fettes brachten, wo denn der Verlust am absoluten Gewichte 476 Gran betrug, dies giebt das Verhältniß der Säure zum Wasser wie 34 : 10 an, die Säure wäre demnach mehr als dreymal schwerer als das Wasser; Versuche gaben indessen nur das Verhältniß = 21 : 10.

Die Phosphor-Säure ist sehr feuerbeständig: wenn man sie in einem langhalsigten Kolben dem Feuer aussetzt, so läßt sie zuerst den größten Theil des ihr anhängenden Wassers fahren; bald merkt man einen Knoblauchgeruch, der von einem Theile der Säure noch anhängenden Phosphor herrührt, welcher sich nur sehr schwer von derselben trennen läßt; außer diesem Phosphor

phor, der hier in Dampfgestalt entweicht, der verbrennt, sobald er mit der Luft in Berührung kömmt, und der ein über den Dampf gehaltenes Papier schwarz färbt, entweicht noch ein Theil wirklicher Phosphor-Säure, die das blaue Papier roth färbt, und diese sauren Dämpfe erscheinen noch vor jenen weißen, die das Entweichen des Phosphors anzeigen.

Priestley versuchte die Phosphor-Säure in Gasgestalt zu erhalten, er fand aber, daß sie sich bloß in Dämpfe auflöste, die sich schon bey der Temperatur der Atmosphäre wieder verdichteten, und unveränderte Säure waren.

Wenn man das Abdampfen fortsetzt, so trübt sich die Flüssigkeit, sie nimmt eine milchigte Farbe und die Konsistenz eines Teiges an, und man bemerkt am Boden des Gefäßes kleine leuchtende Explosionen, diese dauern noch eine Weile fort, nachdem man das Gefäß schon vom Feuer genommen hat. Setzt man jetzt die Materie in einem Schmelztiegel über glühende Kohlen, so wallt sie ziemlich stark, und der davon aufsteigende Dampf färbt die Flamme grün. Verstärkt man nun das Feuer, so erhält man ein weißes durchsichtiges Glas, welches im Wasser nicht mehr auflöslich ist.

Die konkrete krystallinische Phosphor Säure schmolz im Brennpunkte der Trudainschen Linse, nur erst als man sie auf eine Kohle legte, Macquer schreibt dies der Leichtigkeit zu, mit welcher die Lichtstrahlen durch die durchsichtigen Körper hindurch fahren.

Berniard sagt, Comus habe die Beobachtung gemacht, daß das Phosphor-Glas, unter allen Gläsern, das-

dasjenige sey, welches die stärkste Elektricität zeigt. (Journ. de physiq. XVI. Band, Seite 152.).

Priestley hat beobachtet, daß die Phosphor-Säure die rothen Dämpfe der Salpeter-Säure, oder das nitröse Gas, schnell in sich nehme, und daß sie durch die Anschwängerung mit denselben, eine dunkle indigblaue Farbe bekömmt.

Derselbe Naturforscher hat uns mit einer noch merkwürdigern Eigenschaft dieser Säure bekannt gemacht: er digerirte Phosphor-Säure über Mennige, aus welcher er durch die Hitze viel Sauerstoff-Gas entwickelt hatte, als sich austreiben ließ, und welche sich folglich in demjenigen Zustande befand, wo sie mit Salpeter-Säure behandelt, von neuem Sauerstoff liefert, und erhielt hier, mit Hülfe der Wärme, eine große Menge einer trüben Gasart, welche das Kalk Wasser beynahe gar nicht niederschlug, aber sehr entzündbar war, und mit einer weißen, glänzenden, und nach Phosphor riechenden Flamme brannte; die Mennige hatte ihre gelbe Farbe verloren, und war dunkelgrau, beynahe schwarz geworden.

Wenn man diese Beobachtung mit denjenigen zusammenhält, welche ich schon oben von der Wiederherstellung des Goldes in der königsauren Auflösung, und von dem allmähligen Verschwinden der Farbe der phosphorsauren Braunstein-Auflösung, angeführt habe, so ist man geneigt zu glauben, die Phosphor-Säure behalte, auch nachdem sie schon ihren schwefelähnlichen Zustand verloren hat, noch einen Antheil Brennstoff zurück, welchen sie unter gewissen Umständen an andere Körper abtreten kann, und welches sie wenigstens

in

in den Stand setzt, wie eine phlogistisirte Säure zu wirken; bey allen diesen Erscheinungen aber muß man sich wohl hüten, den Phosphor aus der Acht zu lassen, der in größerer oder geringerer Menge noch immer mit der Säure verbunden bleibt. Der Weingeist hilft zwar allerdings den in der Säure vorhandenen Phosphor verflüchtigen, allein ich weiß aus eigener Erfahrung, daß er dazu beyträgt, auf nassem Wege eine neue Portion Phosphor wieder zu erzeugen; bey jenen kitzlichen Versuchen kann man sich also nur auf eine solche Phosphor-Säure verlassen, die man verdunstet, beynahe verglast, und nachher so lange der Luft ausgesetzt hat, bis sie zerflossen ist. Um zu vermeiden, daß das Wasser beym Verdunsten nicht zu viel Säure mit sich fortreiße, muß man sich einer Retorte, oder wenigstens eines langhalsigten Kolbens bedienen. Wenn man die, durch das Zerfließen des Phosphors, erhaltene Phosphor-Säure mit Wasser in Berührung bringt, so entstehet eine Erhitzung, folglich durchdringen sich beyde Flüssigkeiten, und das Gemenge erhält eine größere Dichtigkeit. Lavoisier vermengte 4 Drachmen von dieser bis zur Konsistenz eines Syrups eingedickten Säure, mit ein gleiches Gewicht Wasser, das in dem Gemenge eingetauchte Thermometer stieg von 8° Reaumur bis auf 14½°: als er einen Theil ähnlicher Phosphor-Säure, welche die Konsistenz des verdickten Terpenthins hatte, mit zwey Theilen Wasser vermengte, stieg das Thermometer sehr schnell von 8° auf 33°. (Mém. de l'Acad. des Sciences, Jahr. 1780. S. 344. Lavoisiers Phys. Chem. Schriften, 3. B. S. 273 und 274.) Lassone und Cornette wiederholten diesen Versuch mit einer Unze Säure, deren specifisches Gewicht sich zu dem des Wassers verhielt, wie 19 : 8, es entstand eine Erhöhung der Temperatur von 38° (Mém. de l'Acad. des Sciences, Jahr 1780. S. 511.).

Die Phosphor-Säure verbindet sich unter Aufbrausen mit den Alkalien, den Erden, sie löst auch die Metall-Kalke auf (m. s. meine Zusätze).

Bergman giebt die Verwandtschaften dieser Säure in folgender Ordnung an:

Die Kalk-Erde.
Die Schwer-Erde.
Die Talk-Erde (Bitter-Erde).
Das Pflanzen-Alkali.
Das Mineral-Alkali.
Das Ammoniak.
Die Thon-Erde.
Der Zink-Kalk.
Der Eisen-Kalk.
Der Braunstein oder der vollkommne Magnesium-Kalk.
Der Kobalt-Kalk.
Der Nickel-Kalk.
Der Bley-Kalk.
Der Zinn-Kalk.
Der Kupfer-Kalk.
Der Wismuth-Kalk.
Der Spiesglanz-Kalk.
Der Arsenik-Kalk.
Der Quecksilber-Kalk.
Der Silber-Kalk.
Der Gold-Kalk.

Der Platina-Kalk.
Das Wasser.
Der Weingeist.
Der Brennstoff.

Auf trocknem Wege setzt Bergman die Erden und Alkalien in eben derselben Reihe.

Wenzel scheint geneigt zu glauben, die Phosphor-Säure habe eine nähere Verwandtschaft zum Brennstoff als zu den Alkalien, weil sie sich mit Hülfe der Wärme von denselben als Phosphor abscheidet, und der Phosphor hingegen durch die Alkalien weder angegriffen noch zersetzt wird: man muß aber hier zweyerley erwägen. 1) Es ist bloß das phosphorsaure Ammoniak, welches Phosphor zu liefern im Stande ist, und dieses läßt seine flüchtige Basis (das Ammoniak) auch schon für sich im Feuer fahren, ohne daß es einer dritten Substanz bedürfte, welche die Zersetzung durch ihre Verwandtschaft bestimmt. 2) Sind Phosphor und Phosphor-Säure gar sehr von einander verschiedene Körper, ja der Phosphor enthält nicht einmal die ganze Phosphor-Säure; es ist also wohl kein Wunder, daß die Verwandtschaften beyder Körper verschieden sind.

Nach Bergman stehet die Phosphor-Säure in der Verwandtschafts-Reihe des Brennstoffs nach der Schwefel-Säure und der übersauren Salz-Säure: es ist inzwischen gewiß, daß der Phosphor weder durch die eine noch durch die andere dieser Säuren zersetzt wird: was die erste anbetrifft, so habe ich gehörigen Orts (1. B. S. 147.) angemerkt, daß der Phosphor, mit Hülfe der Wärme, in derselben schmilzt, daß er sich dabey

bey auf ihre Oberfläche begiebt, und derjenige Theil, der mit der Luft in Berührung ist, zu brennen scheint, da das übrige hingegen gar keine Veränderung erleidet. Lassone und Cornette scheinen eben dasselbe beobachtet zu haben, (Mém. de l'Acad. des Sciences, Jahr 1780. S. 512.). Was die übersaure Salz-Säure betrifft, so ist der Phosphor in dem erstarrten Gas, das heißt, in der konzentrirtesten und wirksamsten übersauren Salz-Säure, unverändert geblieben.

Wenn man aufgelöstes, ätzendes Alkali in eine Auflösung von Kalk-Erde in Phosphor-Säure gießt, so entstehet auf der Stelle ein reichlicher Niederschlag: hieraus könnte man schließen, das Alkali sey der Phosphor-Säure näher verwandt, als die Kalk-Erde, durch diese Erscheinung haben sich auch **Lavoisier** und **Wenzel** irre führen lassen, (Mém. de l'Acad. des Sciences, 1777. S. 73. oder **Lavoisier's** Phys. Chem. Schriften, 2. B. S. 411. und **Wenzel**, von den Verwandtschaften, S. 227.) **Lavoisier** nimmt deswegen an, die Alkalien seyen der Phosphor-Säure näher verwandt als die Kalk-Erde, und **Wenzel** behauptet, das Elfenbein enthalte eine eigenthümliche Erde: allein **Bergman** bemerkt ganz richtig, (m. s. Opusc. Tom. III. de attract. elect. §. XXXIII.) daß die Kalk-Erde nur durch einen Ueberschuß von Phosphor-Säure aufgelöst erhalten werden könne, wenn man, sagt er, den Ueberschuß der Säure durch Alkali hinwegnimmt, so fällt ein schwerauflöslicher Niederschlag zu Boden; dies ist aber keine bloße Kalk-Erde, sondern phosphorsaure Kalk-Erde.

Wenn man Kalk-Wasser in eine Auflösung von phosphorsauren Pflanzen-Alkali gießt, so bildet sich sogleich ein Niederschlag, dessen Natür gar nicht zweifelhaftig ist, und der ganz augenscheinlich zeigt, daß die Kalk-Erde mit der Phosphor-Säure näher verwandt sey als mit den Alkalien.

Bringt man hingegen kohlensaures Alkali mit phosphorsaurer Kalk-Erde zusammen, so wird letztere durch eine doppelte Wahlverwandtschaft zersetzt, und der Niederschlag ist kohlensaure Kalk-Erde (wieder hergestellter roher Kalk). Dies erklärt, wie es den Mitgliedern der Akademie zu Dijon gelingen konnte, die Knochen-Erde durch ein mit Kohlen-Säure verbundenes Alkali zu zersetzen, und wie Scheele den Flußspath durch kohlensaures Alkali zersetzen konnte (m. s. Flußspath-Säure 2. B. S. 94.). Ich zweifle keinesweges, daß man eben angeführten Prozeß benutzen werde, um sich phosphorsaures Mineral-Alkali und phosphorsaures Pflanzen-Alkali in Quantität zu bereiten, und alsdann mit diesen Neutralsalzen Verbindungen zu versuchen, die man bis jetzt zu sehr vernachläßigt hat.

Die reine Phosphor-Säure greift die Kiesel-Erde auf nassem Wege nicht an; ihre Eigenschaft aber, sich zu verglasen, scheint anzuzeigen, daß sie auf trocknem Wege ein kräftiges Auflösungsmittel aller Erden sey; die Erfahrung bestätigt aber diese so scheinbare Analogie keinesweges. Im Jahre 1779 unternahm ich in den Vorlesungen bey der Akademie zu Dijon Versuche über die schmelzende Kraft der Phosphor-Säure. Eine Quantität, durch das langsame Verbrennen, oder

das

das sogenannte Zerfließen des Phosphors, gewonnene Säure, wurde beynahe bis zur Trockniß abgeraucht, und nun mit Gewichte reinen Sand vermengt, in einen Schmelztiegel geschüttet, und nun 2 Stunden lang in Macquers Ofen dem heftigsten Feuer ausgesetzt; das Gemenge war nicht verglaset; man fand im Tiegel eine weiße, poröse, undurchsichtige Masse, die so strengflüssig war, daß sich ein Theil der Schmelztiegel-Masse, als ein grünes Glas, darüber ergossen hatte, ohne daß sie selbst dadurch zum Fließen gebracht worden wäre (Journ. de phys. Tom. XIV. S. 348.).

Diese Beobachtung stimmt mit der von Bergman gemachten überein, welcher sich vergeblich bemühete, Quarz vor dem Löthrohre, mit Hülfe des natürlichen Urinsalzes, zu schmelzen (Opusc. Tom. II. de tubo ferrum. §. XVI.

Da die reine Phosphor-Säure so wenig Verwandtschaft zu Quarz besitzt, so kann sie das Glas nicht anders angreifen, als dadurch, daß sie auf die andern in demselben enthaltenen Erden, oder auf seine salzigten Bestandtheile derselben wirkt. Nach Ingenhouß löst sie das Glas in der Wärme eben so wie die Flußspath-Säure auf; man siehet aber aus seiner Beschreibung nicht, ob die von ihm angewendete Phosphor-Säure rein war, und keinen Phosphor mehr enthielt. Priestley führt über diesen Gegenstand mehrere Versuche an, die er mit der größten Genauigkeit beschreibt, und deren Resultate äußerst interessant sind.

Dieser große Naturforscher wendete die, durch das sogenannte Zerfließen des Phosphors erhaltene, Säure an, er nahm eine 30 Zoll lange Glasröhre, deren

Durchmesser ¾ Zoll betrug, goß darin so viel Säure, daß sie darin einen Zoll hoch stand, und schmolz die Röhre zu; jetzt erhielt er die Säure mehrere Stunden lang kochend, ohne daß eine beträchtliche Veränderung vorgieng, er sahe bloß, daß sich ein weißer Rauch 15 bis 18 Zoll über die Säure erhob.

Bis jetzt hatte er die Röhre senkrecht stehend erhalten, er wendete sie nun um, daß die Flüßigkeit in das andere Ende floß, und hielt die Flamme einer Kerze an die Röhre, deren innere Wände nun mit der Säure benetzt waren, das Glas wurde augenblicklich mit einer weißen Rinde bedeckt, als er diesen Versuch durch Hin- und Hergießen der Säure öfter wiederholte, wurde die ganze Masse am Ende fest, und es blieb keine andere Flüßigkeit übrig, als die etwa an den Wänden hing, und nicht herabfließen wollte (Versuche und Beobachtungen über verschiedene Theile der Naturlehre, 1. B. S. 111 — 112.).

Wir verdanken Priestleys Beobachtungs-Geiste die Kenntniß eines wichtigen Umstandes des eben angeführten Versuchs, wenn die Röhre nehmlich sehr erhitzt war, so entstanden darin bisweilen leuchtende Blitze, die sich in ihrer ganzen Länge ausbreiteten; dabey wurde ein Theil der Röhre allemal mit einer pomeranzenfarbigen Materie, dergleichen der Phosphor, wenn er sich in freyer Luft entzündet, allemal auf dem Glase absetzt, obwohl ganz dünne überzogen. Diese Erscheinungen setzen es außer Zweifel, daß die von Priestley angewendete Phosphor-Säure Eigenschaften der phlogistisirten (unvollkommnen) oder rauchenden Phosphor-Säure besaß, und es ist also kein Wunder, daß das

Glas

Glas angefressen, und mit einer Rinde bedeckt wurde; allein was Priestley hinzusetzt, ist gar nicht leicht zu erklären, daß nehmlich die nach der Operation in der Röhre gefundene weiße Materie die Feuchtigkeit der Luft nicht angezogen habe, und daß sie nach dem Abwaschen keine bemerkbare Säure mehr zeigte: man weiß, daß die durch die unvollkommne Phosphor-Säure gebildeten Salze zerfließend sind, es ist schwer zu begreifen, daß das Wasser, welches die Säure flüssig hielt, wie Priestley glaubt, in dem aus der Masse des Glases gebildeten erdigten Salze, aufgenommen worden sey, ohne es flüssiger zu machen.

Ich habe durch eigene Erfahrungen bestimmen wollen, wie die konkrete Phosphor-Säure auf das Glas wirkt: ich habe eine kleine Phiole von dicken grünem Glase genommen (das weiße kann, des Braunsteinkalks wegen, welches es enthält, leicht täuschen), diese habe ich mit Phosphor-Säure aus den Knochen gefüllt, welche in der Hitze zu einem durchsichtigen, zerfließenden Glase geschmolzen, und nachher gepülvert worden war, das heißt, mit der reinsten, die man sich auf diesem Wege verschaffen kann; ich habe die Mündung mit einem wohlgebrannten Scherben leicht bedeckt, und sie in ein Tiegelbad gesetzt. Nachdem ich diesen eine Stunde lang dem Feuer im Schmelz-Ofen ausgesetzt hatte, fand ich ihre Gestalt noch ziemlich erhalten, sie war bloß an zwey Stellen etwas eingedruckt; sie bildete jetzt mit der in ihr enthaltenen Substanz eine einzige Glasmasse, von einer hellgrünen Farbe, die sich in ihrer Mitte in das Opalfarbne zog, dies Glas war unauflöslich und geschmacklos; folglich hatten sich die beyden Gläser vollkommen vermischt. Anfänglich hatten sich einige Dämpfe entwickelt, die sich, wie ich es erwartete, einen Weg durch den Sand gebahnt hatten, welcher nun leicht angeklebt war. Ich gestehe, daß dieser Versuch nicht als entscheidend für das reine Phosphor-Glas gelten kann, denn das von mir angewendete enthielt noch Urin-Säure (Blasenstein-Säure) und diese konnte allerdings Einfluß auf den Erfolg haben.

Das beträchtliche Aufschwillen, welches entstehet, wenn man vor dem Löthrohre mikrokosmisches Salz mit Thon-Erde behandelt, zeigt schon an, daß die Phosphor-Säure eine beträchtliche Verwandtschaft zu dieser Erde besitze, ich habe auch bemerkt, daß die hessischen Tiegel, in welchen man Phosphor-Säure verglást hat, auf ihrer ganzen innern Fläche einen verglasten Ueberzug bekommen. Ich glaube inzwischen nicht, daß man die Verglasung derjenigen Glasmasse, welche ich für das Radikal der Phosphor-Säure halte, einem thonerdigten Salze zuschreiben könne: wäre dies der Fall, so würden die Schmelztiegel leicht durchfressen, oder doch wenigstens sehr bemerkbar angegriffen werden. Der glasigte Ueberzug, den sie erhalten, ist aber ganz im Gegentheil nur sehr dünn, und, was sehr merkwürdig ist, vollkommen durchsichtig, da man hingegen die Glasmasse, gegen ihre Mitte hin, oft milchigter und undurchsichtiger, doch aber eben so unauflöslich findet.

Die erdigen Basen werden, der Phosphor-Säure von der Schwefel-Säure, der Salpeter-Säure und der Salz-Säure entrissen.

Eben

Eben diese Säuren und die Essig-Säure entziehen ihr auch die Alkalien. Auf trocknem Wege aber zersetzt sie, vermöge ihrer Feuerbeständigkeit, die schwefelsauren, salpetersauren und salzsauren Alkalien.

Sie schlägt das Silber aus der salpetersauren, und das Quecksilber aus der salpetersauren und schwefelsauren Auflösung nieder; ich weiß nicht, was Lavoisier über diesen Gegenstand irre geführt haben mag; allein die von mir angeführten Erscheinungen hat man mehrmals bey den öffentlichen Vorlesungen der Akademie zu Dijon gesehen *).

Die Phosphor-Säure äußert auf die Oele eine ausgezeichnete Wirkung: ein Gemenge aus gleichen Theilen Phosphor-Säure und Baumöl nimmt eine gelblichbraune (fauve) Farbe an, welche auch noch nach der Trennung beyder Substanzen bleibt, digerirt man das Gemenge überm Feuer, so nimmt diese Farbe an Intensität zu, die Säure, welche den untern Theil des Gefäßes einnimmt, verdickt sich, und diejenige Schicht, welche sie unmittelbar berührt, wird schwarz und scheint sich zu verkohlen, das Ganze nimmt einen durchdringenden Geruch an, wie ein Gemenge aus Aether und Terpenthin-Oel; die Säure behält diesen Geruch, auch nachdem man sie mit vielem Wasser verdünnt und filtrirt hat, das Oel behält ihn nach der Destillation. Es ist also augenscheinlich, daß beyde Substanzen verändert worden sind, und die Mitglieder der Akademie zu Dijon haben mit Recht behauptet, dieser Versuch verdiene

*) Man sehe die Zusätze.

diene weiter fortgesetzt zu werden, und könne vielleicht Aufschlüsse über das Dippelsche Oel geben, welches vielleicht nichts anders sey, als ein thierischer Aether, d. h. ein Produkt der Verbindung der Phosphor-Säure mit dem wesentlichen thierischen Oele.

Ich habe schon oben Margraffs und Rouelle's Beobachtungen, über die Unauflöslichkeit der Phosphor-Säure im Weingeiste, angeführt, eine Eigenschaft, welche letzterer benutzt, um diese Säure zu reinigen. Wenzel setzt das saure Urin-Salz unter die im Weingeist unauflösiöslichen Salze (von den Verwandtschaften S. 439.). Lassone und Cornette sagen ebenfalls, der Weingeist koagulire die Phosphor-Säure eben so, wie die thierische Lympha (Acad. des Sc. 1780. Seite 512.), und Scheele führt in seinen Versuchen und Anmerkungen über den Aether (Scheele's Phys. Chem. Schriften, 2. B. S. 313.), den Weingeist als ein vortrefliches Mittel an, um die Phosphor-Säure von den ihr noch anhängenden Phosphor zu reinigen, indessen haben die Chemisten der Akademie zu Dijon in ihren Anfangsgründen der theoretischen und prakt. Chemie, 3. B. S. 85. u. 251. (der deutschen Uebersetzung) schon bemerkt, daß man bey dem Rektificiren der Phosphor-Säure, nach Rouelles Methode, immer einen Verlust erleidet, der von der Mischbarkeit beyder Substanzen herrührt. Diese Beobachtung hat Lavoisier noch neulich bestätigt, er hat nehmlich wässrigte und konzentrirte Phosphor-Säure, in verschiedenen Verhältnissen, mit Weingeist vermengt, und versichert, hier seyen die Umstände ungefähr dieselben, als bey der Vermengung dieser Säure mit Wasser, es wird eben-

ebenfalls Wärmestoff frey, und das Thermometer steigt ungefähr eben so hoch (Mém. de l'Acad. des Sciences, Jahr 1780. Seite 345. Phys. Chem. Schriften, 3. B. S. 274.). Man findet endlich in den philosophischen Transaktionen, für das Jahr 1783, eine Abhandlung vom Herzoge von Chaulnes, in welcher er anräth, das natürliche Urin=Salz durch Weingeist zu reinigen, und wo er versichert, daß die Säure, welche nach der Destillation des unreinen Salzes in der Retorte zurückbleibt, zerfließend sey, dahingegen dasjenige, welches man bey der Destillation des reinen Salzes erhält, an der Luft trocken bleibt, und seine Durchsichtigkeit nicht verliert.

Die Widersprüche in den Behauptungen dieser Chemisten veranlassen eine Frage, welche sich durch die bloße Betrachtung der größern oder geringern Reinigkeit der Säure, welche sie anwendeten, nicht wohl entscheiden läßt, da die, mit welcher Lavoisier seine Versuche unternahm, sowohl, als die, womit die Mitglieder der Akademie zu Dijon die ihrigen anstellten, durch das Verbrennen des Phosphors erhalten worden war. Es ist sehr wahrscheinlich, daß diese Säure noch Phosphor enthielt, und es ist bekannt, daß der Phosphor im Weingeiste auflöslich sey; man ist aber wohl nicht zu schließen berechtigt, daß die geringe Quantität des aufgelösten Phosphors der verhältnißmäßig sehr großen Menge Säure zum Zwischenmittel gedient habe.

Es scheint also wohl, daß die Phosphor=Säure nur in so fern von dem allgemeinen Gesetze, nach welchem alle Säuren im Weingeiste aufgelöst werden, eine Ausnahme mache, als sie selbst die Kennzeichen einer

Säure

Säure verliert, es sey nun, daß sie sich mit einer Basis verbinde, oder daß sie einen Theil ihres Sauerstoffs verliere, dies führt uns von neuem auf die Idee zurück, daß das sogenannte Phosphor Glas die wahre phosphorsaure Basis sey. Allein ich kann es nicht läugnen, ehe sich hier etwas entscheiden läßt, müssen die zuletzt angeführten Versuche wiederholt, und noch mehrere andere angestellt werden.

Die Phosphor-Säure wirkt auf thierische und Pflanzenstoffe, mehr oder weniger, heftig ein, je nachdem sie mehr oder weniger konzentrirt ist: mit aller der Feuchtigkeit beladen, welche sie aus der Luft beym Zerfließen annehmen kann, ist sie noch im Stande, mit der Zeit das Gewebe der eben genannten Stoffe und ihre Farben zu zerstören.

Von der phlogistisirten Phosphor-Säure, (unvollkommnen Phosphor-Säure oder phosphorigten Säure.)

Wir haben gesehen, daß die Salpeter-Säure, wenn sie mit nitrösem Gas beladen ist, eine unvollkommne Salpeter-Säure, oder salpetrigte Säure darstellt: eben so verdient die mit Phosphor verbundene Phosphor-Säure den Namen der unvollkommnen Phosphor-Säure, oder der phosphorigten Säure. Diese beyden Säuren sind unter sich und mit der unvollkommnen Schwefel-Säure, oder schwefligten Säure ganz analog.

Sage nennt die phosphorigte Säure rauchende, flüchtige Phosphor Säure (acide phosphorique volatil fumant): Proust bemerkt ganz richtig, bey der Destillation des Phosphors komme immer eine Portion dieser flüchtigen Phosphor-Säure zum Vorschein, welche sich zur Phosphor-Säure verhält, wie die flüchtige Schwefel-Säure, (schwefligte Säure) zur Schwefel-Säure.

Es ist viel leichter, die phosphorigte Säure zu erhalten, als die Phosphor-Säure: man braucht nur Phosphor, durch Erhitzen, in Brand zu setzen, so steigen augenblicklich von demselben weiße erstickende Dämpfe auf, und man findet nach dem Verbrennen einen granatfarbnen Rückstand, der die Feuchtigkeit aus der Luft anziehet, und sich zum Theil in eine sehr saure Flüssigkeit auflöst, diese ist phosphorigte Säure.

Diese Säure hat, so wie der Phosphor selbst, einen sehr auffallenden Knoblauchgeruch, aus welchem einige Naturforscher schließen zu können glauben, es finde zwischen dem Phosphor, dem Arsenik und der elektrischen Materien, welche ebenfalls ziemlich stark nach Knoblauch riechen, eine Aehnlichkeit statt: allein Lassone und Cornette machen die ganz richtige Bemerkung, die Resultate aller Untersuchungen, die man über diesen Gegenstand angestellt hat, seyen von der Art, daß man zwischen den benannten Substanzen keine vollständige Aehnlichkeit annehmen könne (Académie des Sciences, 1780. Seite 511.). Dieser Geruch kann von einer Verbindung herrühren, welche einige von ihnen ausfließende Theilchen außerhalb derselben eingehen; man

man könnte ihn vielleicht der Sättigung des Sauerstoffs der Atmosphäre mit Brennstoff zuschreiben *), und zwar um so mehr, da er sich bey solchen Erfolgen zeigt, die mit einem schnellern oder langsamern Verbrennen immer mehr oder weniger Aehnlichkeit haben.

Ich habe schon angemerkt, daß die geruchlose Phosphor-Säure den Geruch der phosphorigten Säure annimmt, sobald man sie mit Weingeist kochen läßt, und daß sie ihn auch alsdann behält, wenn man sie bis zur Konsistenz eines Teiges abraucht; gießt man jetzt neuen Weingeist zu, so erhält man eine milchigte Flüssigkeit.

Die phosphorigte Säure verwandelt sich an der Luft in Phosphor-Säure, da aber nur diejeniae Schicht die Umwandlung erleidet, welche mit der Luft in Berührung ist, so gehet sie sehr langsam vor sich, man könnte sie dadurch beschleunigen, daß man der Flüssigkeit eine sehr große Oberfläche gäbe, noch kürzer wäre es, sie mit Salpeter-Säure so zu behandeln, wie Lavoisier nach Seite 251 den Phosphor behandelt hat.

Die phosphorigte Säure greift auf nassem Wege das Glas an, diese Wirkung geschiehet aber nur langsam, und ist viel zu schwach, als daß man sie mit der Flußspath-Säure vergleichen könnte: die Aehnlichkeit, welche einige Chemisten zwischen diesen beyden Säuren

zu

*) Daß die Chemisten jetzt die Idee von einer Sättigung des Sauerstoffs oder des Sauerstoff-Gas mit Brennstoff ganz aufgegeben haben, ist schon oben angeführt worden, m. sehe 1. B. S. 99. Note.

zu finden geglaubt haben, ist demnach wohl nur eingebildet. Es bleibt aber doch sonderbar, daß eine unvollkommne Säure stärker auf das Glas wirkt, als eine vollkommne, und es wäre wohl der Mühe werth zu untersuchen, ob die Wirkung eigentlich auf das Glas, oder nur auf die in demselben zu häufig befindlichen, und zu frey liegenden Schmelzungsmittel geschiehet: bestätigte sich das erstere, so ist der Erfolg vielleicht mehr der phosphorsauren Basis, als der phosphorigten Säure zuzuschreiben.

Die phosphorigte Säure gehet mit den Alkalien und Erden ebenfalls Verbindungen ein, die phosphorigtsauren Salze krystallisiren aber schwerer als die phosphorsauren, und nehmen die Konsistenz einer Gallerte an: sie ziehen auch eben so wie die andern, durch unvollkommne Säuren gebildeten Salze, Sauerstoff aus der Atmosphäre an.

Zusätze.

Verhalten der Phosphor-Säure zu Alkalien und Erden auf nassem Wege.

Mit dem Pflanzen-Alkali verbindet sich die Phosphor-Säure unter heftigem Brausen, und bildet damit ein phosphorsaures Pflanzen-Alkali (Potassinum phosphoricum, Phosphas potassae, Phosphate de potasse) in vierseitigen, mit vier Flächen zugespitzten Säulen, deren Zuspitzungsflächen auf den Seitenflächen aufstehen. Das siedende Wasser löst von diesem Salze beynahe doppelt so viel auf, als das kalte, es läßt sich demnach durch das Abkühlen krystallisiren.

Es behält immer etwas überschüssige Säure bey sich; auf glühende Kohlen geworfen, schwillt es auf und fließt schwer, wenn es einmal geschmolzen worden ist, hat es keinen salzigen Geschmack mehr. Wenn man über dieses Salz Weingeist abbrennt, so wird die Flamme, im ganzen genommen, durch dasselbe nicht verändert, man bemerkt aber doch von Zeit zu Zeit ein Knistern, wobey sich eine rothe Farbe zeigt. (Lavoisiers Phys. Chem. Schriften, 2. B. S. 416 — 417.)

Nach

Nach den Verfassern der theor. und praktischen Chemie (3. B. S. 91.) knistert es, auf Kohlen geworfen, wie Kochsalz. Als es Margraff vor dem Löthrohre behandelte, prasselte es nicht, sondern schwoll auf wie Borax (Margraffs chemische Schriften, 1. B. S. 53.).

Mit dem Mineral-Alkali verbindet sich die Phosphor-Säure unter lebhaftem Brausen, ist die Säure konzentrirt, so wird die Flüssigkeit so dick, daß sie schwer durchs Seihepapier läuft, durchs Abdampfen liefert sie das phosphorsaure Mineral-Alkali (Natrum phosphoricum, Alkali minerale phosphoratum, Soda phosphorata, Phosphas sodae, Phosphate de soude) ist überschüssige Säure darin vorhanden, so erscheint es als ein gummiartiger Klumpen, der so durchsichtig wie ein Krystall ist, und die merkwürdige Eigenschaft besitzt, daß er beym Erkalten fest wird, und in der Abdampfshitze, obgleich kein Wasser zugesetzt wird, doch seine Flüssigkeit wieder erhält; ist die Flüssigkeit aber mit Mineral-Alkali gesättigt, oder nach Gren, Hermbstädt und mehreren andern Schriftstellern, übersättigt, so erhält man Krystalle, deren Gestalt sehr abwechselt, und die oft große geschobene Würfel bilden. Dieses Salz wird vom siedenden Wasser in größerer Menge aufgelöst, als vom kalten, und läßt sich folglich durchs Abkühlen krystallisiren. Im Feuer fließt es, ohne zersetzt zu werden, zu einem glasähnlichen Körper. Unser Verfasser hat schon oben angemerkt, daß es an der Luft, ohne seine Gestalt zu verlieren, durch Verlust seines Krystallisations-Wassers verwittert. Es macht den Veilchensaft grün. Sein Geschmack ist nicht unangenehm, sondern rein salzigt, und kömmt dem des Kochsalzes nahe. Zu sechs

Drachmen bis eine Unze genommen, führt es gelinde ab, ohne Uebelkeiten oder andere Unbequemlichkeiten zu bewirken, man kann es in Fleischbrühe oder andern Getränken nehmen, in London bereitet man es häufig zum medizinischen Gebrauche, das Pfund kostet daselbst 8 Schilling St. (2 Rthlr. 8 Gr. in Golde) m. s. Wenzel von den Verw. S. 215 folg. Crells Chem. Annalen 1789. 1. B. S. 16. Anf. der theor. und prakt. Chem. 2. B. S. 91 — 92. Grens Handbuch 2. B. S. 289. Macquers Chem. Wörterb. 4. Th. S. 534. Hermbstädts Chem. 2. B. S. 91. Lavoisiers Phys. Chem. Schriften, 2. B. S. 415. Tourcroy Handb. der Naturgesch. und Chem. 4. B. S. 418. der Uebers. 403. des Originals.

Von dem phosphorsauren Ammoniak (Ammoniacum phosphoricum, Alkali volatile phosphoratum, Phosphas ammoniaci, Phosphate d'ammoniac) hat unser Verfasser schon oben Seite 200. das Wichtigste angeführt, ich will nur noch erinnern, daß es nach Wenzel (von den Verwandts. S. 221.) $\frac{8}{21}$ Ammoniak und $\frac{13}{21}$ Phosphor-Säure enthält. Man kann darüber auch nachsehen. Gren. Handbuch, 2. B. S. 2,1. Hermbstädts Grundriß, 2. B. S. 92. Macquers Wörterb. 4. B. S. 544. Anf. der th. und prakt. Chem. 2. B. S. 92. Lavoisiers Phys. Chem. Schriften, 2. B. S. 418. Margraffs Chem. Schriften, 1. B. S. 53.

Mit der Kalk Erde verbindet sich die Phosphor-Säure schon in der Kälte mit Brausen, die phosphorsaure Kalk Erde (Calx phosphorica seu phosphorata, Phosphas calcis, Phosphate de chaux) ist im Wasser sehr schwer auflöslich, und deswegen nicht gut krystallisirt

lisirt zu erhalten, sie hat gewöhnlich die Gestalt eines Pulvers, welches aus sehr kleinen Krystallen bestehet, und unterscheidet sich von der sogenannten Knochen-Asche nur darin, daß letztere immer etwas freye Kalk-Erde enthält. Man erhält sie, nach Lavoisier, am besten, wenn man flüssige Phosphor-Säure in Kalk-Wasser tröpfelt, wo denn augenblicklich ein weißer Niederschlag entstehet. Nach Crells Beobachtung wird die phosphorsaure Kalk-Erde durch überschüssige Phosphor-Säure aufgelöst, und es schießen aus der verdunsteten Auflösung blättrige Krystalle an, die im Munde zergehen, und einen theils erdigten, theils säuerlichen Geschmack haben. Chem. Journal Th. 10. Seite. Die phosphorsaure Kalk-Erde verhält sich vor dem Löthrohre ganz wie die Knochen-Erde, das heißt, sie fließt zu einer milchigten Glasperl. Von den wechselseitigen Verwandtschaften der Kalk-Erde und den Alkalien zur Phosphor-Säure hat unser Verfasser schon oben Seite 275. das Nöthige angeführt. Man kann über dieses Mittelsalz nachlesen, Macquers Chem. Wörterb. 4. Th. S. 536. Grens Handbuch, 2. B. S. 291 folg. Lavoisiers Phys. Chem. Schriften, 2. B. S. 407. Wenzel, von den Verw. S. 222. Crells Chem. Journal, 10. Th. S. 137.

In neuern Zeiten hat man die Phosphor-Säure auch natürlich im Mineral-Reiche mit Kalk-Erde verbunden gefunden.

1) Im Aparit, einem Fossil, welches man lange Zeit verkannte, und bald für Flußspath, bald für Beryll, bald für Kalkspath und so weiter hielt.

Der Apatit (Calcareus Apatites, Franz. Apatite Chaux phosphorée, Phosphate de Chaux) findet sich am gewöhnlichsten von einer grünlichweißen, berggrünen, olivengrünen, violblauen, rosenrothen, und nelkenbraunen Farbe, seltner ist er perlgrau, grünlichgrau, himmelblau, berlinerblau, fleischroth u. s. w.

Er kömmt sehr selten derb und eingesprengt, gewöhnlich krystallisirt vor, und zwar

a. in vollkommnen, niedrigen sechsseitigen Säulen,
b. in ziemlich niedrigen sechsseitigen Säulen, deren Ecken und Kanten abgestumpft sind,
c. in sechsseitigen Säulen, mit zugeschärften Seitenkanten,
d. in sechsseitigen Säulen, welche an ihren Enden mit sechs Flächen, die auf den Seitenflächen aufsitzen, flach zugespitzt, und sowohl an den Spitzen als an den Ecken, und entweder an allen, oder nur an den abwechselnden Seitenkanten abgestumpft sind;
e. in dreyseitigen Säulen, mit zugeschärften Seiten- und abgestumpften Endkanten,
f. in sechsseitigen Tafeln, mit stark abgestumpften Endkanten, und schwach abgestumpften Seitenkanten;
g. in sechsseitigen Tafeln, mit abwechselnd abgestumpften Seitenkanten,
h. in sechsseitigen Tafeln, mit abgestumpften Ecken und Endkanten;
i. in achtseitigen Tafeln, mit vier gegenüberstehenden (an den schmälern Kanten befindlichen) abgestumpften Endkanten.

Diese Krystalle sind selten von mittlerer Größe, gewöhnlich klein und sehr klein; ihre Seitenflächen sind theils

theils glatt, theils sehr schwach der Länge nach gestreift.

Aeußerlich ist der Apatit gewöhnlich glänzend, oft stark glänzend; inwendig aber stets glänzend, von gemeinem Glasglanze.

Im Querbruche ist er blättrig, oft auch versteckt blättrig; im Längenbruche und in jeder andern Richtung hingegen, ist er uneben und von kleinem Korne, das sich zuweilen schon dem Kleinmuschlichen nähert.

Er springt in unbestimmteckigte, etwas scharfkantige Bruchstücke,

kommt von allen Graden der Durchsichtigkeit vor, doch ist er gewöhnlich durchscheinend und an den Kanten durchscheinend,

halbhart,

spröde,

fühlt sich etwas kalt an, und

ist nicht sonderlich schwer.

Nach Gellerts Untersuchung, beträgt das specifische Gewicht des sächsischen Apatits 3,218.

Vor dem Löthrohre knistert er anfänglich ein wenig, phosphoreszirt sehr schön mit einem weißen Scheine, er wird durchsichtiger als er war, und schmilzt endlich, jedoch sehr schwer, zu einem schmutzig weißem Glase. Mit Borax löst er sich ohne Aufbrausen, aber äußerst schwer, auf. Nach Klaproth (Bergm. Journal, 1788. 1. B. S. 294.) bestehet er aus

55 Theilen Kalk-Erde,
45 —— Phosphor-Säure,
—— ein wenig Braunstein.

100

Durch das Reiben kann der Apatit etwas elektrisch gemacht werden, nicht aber durch die Wärme allein; auf glühende Kohlen gestreut, giebt er einen lichten grünen, phosphorischen Schein von sich.

2. Im erdigen Apatit.

Der erdige Apatit (Calcereus Apatites friabilis) hat eine gelblich und graulichweiße Farbe.
Bricht derb, manchmal auch lose, in Gestalt einer Erde,
ist matt, und
hat einen erdigen Bruch, der ins Unebene von feinem Korne übergehet.
Er springt in unbestimmteckige, ziemlich stumpfkantige Bruchstücke,
ist undurchsichtig,
halbhart,
öfters zerreiblich,
spröde,
leicht zerspringbar,
fühlt sich mager und rauh, auch
etwas kalt an, und
ist nicht sonderlich schwer.

Vor dem Löthrohre phosphoreszirt dieses Fossil, und schmilzt ohne Aufbrausen für sich zu einem weißen porzellänähnlichen Glase. Nach Prousts Versuchen bestehet es aus Kalk-Erde und Phosphor-Säure. An der Luft zerfällt dieser erdige Apatit zu einer wahren

Er-

Erde, die, wenn sie auf Kohlen gestreut wird, einen lebhaften, glänzenden, und ziemlich anhaltenden phosphorischen Schein von sich giebt, der sich von dem des Flußspaths sehr unterscheidet. Proust hat dieses Fossil in Spanien, in der Provinz Estremadura, in der Gerichtsbarkeit von Truxille, in ganzen Hügeln, bey dem Dorfe Longosen entdeckt, wo es in Flözen oder Lagern vorkommt, die mit derbem Quarze abwechseln.

Man bedient sich dieses Fossils in jener Gegend zum Bauen statt anderer Steine.

3. In der Flußspath Erde.

Die Flußspath-Erde (fluor farinosus) hat eine gräulichweiße Farbe, die sich dem Grauen nähert.

Sie bestehet aus sehr feinen, losen, staubartigen Theilchen,

ist matt,

fühlt sich sanft aber mager an,

färbt etwas ab, und

ist nicht sonderlich schwer.

Wenn diese Erde auf glühende Kohlen, oder auf ein heißes Eisen, das nicht glühend seyn darf, geworfen wird, so giebt sie einen schönen, grünlichen, phosphorischen Schein von sich. Nach Klaproth bestehet sie aus Kalk-Erde, Flußspath- und etwas Phosphor-Säure. Hassenfratz behauptet zwar, (Annales de Chymie, 1789. Tom. I.) daß sie bloß aus Kalk-Erde und Flußspath-Säure bestehe. Klaproth's Meinung ist aber doch die allgemeinste.

Sie wird zu Kobolo-Bajana, nahe bey Sigeth im Marmoroser Comitat in Ungarn gefunden.

Wiedenmann's Handbuch des Oryktog. Theils der Mineralogie.

Lavoisier schüttete Talk=Erde in schwache Phosphor=Säure, sie ward mit Brausen aufgelöst, und es fiel eine **phosphorsaure** Talk=Erde (Magnesia phosphorica seu phosphorata, Phosphas magnesiae, Phosphate de magnésie) in Gestalt eines Pulvers zu Boden, er verdünnte die Auflösung mit destillirtem Wasser, und der Niederschlag ward sogleich aufgelöst; nachdem diese Auflösung die ganze Nacht hindurch an einem kühlen Orte gestanden hatte, fand er am folgenden Tage, daß eine Menge kleiner, regelmäßiger, zu sehr dünnen, flachen, verschiedene Linien lange, und an beyden Enden schräge abgeschnittnen Nadeln angeschossener Krystalle, in derselben entstanden war; diese Krystalle, sagt er, waren denen sehr ähnlich, welche eine Auflösung des Marienglases (pierre spéculaire) durch unmerkliches Verdampfen liefert, oder auch den Gypskrystallen, welche man zu St. Germain en Laye findet, nur daß diese letztern größer sind: als er die Krystalle der phosphorsauren Talk=Erde trocknen wollte, zerfielen sie zu Pulver. Durch das Abrauchen der noch übrigen Flüssigkeit konnte er keine regelmäßige Anschüsse erhalten (Phys. Chem. Schriften, 2. B. S. 413. u. folg.). **Bergman** konnte durch das Abrauchen der phosphorsauren Talk=Erde=Auflösung nichts anders als krystallinische Körner erhalten, als er aber Phosphor=Säure in eine essigsaure Talk=Erde=Auflösung tröpfelte, und die Flüssigkeit verdunstete, erhielt er etwas größere Krystalle, die er aber nicht beschreibt.

Als

Als er Weingeist in die phosphorsaure Talk-Erde-Auflösung goß, entstanden Nebel, die aber beym Abdampfen wieder verschwanden (de magnesia, §. XV. Opusc. Tom. I.).

Wenn die Phosphor-Säure, in welche man Talk-Erde auflöst, konzentrirt ist, so wird die Flüssigkeit, nach **Wenzel**, gummiähnlich, und es bilden sich darin kleine glänzende Krystalle, die sich nach und nach absondern. Dieser Chemist macht bey Gelegenheit der phosphorsauren Talk-Erde eine Bemerkung, welche mir wichtig genug scheint, sie dem Leser mitzutheilen.

„Es ist merkwürdig, sagt er, daß der Kalk-Erde, Magnesia (Talk-Erde), und andern Körpern, durch das Phosphorsaure (die Phosphor-Säure), nachdem sie schon hinlänglich gesättigt ist, ihre fixirte Luft (Kohlen-Säure) zum Theil entzogen, und doch nicht völlig entwickelt wird. Die salinischen Pulver, welche bey der Auflösung der Magnesia und der Austerschalen zurückblieben, enthielten noch einen beträchtlichen Theil Erde, die nicht mit dem Phosphorsauren gesättigt war; diese Erde aber brauste nur sehr schwach mit dem Salpetersauren auf. Auch wogen die eigentlichen unauflöslichen salinischen Pulver, und die dabey befindlichen rohen Erden zusammengenommen, vor Absonderung der letztern, nicht so viel, als nachher, da diese Erden, bey dem Niederschlagen, ihre fixirte Luft wieder erhalten hatten, die Ursache weiß ich von dieser Erscheinung nicht anzugeben.“ (Von den Verwandtschaften, S. 224 — 226.)

Diese Erscheinung verdiente wohl durch Versuche in ein helleres Licht gesetzt zu werden. Die phosphorsaure Talk-Erde fließt, nach Wenzel (a. a. O.), vor dem Löthrohre zu einem durchsichtigen Glaskügelchen.

Bergman wagt es nicht zu entscheiden, ob die Talk-Erde auf nassem Wege der Phosphor-Säure näher verwandt sey, als den Alkalien (de attr. elect. §. XXXIII. Tom. III. Opusc,) auf trocknem Wege aber steht ihm zufolge die Kalk-Erde vor der Talk-Erde, (a. a. O.) und Gren sagt (Handb. 2. B. S. 295.), die phosphorsaure Talk-Erde werde beym Kochen mit Kalk-Wasser zersetzt. Also wäre der Vorrang der Kalk-Erde auch auf nassem Wege entschieden.

Die Thon-Erde wird auf nassem Wege von der Phosphor-Säure leicht aufgelöst, wegen der Schwerauflöslichkeit der phosphorsauren Thon-Erde (argilla phosphorica seu phosphorata, Phosphas argillae, Phosphate d'alumine) aber fällt diese bey ihrem Entstehen, sogleich größtentheils als ein sandiges Pulver zu Boden (Wenzel von den Verwandtschaften, Seite 235.). Die Flüssigkeit nimmt beym Abdampfen eine gummigte Konsistenz an (Anf. der theor. und prakt. Ch. 3. B. S. 89.). Die phosphorsaure Thon-Erde fließt, nach Wenzel (a. a. O.), vor dem Löthrohre zu einem durchsichtigen Glase, im Tiegel verwandelt sie sich in eine porzellänähnliche Masse.

Nach Gren (Handb. 2. B. S. 296.) wird die phosphorsaure Thon-Erde durch die reinen Alkalien, das Kalk-Wasser und die reine Talk-Erde zersetzt.

Wenzel sagt (a. a. O. S. 236.): die in der Phosphor-Säure aufgelöste Thon-Erde werde zwar aus derselben, so wie aus andern Säuren, durch die Alkalien, als ein weißes Pulver niedergeschlagen, allein demohngeachtet

geachtet bleibt noch immer ein Theil Phosphor-Säure mit der niedergeschlagenen Erde fest verbunden, weswegen sie auch sehr verändert sey, denn nach oftmaligen Aussüßen mit kochendem Wasser lasse sich diese Erde im Feuer leicht zu einer weißen Glasmasse schmelzen.

Morveau goß Phosphor-Säure in eine Auflösung der salzsauren **Schwer-Erde**, und erhielt so einen Niederschlag von **phosphorsaurer Schwer-Erde** (Barytes phosphoricus seu phosphoratus, Phosphas barytae, Phosphate de baryte) dies Mittelsalz ist geschmacklos, und giebt wegen seiner Unauflöslichkeit im Wasser keine Krystalle. Durch Uebersättigung mit Phosphor-Säure kann es auflöslich gemacht werden (**Grens** Handb. 2. B, S. 296. **Macquers** Chem. Wörterb. 4. Th. S. 537.).

Gren sagt a. a. O. die **Kiesel-Erde** werde auf nassem Wege gar nicht angegriffen, die Verfasser der Anf. der th. und prakt. Chem. behaupten S. 89, diese Säure habe darauf einige Wirkung, sie ließen sehr verdünnte Phosphor-Säure über wohlgewaschenen Sand kochen, sie bemerkten während dieser Operation mehrere Stöße von Brausen, und glaubten die Füssigkeit in einer heftigern Bewegung zu sehen, als das Kochen wohl hervorzubringen pflegt, man erinnere sich die Versuche welche unser Verfasser oben Seite 276. anführt.

Meyer übergoß zwanzig Gran **Stranthian-Erde** mit Wasser, und tröpfelte durchs Zerfließen bereitete, Phos-

Phosphor-Säure *) hinein, sie löste die Erde in der Wärme gut auf. Die phosphorsaure Stronthian-Erde (Stronthiana phosphorica seu phosphorata, Phosphas stronthisnae, Phosphate de stronthiane) schießt mit überflüssiger Säure zu dünnen, nicht genau beschriebenen, Tafeln an, sie war im Wasser auflöslich, vor dem Löthrohre schwand sie sehr zusammen, schmolz aber zu keiner Kugel, und gab beym Glühen einen phosphorischen Schein (Chem. Annalen 1796. 1. B. S. 211.).

Verhalten der Phosphor-Säure zu den Erden auf trocknem Wege.

Margraff behandelte folgende Gemenge im Schmelz-Feuer.

1) 1 Theil reiner Kreide, mit 3 Theilen konkreter Phosphor-Säure, gab ein halbdurchsichtiges Glas, welches keine Feuchtigkeit aus der Luft anzog.

2) 1 Theil kalzinirter und fein zerriebener Marmor, mit 3 Theilen Phosphor-Säure, war aus dem Tiegel gelau-

*) Es ist nicht angemerkt, ob diese Säure der freyen Luft lange genug, und unter solchen Umständen, ausgesetzt gewesen war, daß sie für (vollkommne) Phosphor-Säure gelten kann: sollte dies nicht der Fall seyn, so verdient das erhaltene Mittelsalz den Namen, phosphorigte saure Stronthian-Erde (Stronthiana phosphorosa, Phosphis stronthianae, Phosphite de stronthiane).

gelaufen, und so dünne geflossen, daß fast gar nichts, als nur etwas weniges unten im Tiegel blieb, welcher verglast war.

3) 1 Theil kalzinirte und feinzerriebener Alabaster, mit 3 Theilen Säure, in verschlossenen Gefäßen geglühet, gab ebenfalls ein Glas, welches den Tiegel durchdrang, das wenige, was im Tiegel blieb, war halbdurchsichtig, und zog ebenfalls keine Feuchtigkeit an.

4) 1 Theil Frauen-Eis, mit 3 Theilen Säure, hatten den Tiegel ebenfalls durchdrungen, und seinen Boden noch stärker verglaset. Auch dieses Glas ward an der Luft nicht feucht.

5) Spanische Kreide, in eben dem Verhältnisse mit der Säure vermischt, gab eine im Bruche glänzende nicht recht geflossene schwammichte Masse.

6) Sächsischer zart zerriebener Topas, gab eine schöne opalfarbne Masse, die ebenfalls trocken blieb.

8) Präparirter Kieselstein gab eine ganz ähnliche Masse, die aber Feuchtigkeit anzog.

8) Feiner Porzellän-Thon gab einen Fluß wie Nr. 5.

9) Aus Alaun geschiedene und wohlausgesüßte Thon-Erde gab eine halbdurchsichtige Masse.

10) Flußspath eine der vorigen ganz ähnliche Masse.

11) Kalkspath eine weiße undurchsichtige Masse. (Chemische Schriften, 1. B. S. 94 folg.). Sehr merkwürdig ist es doch, daß die mit der Kiesel-Erde erhaltene Glas-Masse die einzige war, welche Feuchtigkeit anzog.

Wechselseitige Verwandtschaften der Phosphor-Säure und der bisher abgehandelten Säuren zu den Alkalien und Erden.

Phosphor-Säure und Schwefel-Säure.

Daß die Schwefel-Säure der Kalk-Erde näher verwandt sey, als die Phosphor-Säure, erhellet schon daraus, daß die letztere durch die erste aus den Knochen abgeschieden wird. Da die Schwefel-Säure ferner mit der Kalk-Erde näher verwandt ist, als mit den Alkalien und mit den übrigen Erden, so muß sie auch die Phosphor-Säure auf nassem Wege von diesen trennen. Die Phosphor-Säure bewirkt auch in der That in der schwefelsauren Talk-Erde-Auflösung eben so wenig einen Niederschlag, als in der schwefelsauren Kalk-Erde-Auflösung. Auf trocknem Wege bey der Glühehitze hingegen wird jedes schwefelsaure Neutral- und Mittelsalz durch die Phosphor-Säure wirklich zerlegt, die Schwefel-Säure wird durch die Hitze dampfförmig entwickelt, und die Phosphor-Säure bleibt, vermöge ihrer Feuerbeständigkeit, mit der Basis verbunden, zurück.

Durch doppelte Wahlverwandtschaft würde auf nassem Wege zersetzt werden: das phosphorsaure Pflanzen Alkali durch schwefelsaures Mineral-Alkali, durch schwefelsaures Ammoniak, schwefelsaure Talk-Erde und Alaun-Erde; das phosphorsaure Mineral-Alkali durch schwefelsaures Ammoniak, schwefelsaure Talk-Erde und schwefelsaure Thon-Erde; das phosphorsaure

saure Ammoniak, durch schwefelsaure Talk-Erde und Thon-Erde. Die phosphorsaure Kalk- Talk- und Schwer Erde werden wegen ihrer Unauflöslichkeit die Zersetzung durch schwefelsaure Neutral- und Mittelsalze nicht gut zulassen. Die phosphorsaure Thon-Erde wird durch keines derselben zerlegt. Da die Verwandtschaften der Stronthian-Erde überhaupt noch nicht gehörig bekannt sind, so läßt sich auch über das Verhalten der phosphorsauren Stronthian-Erde zu andern Neutral- und Mittelsalzen nichts bestimmen.

Phosphor-Säure und Salpeter-Saure.

Die Alkalien sind mit der Phosphor-Säure auf nassem Wege nicht so nahe verwandt, als mit der Salpeter-Säure, und diese zersetzt daher alle phosphorsauren Neutralsalze. In der Stufenfolge der Verwandtschaft der Kalk-Erde, Talk-Erde und Schwer-Erde, setzt **Bergman** (de attr. elect. Volum. III. Opusc.) die Phosphor-Säure noch vor der Salpeter-Säure. Nach **Lavoisier** hingegen (Phys. Chem. Schriften, 2. B. S. 407. u. folg. auch in **Crells** neuesten Entdeck. 1. Th. S. 144. folg.) stehet sie dieser nach. Nach **Grens** Versuchen schlägt die reine Phosphor-Säure aus der salpetersauren Kalk-Erde, Schwer-Erde und Talk-Erde nichts nieder. Gegen die Thon-Erde hat die Phosphor Säure, nach **Gren**, auch keine so starke Verwandtschaft, als die Salpeter-Säure, die Salpeter-Saure wird also die phosphorsaure Kalk-Erde nicht

bloß

bloß auflösen, sondern sie auch wirklich zersetzen, und eben so auch die übrigen phosphorsauren Mittelsalze.

Es würde nach den angeführten Verwandtschaften der Phosphor-Säure mit den Alkalien und Erden, verglichen mit den Verwandtschaften der Salpeter Säure zu eben diesen Körpern, folgende doppelte Wahlverwandtschaft auf nassem Wege statt finden müssen: Phosphorsaures Pflanzen-Alkali wird zersetzt durch salpetersaures Mineral Alkali, durch salpetersaures Ammoniak, salpetersaure Kalk- Talk- und Thon Erde; phosphorsaures Ammoniak durch salpetersaure Thon-Erde, und vielleicht durch salpetersaure Talk-Erde, von der phosphorsauren Kalk Erde, Talk Erde und Schwer-Erde läßt sich ihrer Unauflöslichkeit wegen nichts sagen.

Auf trocknem Wege treibt die Phosphor-Säure, ihrer Feuerbeständigkeit wegen, die Salpeter-Säure aus allen Neutral- und Mittelsalzen aus.

Phosphor-Säure und gemeine Salz-Säure oder salzigte Säure.

Von den Alkalien ist es entschieden, daß sie auf nassem Wege näher mit der Salz-Säure verwandt sind, als mit der Phosphor-Säure, und daß die Salz-Säure die Phosphor-Säure aus allen phosphorsauren Neutralsalzen abscheidet. Von den Erden ist dies hingegen noch nicht so ausgemacht. Bergman (de attr. elect. Tom. III. Opusc.) setzt die Phosphor-Säure in der Stufenfolge der Verwandtschaften der Kalk-Erde, Schwer-

Schwer-Erde und Talk-Erde, nur muthmaßlich vor der Salz-Säure, wäre dies richtig, so würde die Salz-Säure die phosphorsauren Mittelsalze nicht zerlegen können. Nach Grens Erfahrung zersetzt die Phosphor-Säure die salzsaure Kalk-Erde und Talk-Erde nicht, sondern nur die salzsaure Schwer-Erde, dieses letztere bestätigt auch Morveau (Rosiers Journ. de phys. XVII. S. 230.). Die salzsaure Thon-Erde wird durch die reine Phosphor-Säure nicht zerlegt.

Diesemnach sollte auf nassem Wege vermöge der doppelten Wahlverwandschaft zersetzt werden: das phosphorsaure Pflanzen-Alkali durch salzsaures Mineral-Alkali, salzsaures Ammoniak, salzsaure Kalk-Erde, salzsaure Talk-Erde, salzsaure Schwer-Erde, und salzsaure Thon-Erde; das phosphorsaure Mineral-Alkali durch salzsaures Ammoniak, und alle salzsauren Mittelsalze; das phosphorsaure Ammoniak durch salzsaure Schwer-Erde und Thon-Erde, vielleicht auch salzsaure Talk-Erde; die phosphorsaure Kalk-Erde durch salzsaures Ammoniak, salzsaure Talk-Erde, Thon-Erde und Schwer Erde; die phosphorsaure Talk-Erde durch salzsaure Thon-Erde und Schwer-Erde; die phosphorsaure Schwer-Erde durch kein Neutral- und Mittel-Salz; die phosphorsaure Thon-Erde durch salzsaure Schwer-Erde.

Auf trocknem Wege treibt die Phosphor-Säure die Salz-Säure aus den Neutral- und Mittelsalzen aus. (Grens Handbuch der Chemie, 2. B. S. 297. und folg.)

Phosphor-Säure und übersaure Salz-Säure oder Salz-Säure.

Von den wechselseitigen Verwandtschaften der Phosphor-Säure und der übersauren Salz-Säure ist noch weiter nichts bekannt, als daß diese letzte von der ersten aus der übersauren salzsauren Kalk-Erde und Alaun Erde ausgetrieben wird Trommsdorff's Journ. de Pharmacie, 3. B. 2. Heft, S. 121. u. 127.).

Phosphor-Säure und Arsenik-Säure.

Die Phosphor-Säure hat nach Bergman (de attract. elect. §. XXXVII. u. folg. Vol. III. Opusc.) auf nassem Wege eine größere Verwandtschaft zu den Alkalien und Erden, als die Arsenik-Säure: auf trocknem Wege können die arseniksauren Neutral- und Mittelsalze durch die Phosphor-Säure nicht zersetzt werden, weil beyde Säuren feuerbeständig sind.

Ueber die wechselseitigen Zersetzungen der arseniksauren und phosphorsauren Neutral- und Mittelsalze müssen erst Versuche Aufschlüsse geben.

Phosphor-Säure und Borax-Säure.

Die Phosphor-Säure ist den Alkalien und Erden auf nassem Wege näher verwandt, als die Borax-Säure, und letztere wird auch aus der Auflösung des Boraxes und der übrigen boraxsauren Salze durch die Phosphor-Säure entbunden.

Die wechselseitigen Zerlegungen der boraxsauren und phosphorsauren Neutralsalze müssen noch erst untersucht werden.

Was die Mittelsalze betrifft, so sind diese meistentheils so unauflöslich, daß sich damit kaum Versuche unternehmen lassen.

Auf nassem Wege kann die Phosphor-Säure die Borax-Säure aus ihren Verbindungen nicht austreiben, weil beyde Säuren feuerbeständig sind, es kann demnach hier von gar keiner Stufenfolge der Verwandtschaften die Rede seyn.

Phosphor-Säure und Flußspath-Säure.

Nach **Bergman** (a. a. O.) haben die Alkalien und Erden, ausgenommen die Kalk-Erde und Talk-Erde, auf nassem Wege eine nähere Verwandtschaft gegen die Flußspath-Säure, als gegen die Phosphor-Säure. Die Flußspath-Säure würde demnach die phosphorsauren Neutralsalze, so wie die phosphorsaure Schwer-Erde und Thon-Erde auf nassem Wege zersetzen; die Phosphor-Säure würde hingegen die flußspathsaure Kalk-Erde und Talk-Erde zerlegen. Versuche müssen dies bestätigen.

Die wechselseitigen Zersetzungen der phosphorsauren und flußspathsauren Neutral- und Mittelsalze müssen erst durch die Erfahrung bestimmt werden, viele dieser Salze sind aber so unauflöslich, daß sich mit denselben nicht einmal Versuche anstellen lassen.

Auf trocknem Wege treibt die Phosphor-Säure, vermöge ihrer Feuerbeständigkeit, die Flußspalh-Säure aus allen Neutral- und Mittelsalzen aus. (Grens Handb. 3. B. S. 301.)

Ueber die wechselseitigen Verwandtschaften der Phosphor-Säure und Molybdän-Säure, so wie auch der Phosphor-Säure und Wolfram-Säure, ist noch nichts bekannt.

Verhalten der Metalle zur Phosphor-Säure.

Auf das regulinische Gold scheint die flüssige Phosphor-Säure gar keine Wirkung zu haben: um dies Metall sehr fein zertheilt zu erhalten, rieb Lavoisier Blattgold mit gepülvertem Zucker in einem Mörser zusammen, nachdem das Gemenge zu einem sehr feinen Pulver geworden war, wusch er es mit Wasser aus, um den Zucker wieder davon zu trennen, und er erhielt ein Goldpulver, welches purpurroth aussah. Von diesem schüttete er eine geringe Quantität in verdünnte (durch das Verbrennen erhaltene) Phosphor-Säure, und ließ es in einem Scheidekolben einen halben Tag lang im Sandbade sieden: die Säure wurde allmählig konzentrirter, schien aber auf das Gold nicht zu wirken, das Goldpulver wog noch eben so viel, als vor dem Versuche, und die Laugensalze schlugen aus der Flüssigkeit nichts nieder. Es war also kein Gold aufgelöst

löst worden (Phys. Chem. Schriften, 3. B. S. 277. und 278.). Diesen Versuch hatte Margraff schon unternommen, und das Gold ebenfalls unauflöslich gefunden (Chem. Schriften, 1. B. S. 85.), er goß Salpeter=Säure in die Phosphor=Säure, auch hier erfolgte keine Auflösung. Auch die Chemisten der Akademie zu Dijon bestätigen dieses (Anf. der theor. und prakt. Ch. 3. B. S. 93.). Auf trocknem Wege scheint die Phosphor=Säure einige Wirkung auf das regulinische Gold zu haben. Margraff (a. a. O. S. 86.) schmolz 2 Skrupel des feinsten Goldes mit zwey Drachmen verglaster Phosphor=Säure (die er durch Schmelzen des natürlichen Harnsalzes gewonnen hatte) zusammen, und erhielt eine purpurfarbne Schlacke, die eben so viel wog, als das angewendete Gold und die Phosphor=Säure zusammengenommen. Mit dem durch Alkali gefälltem Goldkalk verbindet sich die Phosphor=Säure, und bildet damit das phosphorsaure Gold (Aurum phosphoricum, Phosphas auri, Phosphate d'or) in Gestalt eines schwerauflöslichen Pulvers, welches in der Hitze zu einem hellrothen zerfließlichen Glase fließt (Grens Handb. 3. B. S. 134. Hermbstädts Grundriß, 3. B. S. 78.). Nach Margraff, bewirkt die Phosphor=Säure in der königssauren Gold=Auflösung keinen Niederschlag (a. a. O. S. 101.). Crell (Chem. Journal, 2. Th. S. 144.) schmolz 1 Gran aus der Gold=Auflösung mit Pflanzen=Alkali niedergeschlagenen Goldkalk, mit einer halben Drachme der glasähnlichen Phosphor=Säure zusammen, und erhielt ein etwas dunkelrosenrothes Glas, als er den Versuch wiederholte, erhielt er ein Glas von derselben Farbe, da es aber nicht gleich geflossen war, so setzte er den Tiegel nochmals einem heftigern Feuer aus, hier verschwand die Farbe ganz, und er erhielt ein durchsichtiges Glas, in welchem einige ganz feine Goldkügelchen zerstreut waren. Der Goldpurpur gab ihm ein schmutzig fleischfarbnes Glas, als er dies dem Feuer von neuem aussetzte, verschwand die Farbe ebenfalls gänzlich. Als er den Tiegel mit dem aus dem Goldpurpur erhaltenen Glase den Winter hindurch offen stehen ließ, beschlug er nach und nach mit einer sauren Feuchtigkeit.

Die Chemisten der Akademie zu Dijon (Anf. der th. und prakt. Chem. 3. B. S. 93.) haben eine halbe Drachme schöner grobkörniger Platina mit flüssiger Phosphor-Säure bey so starker Hitze digerirt, daß leuchtende Abknisterungen erfolgten (ihre Säure war durch das sogenannte Zerfließen des Phosphors bereitet); die Säure, die sich ganz eingedickt hatte, ward wieder mit destillirtem Wasser aufgelöst und filtrirt, das Laugensalz bewirkte einen geringen Niederschlag in derselben, und ein Theil, den sie abdampften, ließ einen braunen Fleck zurück, sie glaubten also, es sey eine Auflösung erfolgt, merkten aber bald, daß sie sich irrten, und daß diese Erscheinungen von der Masse der Gefäße herrührten, denn sie zeigten sich auch, als sie die Säure für sich in einem Kolben von Krystallglase bis zur Syrupsdicke verdampften.

Dieselbe Platina wurde mit Phosphor-Säure im Schmelzfeuer behandelt, und lieferte einen blasigen silberfarbnen König, und die Durchsichtigkeit des Phosphor-Glases zeigte, daß keine Auflösung erfolgt war. Wenn man Platina-Kalk mit Phosphor-Säure zusammenschmilzt,

schmilzt, so reducirt er sich (Grens Handb. 3. B. S. 147.). Die phosphorsaure Platina (Platinum phosphoricum, Phosphas platini, Phosphate de Platine) ist demnach noch völlig unbekannt.

Margraff hat das feinste Blatt-Silber mit Phosphor-Säure gekocht, ohne daß davon etwas aufgelöst wurde, (Chem. Schriften, 1. Th. S. 85.) Wenzel (von den Verwandtsch. S. 241.) schüttete reinen Silber-Kalk, der durch Alkali niedergeschlagen worden war, in Phosphor-Säure, er wurde unter Brausen angegriffen, er ward schwarz, und dem Ansehen nach nicht vermindert. Nachdem die Flüssigkeit; die nun nichts mehr auflösen wollte, bis zum Kochen erhitzt worden war, filtrirte er sie durch ein abgewogenes Filtrum, und süßte das zurückgebliebene schwarze Pulver mit destillirtem Wasser aus. Das getrocknete Pulver wog 152 Gran, und er hatte 168 Gran Kalk in die Säure gebracht, es waren also 16 Gran davon wirklich aufgelöst worden. Das schwarze rückständige Pulver wurde durch ein gelindes Ausglühen gelb, bey stärkerm Feuer aber theils reduzirt, theils in eine dunkele Glas-Masse verwandelt. Die gesättigte, von dem schwarzen Pulver abgesonderte, klare Auflösung, ließ nach dem Verdunsten eine Salzmasse zurück, die vor dem Löthrohre zu einen dunkeln, schmutzigen, undurchsichtigen Glase schmolz, eine Auflösung des salzsauren Mineral-Alkali (Koch-Salzes) bildete in der besagten Flüssigkeit einen bläulichen Niederschlag, der vor dem Löthrohre Anfangs wie salzsaures Silber (Hornsilber) floß, aber nicht rauchte, und sich bey dem Feuersgrade, wo Silber zu fließen pflegt, größtentheils reduzirte.

Die durch das Verdunsten erhaltene Salzmasse verdient demnach wohl den Namen des phosphorsauren Silbers (Argentum phosphoricum, Phosphas argenti, Phosphate d'argent). Das Silber wird aus der Phosphor-Säure sowohl durch Laugensalze, als durch die Metalle, welche letztere auflöst, niedergeschlagen. Lavoisier behauptet, die Phosphor-Säure bewirke in der salpetersauren Silber-Auflösung keinen Niederschlag (Ph. Ch. Schr. 2. B. S. 418.). Margraff versichert hingegen (Chem. Schriften, 1. B. S. 101.): „sie schlage das in Salpetergeist aufgelöste Silber weiß nieder, welches öfters in Gestalt zäher Klümpchen zu Boden falle." Die Chemisten der Akademie zu Dijon (m. s. 3. B. S. 94.) erhielten durch Zutröpfeln der (durchs Zerfließen bereiteten) Phosphor-Säure (salpetersauren Silber-Auflösung) einen aschgrauen Niederschlag, der auf Kohlen zu einem dunkelgrauen Glase floß, die Aschfarbe rührt wohl daher, daß die unvollkommne Phosphor-Säure einen Theil Silber regulinisch fällt. Crell (Ch. Journal, 4. Th. S. 95.) erhielt aus der schwefelsauren Silber-Auflösung, mittelst der (aus Knochen erhaltenen) Phosphor-Säure einen röthlichweißen Niederschlag. Derselbe Chemist erhielt durch Zusammenschmelzen von 1 Grane Silberkalk, der durch Pflanzen-Alkali gefällt war, und einer halben Drachme der glasigten Phosphor-Säure, ein blaßgelbes ins Bräunliche schielende Glas, welches, nachdem es einen Winter der Luft ausgesetzt gewesen war, sich mit Tropfen einer sauren Feuchtigkeit bedeckte. Chem. Journal, 2. Th. S. 146. 4. Th. S. 88. Margraff (a. a. O. S. 91.) schmolz 1 Theil eben dieses Silber-Kalks mit 3 Theilen der

der glasigten Säure, ein Theil Silber reduzirte sich, und es entstand eine trübe weißlichgrüne Schlacke.

Der feinste Kupferfeilstaub wird, nach Margraff, (a. a. O.) auch durch die Digestion von der Phosphor-Säure nur mäßig angegriffen. Lavoisier (Phys. Chem. Schriften, 3. B. S. 278.) nahm Phosphor-Säure von einer Syrupsdicke, verdünnte sie mit fünf bis sechs Theilen Wasser, und übergoß damit in einer Retorte dünne Kupferlahn, die vorher rein gescheuert waren, und gab nun gelindes Feuer, die Säure verdickte sich allmählig, es schien aber nicht, daß Kupfer aufgelöst wurde, wenn er die so eingedickte Säure mit Wasser wieder verdünnte, so ließ sie feine Kupferflittern fallen, die noch ihren Metallglanz hatten; diese Erscheinung ist wahrscheinlich mit der ganz analog, welche Tillet beym Kochen der Salpeter-Säure über Gold beobachtete (m. s. 1. B. S. 328. u. f.) Nach Wenzel (am oft angeführt. Ort. S. 234.) wird das Kupfer von der Phosphor-Säure nur sehr wenig angegriffen, und die Chemisten der Akademie zu Dijon (3. B. S. 95.) sagen, diese (durchs Zerfließen bereitete) Säure erhalte beym Digeriren mit Kupferfeilspänen eine schwache grüne Schattirung. Margraff schmolz 2 Skrupel des feinsten Kupfers mit 2 Drachmen Phosphor-Säure (aus dem Urin) (a. a. O. S. 86.) und erhielt eine grünliche Schlacke, das Kupfer hatte nur 2 Gran verloren, es war spröde und auch weißlicher geworden, die weiße Farbe nimmt noch zu, wenn man dasselbe Kupfer zwey bis dreymal mit der Säure schmilzt. Die Kupferkalke löset die Phosphor-Säure auf (Lavoisiers Phys. Ch.

Schriften, 3. B. S. 279.) Die Auflösung giebt nach Wenzel (a. a. O. S. 234.) keine Krystalle, ihm zufolge bleibt nach dem Verdunsten eine grüne gummigte, durchsichtige Masse zurück, dieses phosphorsaure Kupfer (Cuprum phosphoricum, Phosphas cupri, Phosphate de cuivre) zieht an der Luft Feuchtigkeit an, und fließt vor dem Löthrohre zu einem undurchsichtigen Glase. Merkwürdig ist es, daß der kohlensaure Kupfer-Kalk, der in der Phosphor-Säure überflüssig hinein geworfen und nicht mehr aufgelöst wird, seine Kohlen-Säure verloren hat, und Phosphor-Säure zu enthalten scheint.

Nach Wenzel wird das Kupfer aus der phosphorsauren Auflösung durch das Eisen und den Zink metallisch, und von den Alkalien als ein grünes Pulver niedergeschlagen, welches im Feuer zu einer dunkeln Glasmasse fließt. Das salzsaure Kupfer wird nach Crell durch die Phosphor-Säure (Journ. 4. Th. S. 97.) so auch das schwefelsaure, und aus der Salpeter-Säure niedergeschlagen; die beyden letztern Niederschläge sind weiß (Margraff a. a. O.). Margraff (a. a. O. S. 93.) schmolz 3 Theile durch Salmiakgeist bereiteten Kupferkalk mit 3 Theilen Säure, und erhielt eine schöne grüne gleichförmige Schlacke. Aus 1 Gran aus der salpetersauren Auflösung gefällten Kalk und ½ Drachme Säure erhielt Crell (Journ. 2. Th. S. 144.) ein meergrünes Glas, das, wie die oben angeführten, Feuchtigkeit anzog (Journ. 4. Th. S. 86.).

Das Bley wird, nach Margraff, von der Phosphor-Säure zerfressen, a. a. Orte, S. 54. u. 85. Aus dem salpetersauren und schwefelsauren Bley schlägt die Phosphor-Säure ein phosphorsaures Bley (Plumbum

phosphoricum, Phosphas plumbi, Phosphate de plomb) als ein schweraufllösliches weißes Pulver zu Boden. **Wenzel** a. a. O. S. 231. folg. **Margraff** a. a. O. S. 102. **Crells** Journ. 4. Th. S. 96.) auch das salzsaure Bley wird durch die Phosphor-Säure zerlegt. Das phosphorsaure Bley schmilzt im Feuer zu einem weißen Glase. Wenn man es mit Kohle behandelt, stellt sich sowohl das Bley als auch der Phosphor wieder her. **Margraff** (a. a. O. Seite 88.) erhielt durch Zusammenschmelzen des Bleyes mit der glasartigen Phosphor-Säure eine milchweiße Schlacke und einen regulinischen Körper, der, auf Kohlen gelegt, wie Zink brannte. Aus einem Theile im Feuer bereiteten Bley-Kalk und 3 Theilen der Säure erhielt er (S. 92.) ein weißgrünliches Gemenge, die grüne Farbe schreibt dieser Chemist etwas Kupfer zu, womit sein Bley verunreinigt war.

Das Bley findet man in der Natur mit Phosphor-Säure verbunden.

1. Im grünen Bleyerze.

Das grüne Bleyerz (Plumbum mineralisatum viride, Mine de plomb verde, Oxyde de plomb sphatique verd, Phosphate de plomb, Green-Blymalm) hat theils eine grasgrüne, theils eine olivengrüne Farbe, die auf der einen Seite ins Gelblichweiße, und auf der andern ins Pistaziengrüne, Zeisiggrüne und Spargelgrüne, zuweilen auch ins Lauchgrüne übergehet.

Man findet es derb eingesprengt, sehr selten traubig,

nie-

nierenförmig und ungestaltet, gewöhnlich aber krystallisirt, und zwar:

a. in vollkommnen sechsseitigen Säulen, die gewöhnlich in der Mitte etwas dicker als an den Enden sind.

b. In sechsseitigen Säulen, welche an den Kanten abgestumpft sind, und daher ein etwas cylindrisches Ansehen haben.

c. In sechsseitigen Säulen, welche an den Endflächen ausgehölt sind;

d. in sechsseitigen Säulen, die an den freyen Enden mit sechs auf den Seitenflächen aufsitzenden Flächen zugespitzt sind;

e. in vollkommnen, schiefwinkligten, sechsseitigen Pyramiden.

Diese Krystalle sind gewöhnlich klein und sehr klein, seltner von mittlerer Größe, und auf mannichfaltige Arten zusammengewachsen; die zwey letztern Krystallisationen, d und e, kommen insgemein sehr klein und moosartig unter einander gewachsen, auf andern Fossilen gleichsam als Ueberzug vor.

Die Oberfläche dieser Krystalle ist glatt und glänzend.

Inwendig hingegen ist das grüne Bleyerz nur wenig glänzend, überhaupt aber von Demantglanze.

Sein Bruch hält das Mittel zwischen splittrig und uneben von feinem Korne, das sich dem Muschligen zuweilen etwas nähert.

Es springt in unbestimmteckige, nicht sehr scharfkantige Bruchstücke.

Ist

Ist theils durchscheinend, theils nur an den Kanten durchscheinend,

giebt einen grünlichweißen Strich,
ist weich,
spröde, und
außerordentlich schwer.

Sein specifisches Gewicht beträgt nach Brisson 6,076.

Vor dem Löthrohre wird es anfänglich weißlich, schmilzt aber alsdenn ziemlich leicht zu einer kleinen grauen Perl, welche sich beym Erkalten in Form einer kleinen doppelten achtseitigen Pyramide krystallisirt, die an den Enden mit vier auf den abwechselnden Seiten=Kanten aufsitzenden Flächen zugespitzt sind; daher der Krystall ein ganz kugelrundes Ansehen erhält. Dies Fossil läßt sich auf der Kohle nicht reduziren, (Bergm. Vol. II. Opusc. de tubo ferrum. §. XXV.) löst sich aber in etwas Boraxglase auf, und theilt ihm eine gelblich weiße Farbe mit. Nach Klaproth bestehet der grüne Bleyerz aus

73 Theilen Bley,
18,75 — Phosphor=Säure, und
einem sehr geringen Antheile Eisen.

91,75

(Beyträge zu den chemischen Annalen, 1. B. 2. St. S. 14. Chemische Annalen, 1784. 1. B. S. 394.)

Fourcroy untersuchte ein grünes Bleyerz aus Erlenbach in Elsaß, er fand darin:

79 Theile Bley=Kalk,
18 —— Phosphor=Säure,
1 —— Eisen,
2 —— Wasser.

100

Das grüne Bleyerz findet man, wiewohl selten in beträchtlichen Parthien, auf Gängen, z. B. zu Zschopan und Freyberg in Sachsen, zu Bleystadt und vorzüglich zu Prezibram in Böhmen, zu Hofsgrund bey Freyburg in Breisgau, zu Leadhills in Schottland, zu Erlenbach im Elsaß u. s. w.

2. Im gelben Bleyerz.

Das gelbe Bleyerz (Plumbum mineralisatum flavum, Mine de plomb jaune, Oxyde de plomb jaune, Yellow Leed-spar.), hat eine manchmal isabell, gewöhnlich wachsgelbe Farbe, die durchs Zitronengelbe bis ins lichte Oraniengelbe übergehet.

Man findet es sehr selten derb, gewöhnlicher aber zellich und krystallisirt.

a. In vollkommnen rechtwinklichen kleinen Tafeln, die manchmal so dick sind, daß sie in den Würfel überzugehen scheinen.

b. In rechtwinklichten, vierseitigen Tafeln, die an den Endflächen zugespitzt sind.

c. In vollkommnen kleinen Rhomben.

d. In vollkommnen, etwas stumpfwinklichen Oktaedren.

e. In

e. In dergleichen Oktaedren, deren Endspitzen abgestumpft sind,

f. In kleinen Oktaedern, welche an den Seitenkanten abgestumpft sind, und eine achtseitige Pyramide vorstellen.

g. Der vorige Krystall, nur daß noch die Endspitze abgestumpft ist; diese Abänderung macht den Uebergang in die

h. rundliche achtseitige Tafel, welche an ihren Endflächen zugespitzt ist.

Diese Krystalle sind gewöhnlich klein, und sehr klein, seltner von mittlerer Größe, und in diesem Falle sind die Tafeln so durcheinander gewachsen, daß sie Zellen bilden, und nicht mehr deutlich zu unterscheiden sind.

Die Oberfläche der Krystalle ist glatt.

Das gelbe Bleyerz ist äußerlich glänzend und stark glänzend, von einem Wachsglanze;

innerlich hingegen nur glänzend, von einem Diamant-Glanze.

Sein Bruch ist kleinmuschlich.

Es springt in unbestimmteckige, ziemlich scharfkantige Bruchstücke, ist durchscheinend, oft undurchsichtig, weich,

spröde, und

in einem hohen Grade schwer.

Vor dem Löthrohre springt es bey der Erwärmung mit ungemeiner Heftigkeit in die kleinsten Theile, und schmilzt zu einer gelblichen und schwarzlichen, grauen

Masse,

Masse, die sich im Boraxglase auflöst, und ihm eine bläulschweiße Farbe ertheilt, in diesem Glase zeigen sich zuweilen ganz kleine Bleykörnchen.

Nach Hatchett's Untersuchung (analysis of the Carinthian molybdate Lead etc. read before the Royal society April 14. 1796. Communicated by Sir Joseph Banks from the Philosophical Transactions) bestehen 250 Gran dieses Fossils aus

145 Gran Bleykalk,
95 — Molybdän-Säure,
5,2 — Eisenkalk,
0,7 — Kiesel-Erde,
4,1 — Verlust.

250,0

Klaproth hat dieses Fossil von neuen untersucht, und seine Resultate sollen mit dem von Hatschett gefundenen ziemlich genau stimmen, diese neue Analyse ist noch nicht im Druck erschienen.

Das gelbe Bleyerz wird vorzüglich zu Bleyberg, ohnweit Villach, in Kärnthen gefunden, und nur sehr selten kommt es auch zu Annaberg in Oesterreich, zu Reczbaniza in Ungarn, und in den Leadhills in Schottland vor.

Gahn war der erste, welcher die Phosphor-Säure in den Bleyerzen entdeckte, es blieb aber eine ganze Zeit unbekannt, in welcher Gattung er sie eigentlich gefunden hatte. Da die Bestandtheile des braunen und des schwarzen Bleyerzes noch unbekannt sind, so ist es wohl möglich, daß man auch in diesem noch Phosphor-Säure entdeckt.

Lavoisier (Phys. Chem. Schrift. 2. B. S. 418.) hielt Quecksilberkügelchen verschiedene Monate lang in verdünnter Phosphor-Säure bey der Temperatur der Atmosphäre, ohne daß der geringste Angriff erfolgte. Die Mitglieder der Akademie zu Dijon (Anf. der th. und prakt. Chem. 3. B. S. 94.) digerirten Phosphor-Säure über Quecksilber bis zur Trockniß, die wiederaufgelöste und durchgeseihete Säure wurde durch zugesetztes Laugensalz weißlich, und ließ beym Abdampfen ein braunes Magma zurück, durch Kalk-Wasser und Salmiak konnten sie aber kein Quecksilber darin entdecken; sie sagen nicht, ob das von ihnen angewendete Quecksilber chemisch rein gewesen sey, war es dies nicht, so konnte die Phosphor-Säure eine ihm beygemischt gewesene metallische Substanz in sich genommen haben. Heyer dampfte mehrmals Phosphor-Säure über Quecksilber in der Siedehitze ab, und das Metall wurde nicht angegriffen (Trommsdorfs Journal 3. B. 2. H. S. 286.). Wenn man nach Wenzel den durch Alkali aus der salpetersauren Auflösung niedergeschlagenen Quecksilber-Kalk (von den Verw. S. 239.) mit Phosphor-Säure behandelt, so verbindet sich die Säure mit demselben, und bleibt als ein schwerauflösliches Pulver, welches phosphorsaures Quecksilber (Mercurius phosphoratus, Phosphas mercurii, Phosphate de mercure) ist, am Boden des Gefäßes liegen. Margraff behandelte für sich verkalktes Quecksilber (praecipitatus per se) mit Phosphor-Säure (Chem. Schriften, 1. B. S. 54.) sie schien ihn nicht anzugreifen, seine rothe Farbe veränderte sich in eine weiße, und bey starker Digestion wurde er schwarz; Margraffs Säure war aber wohl eher phosphorigte Säure als Phosphor-Säure, und die besagten Farben-Veränderungen kamen ohne Zweifel daher, daß die Säure dem Kalke Sauerstoff entzog, und ihn den Zustand des Athios per se, oder eines sehr unvollkommnen Kalks versetzte. Pflanzen-Alkali schlug aus der Flüssigkeit nichts nieder, den schwarz gewordenen Kalk untersuchte Margraff nicht, es ist wahrscheinlich, daß ein Theil davon phosphorsaures Quecksilber war.

Göttling (m. s. Almanach für Scheidekünstler und Apotheker auf 1794.) kochte reine Phosphor-Säure, die er nach Lavoisiers Methode durch ganz reine Salpeter-Säure auf das sorgfältigste aus Phosphor bereitet hatte) über ½ Unze rothen Quecksilber-Kalk, den er selbst bereitet hatte, unter beständigen Umrühren mit einer Glasröhre, so lange, bis die vorher verdünnt gewesene Säure ziemlich eingedickt war. Er ließ den unaufgelöst gebliebenen weißgrauen Kalk in der Flüssigkeit absetzen, und goß die Flüssigkeit auf ein Filtrum. Er fand daß die filtrirte Flüssigkeit, beym stärksten Verdunsten kein trocknes Salz gab, sondern ein gallertartiges Ansehen erhielt. Wenn er sie mit Wasser verdünnte, ließ sie etwas phosphorsaures Quecksilber fallen. Der Quecksilber-Kalk wog nun ½ Unze 2½ Drachme, und gab, im pnevmatischen Apparat behandelt, verdorbne Luft ein sonderbarer Umstand, der wohl durch fernere Versuche beleuchtet zu werden verdient), wiederhergestelltes Quecksilber, und eine 1⅓ Unze 1 Drachme schwere, undurchsichtige, weiße Masse, die sich wie phosphorsaures Quecksilber verhielt.

Wenn

Wenn man reine Phosphor-Säure in eine salpetersaure oder schwefelsaure Quecksilber-Auflösung tröpfelt, so erfolgt ein weißer Niederschlag, welcher phosphorsaures Quecksilber ist. (Margraff Chem. Schriften, 1. B. S. 102. Crells Chem. Journal, 3. Th. S. 96.) Eben dieser Niederschlag zeigt sich, wenn man der Auflösung ein phosphorsaures Neutralsalz zusetzt (siehe Trommsdorfs Journal, 1. B. 1. H. S. 101. 3. B. 2. H. S. 297.). Bey nicht gar zu großer Hitze schmilzt er zu einer milchigten Masse, im Feuer entweicht das Quecksilber daraus, und die Phosphor-Säure bleibt verglast zurück. Margraff (Chem. Schr. 1. B. S. 88.) vermischte 2 Skrupel aus Salpeter-Säure niedergeschlagenen Quecksilber-Kalk, mit 2 Drachmen konkreter Phosphor-Säure, (die er aus dem Urin bereitet hatte) und setzte das Gemenge in einer kleinen Retorte dem Glühefeuer aus, es entwichen daraus 12 Gran Quecksilber in laufender Gestalt; in der Retorte fand er eine weißliche trübe Masse, welche 2 Drachmen 1 Skrupel und 7 bis 8 Gran wog, es hatte also so viel am Gewichte zugenommen, als das Gewicht des laufenden Quecksilbers weniger betrug, als das des angewendeten Kalks. Die weißliche Salzmasse ließ sich im Wasser auflösen, und aus der Auflösung fiel ein gelbes Pulver zu Boden; die klare Flüssigkeit färbte ein damit benetztes reines Kupferblech weiß, der gelbe wohlausgesüßte Niederschlag stellte sich im heftigen Feuer mit Zurücklassung von etwas glasachtigem zulaufendem Quecksilber her. Dieser Versuch ist merkwürdig, weil es scheint, als wäre hier wirklich phosphorsaures Quecksilber im Wasser aufgelöst vorhanden gewesen, da dies metallische Salz sich doch sonst so unauflöslich zeigt, wahrscheinlich war hier das phosphorsaure Quecksilber durch überschüssige Säure auflöslicher gemacht worden.

Das phosphorsaure Quecksilber ist in neueren Zeiten von Fuchs und einigen andern als ein vorzügliches Mittel wider die Lustseuche empfohlen, und deswegen vorzüglich in Jena in Offizinen häufig bereitet worden. Wilhelmi bereitete es nach Fuchs's Vorschrift folgendermaßen: er löste, nach Nikolas, gebrannte Knochen in Schwefel-Säure auf, sättigte die Auflösung mit Ammoniak, dampfte die Flüssigkeit bis zur Trockniß ab, und ließ die Salzmasse in einem Schmelztiegel nur einige mahle aufwallen. Von dieser Materie nahm er nun 4 Unzen, löste sie im Wasser auf, und kochte die Flüssigkeit in einer porzellänenen Schaale mit sechs Quentchen rothen Quecksilber-Kalk bis zur Hälfte ein, die filtrirte Auflösung rauchte er nun bey gelinden Feuer bis zur Trockniß ab, und das erhaltene Salz hieß Mercurius phosphoratus Fuchsii, und wurde von mehreren Aerzten mit gutem Erfolge verordnet, und von den Kranken um so lieber eingenommen, da es sich in Wasser aufgelöst bequem verschlucken läßt; sobald die beschriebene Bereitungsart bekannt wurde, protestirten viele Aerzte und Chemisten gegen das Mittel, und behaupteten, es sey wegen der Unreinheit der angewendeten Phosphor-Säure im Gemenge mehrerer Salze, die wohl nicht einmal immer in demselben Verhältnisse gemengt seyen, man wisse also nie, wie viel Quecksilber in den Körper komme. Hermbstädt, Trommsdorf, Wiegleb Westrumb und Göttling untersuchten das Präparat, sie fanden darin Quecksilber-Kalk, Schwe-

fel-

fel=Säure, Phosphor=Säure, und zwar von der letztern so viel, daß sie prädominirte, Ammoniak und Kalk.Erde. Hermbstädt mogte es nicht entscheiden, ob darin wirklich Quecksilber mit Phosphor=Säure oder bloß mit Schwefel=Säure verbunden sey, das letztere schien ihm wahrscheinlicher. Göttling erklärte, es sey darin etwas weniges unauflösliches phosphorsaures Quecksilber.

Fuchs bereitete auch ein phosphorsaures Quecksilber, indem er phosphorsaures Bley durch salpetersaures Quecksilber zersetzte, dies Präparat wurde, des möglichen Bleygehalts wegen, für sehr gef·hrlich erklärt. Die zweckmäßigste Bereitung des phosphorsauren Quecksilbers bleibt die, daß man chemisch reines salpetersaures Quecksilber durch ein chemisch reines phosphorsaures Neutralsalz zersetzt. Man kann über dies metallische Salz nachlesen: Dissertatio inauguralis medica sistens momenta quaedam de usu Mercurii phosphorati Schaefferii (sollte heißen Fuchsii) Praeside Gruner, auctore N. B. Herold, Jena 1793. Dissertatio inauguralis medica, sistens hydrargyri phosphorati historiam chemicam et usum medicum quam sub praesidio Aug. Fried. Hecker d. VI. Junii defendet auctor Joh. Fried. Schmidt Erfordiensis Erfurtii. D. Georg Friedrich Fuchs chemimische Bemerkungen, über das phosphorsaure Quecksilber, die Borax=Säure, das stinkende Johanniskraut, und den schaftlosen Astragalus. Nebst Hrn. Hofrath Starks und Hrn Dokt. Brettschneiders Vertheidigungen und praktischen Bemerkungen 1795. Jena und Leipzig bey Gabler. Journal der Theorien, Erfindungen und Wiedersprüche in der Natur und Arzney=Wissenschaft,

 Gotha

Gotha bey Perthes. 4. Stück, S. 140. 5 St. S. 143. 6 St. S. 143. 7 St. S. 141. 8 St. S. 35. Göttlings Taschenbuch auf 1794. Trommsdorfs Journal der Pharmacie, 1. B. 1 St. S. 97. 2. St. S. 94. 2. B. 2 St. S. 203. 3. B. 2 St. S. 282.

Auf das reguliniſche Zinn wirkt auch die konzentrirte Phosphor-Säure nicht stark ein, das sich in geringer Quantität bildende phosphorsaure Zinn (Stannum phosphoricum, Phosphas ſtanni, Phosphate d'étain) fällt, seiner Unauflöslichkeit wegen, zu Boden, und aus der Flüssigkeit wird durch Alkali nichts niedergeschlagen. Weil das Kupfer aus den meisten Auflösungs-Mitteln vermittelst des Zinnes niedergeschlagen wird, so legte Wenzel (von den Verwandtschaften, S. 233.) ein blankes Zinnblech in eine phosphorsaure Kupfer-Auflösung, allein das Zinn war nach etlichen Tagen noch eben so blank als beym Hineinlegen, die Phosphor-Säure ist demnach dem Zinne nicht näher verwandt als dem Kupfer. Mit dem Zinnkalke verbindet sich die Phosphor-Säure ziemlich leicht, das metallische Salz, welches entstehet, bleibt aber seiner Unauflöslichkeit wegen am Boden des Gefäßes liegen, im Feuer schmolz es zu einer glasähnlichen Masse (Wenzel a. a. Orte). Nach den Verfassern der Anfangsgr. der theor. und prakt. Chem. (3. B. S. 97.) wird das Zinn aus der Königs-Säure durch Phosphor-Säure als ein phosphorsaures Zinn niedergeschlagen, aber weder der Zinnvitriol (das schwefelsaure Zinn) noch die Zinnbutter (das salzsaure Zinn) sagen sie, wird dadurch zerlegt. Crell hingegen (Chem. Journal 4. Th. S. 96.) behauptet: „das in Vitriol-Oel lange gekochte Zinn gebe mit der Phosphor-

Säure

Säure durch starke Digestion und wechselsweises Zugießen der Auflösung und der Säure, einen weißen Niederschlag, und das in der Salz-Säure aufgelöste Zinn lasse ebenfalls schnell einen weißen Niederschlag fallen. **Margraff** (Chem. Schrift. 1. B. S. 87.) schmolz 2 Skrupel Zinn mit 2 Quentchen glasartiger Phosphor-Säure, in einem verdeckten Schmelztiegel zusammen, es löste sich eine Quantität Zinn in der Säure auf, und er erhielt ein milchfarbnes Glas, und einen spröden König, der 1 Skrupel 2 Gran, folglich 18 Gran weniger als das angewendete Zinn, wog. Der Bruch desselben war blättrig, glänzend, und dem des Zinks sehr ähnlich, als **Margraff** diesen metallischen Körper erhitzte, schmolz er anfänglich und entzündete sich nachher wie Zink oder Phosphor, es war also wohl gephosphortes Zinn. Es hatte nemlich ein Theil Zinn einem Theile Phosphor-Säure ihren Sauerstoff entzogen, und sich als Zinnkalk mit dem unzerlegten Theile Phosphor-Säure zum phosphorsauren Zinn verbunden, daher die weißliche Glasmasse; der entstandene Phosphor war mit dem übrigen Zinn eine Verbindung eingegangen: ganz etwas ähnliches haben wir oben mit dem Bleye gesehen.

Lavoisier (Phys. Chem. Schriften, 3. B. S. 276.) übergoß in einer kleinen Retorte reine eiserne Nägel mit reiner verdünnter Phosphor-Säure, und erhitzte sie gelinde: die Säure griff das Eisen mit Brausen an, und das sich entwickelnde Gas war Wasserstoff-Gas, in der Flüssigkeit fiel, als sie sich der Sättigung näherte, **phosphorsaures Eisen** (Ferrum phosphoricum, Phosphas ferri, Phosphate de fer) in Gestalt eines gräulichweißen Pulvers zu Boden, welches durch überschüssig zugesetzte Phosphos-Säure wieder aufgelöst, und von allen Säuren angegriffen wurde. Als Lavoisier die über dem Niederschlage stehende Flüssigkeit abrauchte, fiel ein ähnliches Pulver nieder, eben dasselbe erfolgte als er sie bloß, ohne sie weiter abzurauchen, erkalten ließ. Nach Wenzel (von den Verwandtschaften S. 229.) liefert die mit Eisen nicht gesättigte Auflösung luftbeständige Krystalle. Die Verfasser der Anf. der theor. und prakt. Chemie merken 3. B. S. 97.) an, daß die Auflösung des Eisens in der Phosphor-Säure schon in der Kälte erfolge, und daß die sich dabey entwickelnde Gasart das Lackmus-Papier röthe; Gren sagt (Handb. 3. B. S. 482.) sie brenne wie der Phosphor mit einer grünlichen Flamme. Die phosphorsaure Eisen-Auflösung wird, wenn sie frisch ist, (Anf. der th. und prakt. Chem. S. 97.) durchs Laugensalz zu einem weißen ins Grüne fallendem Pulver, durch die Blut-Lauge blau, und durch die Galläpfel-Tinktur schwarz gefällt; wenn sie stehen bleibt, setzt sich darin alles phosphorsaure Eisen zu Boden. Das phosphorsaure Eisen ist nach Wenzel (a. a. O.) auch im kochenden Wasser sehr schwer auflöslich, und fließt im Feuer zu einem dunkel-granatfarbnem Glase; nach dem Chemisten der Akademie zu Dijon (a. a. O.) ist es, wenn es überschüssige Säure führt, an der Luft zerfließbar. Nach den eben angeführten Chemisten bewirkt die Phosphor-Säure in der schwefelsauren und salzsauren Eisen-Auflösung keinen Niederschlag, nach Margraff hingegen schlägt sie aus der schwefelsauren und salpetersauren Eisen-Auflösung ein weißes Pulver zu Boden

(Ch.

(Ch. Schr. 1. B. S. 102.). Margraff (a. a. O. S. 87.) schmolz 2 Skrupel reiner Eisenfeile mit 2 Quentchen glasrtiger Phosphor = Säure zusammen, anfänglich schäumte die Masse und schoß kleine Blitze aus, welche daher entstanden, daß das Eisen einem Theile Säure ihren Säuerstoff entzog, und sich also Phosphor bildete, der bey Berührung der Luft sogleich verbrannte. Als das Gemenge wohl geflossen war, stand oben auf eine mit einem metallischen Blättchen bedeckte Schlacke, die beym Zerschlagen eine grüne Farbe zeigte, unter dieser lag noch ein guter Theil Eisen, es saß am Tiegel fest, und hatte ein glasartiges, schwammiges Ansehen. Ein Theil Eisenkalk, der durch Essig bereitet worden, gab mit drey Theilen der glasartigen Säure geschmolzen, eine schwarzbraune homogene Schlacke (a. a. O. S. 93.). Aus 1 Grane Eisenkalk (der mit Pflanzen=Alkali aus der salzsauren Auflösung gefället war) und ½ Quentchen Phosphor=Glas, erhielt Crell ein bräunlich gelbes Glas, welches, nachdem es lange Zeit an der Luft gestanden, Feuchtigkeit anzog, (Chem. Journ. 2. Th. S. 146. 4. Th. S. 88.).

Der Zink wird von der Phosphor=Säure, sie mag konzentrirt oder verdünnt seyn, mit Heftigkeit angegriffen, es verbreitet sich dabey ein unangenehmer Geruch, der auf eine sich entwickelnde, bis jetzt noch nicht untersuchte, Gasart zu deuten scheint. Beym Abdunsten liefert die Auflösung keine Krystalle, sondern der phosphorsaure Zink (Zincum phosphoricum, Phosphas Zinci, Phosphate de Zinc) bleibt als eine durchsichtige dem arabischen Gummi ähnliche Masse zurück, die vor dem Löthrohre leicht zu einem durchsichtigen Glase fließt.

Der Zink wird aus der phosphorsauren Auflösung durch die Alkalien als ein weisses Pulver niedergeschlagen, dieser Niederschlag ist aber von denen sehr verschieden, welche man aus der Auflösung des Zinks in andern Säuren auf eine ähnliche Art erhält, denn er fließt schon bey einem mäßigen Glühefeuer, und verwandelt sich in ein halbdurchsichtiges Glas, in stärkern und anhaltendern Feuer fließt er zu einem völlig durchsichtigen Glase (Wenzel, von den Verwandtsch. S. 229.). In der schwefelsauren, salpetersauren und salzsauren Zink-Auflösung bewirkt die Phosphor-Säure, wo nicht auf der Stelle, doch nach einiger Zeit, einen geringen Niederschlag (Crells Journ. 4. B. S. 98. Margraffs Chem. Schrift. S. 103.). Margraff (a. a. O. S. 90.) rieb 2 Skrupel fein zerfeilten Zink mit 2 Quentchen glasartiger Phosphor-Säure in einem Mörsel wohl zusammen, und destillirte das Gemisch aus einer gläsernen Retorte mit nach und nach bis zum Glühen verstärkem Feuer, und erhielt sehr schönen Phosphor.

Der Rückstand in der Retorte sahe grau aus, war an den Wänden etwas geflossen, und wog 2 Quentchen. Er setzte ihn in einem hessischen Tiegel den Schmelz-Feuer aus, die Masse schmolz leicht, indem sie Blitze schoß und gleichsam verpuffte. Diese Erscheinung rührt daher, daß das Gemenge vorher in der Retorte nicht stark genug erhitzt worden war, um allen Phosphor von sich zu geben, dieser entwich nun in Dämpfen, welche sich entzündeten, sobald sie die Luft berührten. Nachdem das Blitzen und Verpuffen aufgehört hatte, fand er im Tiegel einen einer grauen Glasschlacke ähnlichen Körper. Aus einem Theile Zink-Kalk und drey

Thei-

Theilen der glasartigen Phosphor-Säure, erhielt **Margraff** (a. a. O. S. 94.) eine halb durchsichtige opalartige Masse.

Den regulinischen **Wismuth** greift die Phosphor-Säure nicht bemerkbar an (**Margraff** a. a. O. S. 86.) Der Wismuth-Kalk wird von der Phosphor-Säure zum Theil wirklich aufgelöst, ein Theil desselben bleibt, mit Phosphor-Säure verbunden, als ein unauflösliches Pulver am Boden des Gefäßes liegen. Aus der klaren Auflösung schießen nach dem Verdunsten luftbeständige und im Wasser auflösliche Krystalle an. Das Pulver verdiente wohl eigentlich nur den Namen des **phosphorsauren Wismuths** (Bismuthum phosphoricum, Phosphas bismuthii, Phosphate de bismuth). Die Krystalle schäumen im Feuer auf, die Masse wird schwarz, und gehet endlich als ein grauer Dampf davon. Das Pulver hat eine beynahe entgegengesetzte Beschaffenheit, bey dem Feuersgrade, wobey Kupfer schmilzt, ist es nicht in Fluß zu bringen, es raucht anfänglich ein wenig, und wird zu einer leichten nur locker zusammengebakkenen grauen Schlacke; bey sehr anhaltendem Feuer mit verbrennlichen Dingen behandelt, soll es sich doch zersetzen.

Der in der Phosphor-Säure wirklich aufgelöste Wismuth wird sowohl durch die Laugensalze als auch durch Metalle in Gestalt eines Pulvers niedergeschlagen, alle diese Pulver verglasen sich vor dem Löthrohre auf der Kohle.

Die Phosphor-Säure (sogar die trockne) schlägt aus den schwefelsauren, salpetersauren und salzsauren Wismuth-Auflösungen einen phosphorsauren Wismuth

in

in Gestalt eines feinen Pulvers zu Boden. (Wenzel von den Verwandtsch. S. 236 u. folg. Grens Handb. 3. B. S. 299 u. 300.)

Margraff schmolz 2 Skrupel Wismuth-König mit 2 Quentchen glasartiger Phosphor-Säure zusammen, er erhielt eine etwas undurchsichtige Schlacke, und der König schien wenig verändert, hatte aber 8 Gran am Gewichte verloren (a. a. O. S. 88. , durch Zusammenschmelzen von einem Theile im Feuer bereiteten Wismuth Kalk mit 3 Theilen glasartiger Säure erhielt eben dieser Chemist eine grünliche Masse.

Den Spiesglanz-König greift die Phosphor-Säure wenig an, von dem durch Alkali niedergeschlagenen Spiesglanz-Kalke nimmt sie auch nicht viel in sich. Die filtrirte klare Auflösung läßt nach dem Verdunsten den phosphorsauren Spiesglanz (Stibium phosphoricum, Phosphas stibii, Phosphate d'Antimoine) in Gestalt einer fast dunkelgrünen schmierigbleibenden Materie zurück, die im Feuer erst aufschäumt, und nachher zu einem weißen durchsichtigen Glase fließt. Aus dieser Auflösung schlägt sich, vermittelst der Laugensalze, ein aschgraues Pulver nieder, welches im Feuer zu einer der eben erwähnten ganz ähnlichen Glasmasse fließt. Bringt man Zink in die phosphorsaure Spiesglanz-Auflösung, so fällt ein dem durch Alkalien bewirkten Niederschlage ganz ähnliches Pulver zu Boden. Ein Theil des in die Phosphor-Säure getragenen Spiesglanz-Kalks bleibt als ein unauflösliches, phosphorsaures Spiesglanz am Boden des Gefäßes liegen, dieses fließt vor dem Löthrohre ebenfalls zu einem weißen undurchsichtigen Glase.

Glase. (Anf. der theor. u. prakt. Chem. 3. B. S. 99. Wenzel von den Verwandtsch. S. 238.)

In der verdünnten königsauren Spiesglanz-Auflösung bewirkt die Phosphor-Säure, nach Crell (Chem. Journal, 4. Th. S. 97.), einen Niederschlag. Nach Margraff fällt sie auch das salzsaure Spiesglanz.

Margraff rieb 2 Skrupel Spiesglanz-König mit 2 Quentchen glasigter Phosphor-Säure genau zusammen, und setzte das Gemenge der Schmelzhitze aus, er erhielt einen strahligten König, der 8 bis 9 Gran am Gewichte verloren hatte, und schön strahlig war, und eine etwas undurchsichtige Schlacke. Er hat den König nicht genau untersucht, wahrscheinlich war er phosphorhaltig.

Spiesglanz-Kalk mit drey Theilen von der glasigten Säure geschmolzen, gab eine weißliche Schlacke. (Chem. Schriften, 1. B. S. 89. 93.)

Die Chemisten der Akademie zu Dijon digerirten Phosphor-Säure über gepülverten Kobalt König, sie griff ihn nur sehr schwach an, mit dem Zaffer gab sie eine dunkle weingelbe Farbe (Anf. der theor. u. prakt. Chem. 3. B S. 99.). Als Crell hingegen (Ch. Journ. 4. Th. S. 93.) 4 Gran aus der Schmalte hergestellten Kobalt-König mit Phosphor-Säure digerirte, nahm die Flüssigkeit eine gelbe Farbe an. Bey fortgesetzter Digestion fand er die Masse mit einemmale gleich einem Eise fest, hart und weiß. Als er sie in der Wärme stehen ließ, fing sie an ins Violette zu spielen: und nach einigen Tagen war sie durchaus von einer schönen violettten Purpurfarbe. Der aus der Salpeter-Säure mit Pflanzen-Alkali niedergeschlagene Kobalt-

Kalk

Kalk löste sich nach Crells Versuchen in der Kälte ungefärbt auf, in der Hitze gab die Auflösung dieselben Erscheinungen als die des Kobalt-Königs. Die Salzmasse der phosphorsaure **Kobalt** (Cobaltum phosphoricum, Phosphas cobalti, Phosphate de cobalt) löste sich im Wasser auf, und dies wurde röthlich. **Margraff** erhielt durch Digeriren des kalzinirten Zaffers mit Phosphor-Säure ebenfalls eine rothe Auflösung (Chem. Schrift. 1. B. S. 86.).

Nach Crell wurde die schwefelsaure Kobalt-Auflösung durch die Phosphor-Säure weiß, und die salpetersaure grau niedergeschlagen, doch blieb in den Auflösungen viel metallisches Salz zurück, wie zugetröpfeltes Alkali zeigte, in der salzsauren Auflösung bewirkte unsere Säure beynahe gar keinen Niederschlag (Chem. Journal, 4. Th. S. 98.).

Aus ½ Quentchen glasartiger Phosphor-Säure und einem Grane Lauterbacher Kobaltblüthe erhielt eben genannter Chemist ein blaugefärbtes Glas. (Chem. Journal, 2. Th. S. 147.)

Als Crell (Journ. 4. S. 93.) reinen **Nickel-König** mit Phosphor-Säure digerirte, wurde diese gelblich, und bey fortgesetzter Digestion dick und grünlich, welche Farbe bey mehrerer Wärme noch an Intensität zunahm. Der aus der Salpeter-Säure durch Alkali niedergeschlagene Nickel-Kalk löste sich schon in der Kälte auf; die Auflösung nahm eine grüngelbe Farbe an; beym Eindicken lieferte sie den phosphorsauren **Nickel** (Niccolum phosphoricum, Phosphas Niccoli, Phosphate de Nickel) in Gestalt einer schwammigten Masse.

Aus der salpetersauren und salzsauren Nickel-Auflösung schlug die Phosphor-Säure nichts nieder (a. a. O. S. 97.).

Auf trocknem Wege fließt die Phosphor-Säure leicht mit dem Nickel-Kalke zusammen, und giebt damit bey einem gewissen Verhältnisse beyder Substanzen, ein schön hyacinthfarbnes Glas, auf Kohle geglühet, wird dies zwar heller, die Farbe verschwindet, aber doch nicht ganz. Ist sehr viel Nickel-Kalk vorhanden, so siehet das Glas anfänglich blutroth aus, wird aber beym Erkalten gelblich. (**Bergman** Tom. II. Opusc. de Niccolo, §. XIV. D.).

Auf den Arsenik-König wirkt die Phosphor-Säure, nach **Wenzel** (von den Verw. S. 239.) gar nicht, nach den Verfassern der Anf. der theor. und prakt. Chem. (3. B. S. 99.) sehr schwach, die Auflösung, sagen die letztern, färbt das blaue Papier roth, als wenn die Säure rein wäre, und der erste Tropfen Laugensalz, den man hineingießt, bewirkt einen weißen erdigten Ring, der beym zweyten wieder vergehet. Mit dem weißen Arsenik verbindet sich unsere Säure hingegen leicht, die abgerauchte Auflösung giebt nach **Wenzel** (a. a. O.) eine schmierige Masse, die im Feuer größtentheils verraucht, und nach **Bergman** (de Arsenico, §. VII. G. T. II. Opusc.) im Wasser schwerauflösliche Körner, welche ein phosphorsaurer Arsenik (Arsenicum phosphoratum, Phosphas arsenici, Phosphate d'arsenic) sind, dies Salz läßt nach **Gren** (Handb. 3. B. S. 390.) den weißen Arsenik im Feuer wieder fahren.

Die Phosphor-Säure greift das **Magnesium** an, und macht damit, nach **Peyrouse**, eine wasserhelle Auflö-

sung

sung, auch der schwarze Magnesium-Kalk (Braunstein) wird von derselben angegriffen, und giebt eine rothe Auflösung, die durch Stehen an der Luft ihre Farbe verliert. Da das **phosphorsaure Magnesium** (Magnesium phosphoratum, Phosphas magnesii, Phosphate de manganèse) im Wasser sehr schwerauflöslich ist, so fällt es bey seinem Entstehen in der Flüssigkeit größtentheils zu Boden (m. s. Gréns Handb. 3. B. S. 685.). Nach **Bergman** (de mineris ferri albis §. VII. G. Opusc. II. Volum. S. 219.) hat dies Metall unter allen Säuren die nächste Verwandtschaft zur Phosphor-Säure, man erhält deswegen das phosphorsaure Magnesium am bequemsten, wenn man phosphorsaures Ammoniak, oder irgend ein anderes phosphorsaures Neutralsalz, in die Auflösung des Magnesiums in irgend einer Säure bringt.

Durchs Zusammenschmelzen der Phosphor-Säure mit dem Braunstein erhält man eine lichtgelbe Glas-Masse

Das Verhalten der Phosphor-Säure zum **Molybdän-König** ist nicht bekannt.

Heyer (Crells Chem. Annalen 1787. 2. B. S. 134.) vermengte 3 Gran **Molybdän-Kalk** mit 6 Gran zu Glas geschmolzner Phosphor-Säure, und einem Loth Wasser, und setzte das Gemenge in die Wärme, beyde Körper wurden bald aufgelöst; nach dem Trocknen lag unten eine schmutzig grüne, und darüber eine graue Substanz; Wasser, welches man darüber goß, wurde schön blau gefärbt, und es blieb etwas Graues unaufgelöst. Die grüne Substanz war wohl phosphorsaures

Mo-

Molybdän, (molybdaenum phosphoricum Phosphas molybdani, Phosphate de molybdène).

Die Wirkung der flüssigen Phosphor-Säure auf den Wolfram-König und Wolfram-Kalk, ist meines Wissens nicht untersucht worden. Klaproth schmolz 1 Quentchen präparirter Kieselerde mit 2 Quentchen glasartiger Phosphor-Säure und 10 Gran Wolfram-Kalk zusammen, uud erhielt ein schönes durchsichtiges sapphirblaues Glas (Chem. Annalen 1786. 2. Band S. 506.)

Den Uranium-Kalk lößt die Phosphor-Säure ziemlich gut auf, sättigt sich aber doch damit erst, wenn man die Wärme zur Hülfe nimmt, die Auflösung liefert keine Krystallen, sondern eine schmierige Masse, **phosphorsaures Uranium** (Uranium phosphoricum, Phosphas Uranii, Phosphate d'uranite) welche die Feuchtigkeit aus der Luft anzieht (Richter über die neueren Gegenstände der Chemie 1. Heft S. 15.)

Durch Zusammenschmelzen von 2 Drachmen verglaster Phosphor-Säure, mit 10 Gran Uranium-Kalk erhielt Klaproth ein klares schmaragdgrünes Glas (Chem. Ann. 1789. 2. B. S. 399.)

Verhalten der phosphorigten Säure zu andern Körpern.

Die **phosphorigte Säure** verhält sich zu andern Körpern allerdings anders als die Phosphor-Säure, ehe man aber über die phosphorigtsauren Neutral- Mittel- und metallischen Salze etwas bestimmtes sagen kann, müssen noch Versuche angestellt werden, übrigens scheint der Phosphor gar vieler Grade der Verbindungen mit dem Sauerstoff fähig zu seyn, denn ein ganz anderer Körper ist doch der dunkelgelbe Rückstand, der unter gewissen Umständen beym Verbrennen des Phosphors zurückbleibt, ein ganz anderer der Dampf, welchen der Phosphor an der Atmosphäre ausstößt, ein anderer der Dampf, der bey der Entzündung desselben aufsteigt, und noch ein anderer, die Flüssigkeit, welche er durch das sogenannte Zerfließen giebt; wenn man zu genauen Resultaten gelangen wollte, müsse man das Verhalten jeder dieser verschiedenen Säuren zu andern Körpern untersuchen, dies möchte aber wohl sehr schwierig, wo nicht unmöglich seyn, weil die eine leicht in die andere oder gar in Phosphor-Säure übergehet, und man also immer Gefahr läuft, mit einer einer gemengten Säure zu operiren.

Daß einige Chemisten bey Behandlung der Erden und Metalle mit vermeintlicher Phosphor-Säure zweyerley Producte, ein auflösliches und ein unauflösliches, erhielten, läßt sich vielleicht daher erklären, daß ihre Säure ein Gemenge aus Phosphor-Säure und phosphorigter Säure war, es ist möglich, daß die Abweichungen in den Crystallisationen der phosphorsauren Neutral-Salze auch zum Theil von dem verschiedenen Zustande der angewendeten Säure abhängen. Es wäre zu wünschen, daß die phosphorsauren Verbindungen von neuen untersucht würden, und zwar mit der, durch gefällte Salpeter-Säure aus dem Phosphor sorgfältig bereiteten Säure, welche wohl einzig und allein als reine Phosphor-Säure zu betrachten ist, die aus den

Knochen

Knochen bereitete ist wohl schwer von Schwefel-Säure und Ammoniak frey zu erhalten.

Ad S. 264.

Die Niederschlagung des Goldes in regulinischer Gestalt aus der Königs-Säure hat mir mit Phosphor-Säure nicht gelingen wollen.

Mit phosphorigter Säure findet sie deswegen statt, weil diese nach Lavoisier der Auflösung Sauerstoff entziehet, um zur Phosphor-Säure zu werden, und nach Richter der Auflösung Sauerstoff entziehet und an das Gold Lichtstoff abtritt. Diese Erscheinung ist mit den regulinischen Niederschlägen ganz analog, welche der Phosphor in der Gold-, Silber-, Quecksilber- und Kupfer-Auflösung bewirkt.

Den aufgelößten Braunstein verändert die phosphorigte Säure auf eben die Art wie die blaue Flamme, (d. h. ein Strahl von rußigten Dämpfen) nach Lavoisier durch bloße Entziehung des Sauerstoffs, und nach Richter durch Entziehung des Sauerstoffs und Abtretung des Lichtstoffs.

Ad S. 265.

Die von unserm Verfasser sub 5. erzählte Erscheinung läßt sich ganz gut erklären, ohne daß man nöthig hätte, hier eine, gegen alle neueren Erfahrungen streitende, Erzeugung von Kohlen-Säure anzunehmen. Der Phosphor zersetzte das Sauerstoff-Gas, aus der in der Flasche enthaltenen atmosphärischen Luft, und bildete damit phosphorigte Säure, und zwar eine solche, die auf einer sehr niedern Stuffe der Säuerung stehet, (weil, gegen die geringe Quantität des vorhandenen Sauerstoff-Gas, eine verhältnißmäßig sehr große Quantität Phosphor vorhanden war); diese blieb der Luft der Flasche gasförmig beygemengt, oder in derselben dampfförmig suspendirt. Als die Flasche unter Kalk-Wasser geöffnet wurde, nahm dieses die Stelle des zersetzten Sauerstoff-Gas ein, und die im Wasser aufgelößte rohe Kalk-Erde verband sich mit der phosphorigten Säure, und fiel als phosphorigt saure Kalk-Erde zu Boden, durch Salpeter-Säure mußte der phosphorigt saure Kalk zersetzt werden, denn diese Säure zersetzt ja den phosphorsauren Kalk, und es ist bekannt, daß unvollkommne Säuren mit salzfähigen Basen weit schwächer zusammenhängen als vollkommne. Daß die Zersetzung mit Brausen erfolgte, ist kein Wunder, Kochsalz braust, wenn man es mit Schwefel-Säure übergießt. Daß reine phosphorsaure Kalk-Erde durch Salpeter-Säure ohne Brausen zersetzt werde, ist kein Einwurf, denn reine Phosphor-Säure ist schwer, und, wenn sie von Beymischung der phosphorigten Säure ganz frey ist, vielleicht gar nicht in Dampfgestalt zu bringen, phosphorigte Säure hingegen nimmt sehr leicht die Dampfgestalt, und vielleicht bey einem niedern Grade der Säuerung die Gasgestalt an.

Wenn man Phosphor-Säure mit verbrennlichen Substanzen behandelt, verwandelt sie sich in phosphorigte Säure.

Wenn man sie mit Weingeist behandelt verbindet sich ein Theil des Wasserstoffs und des Kohlenstoffs mit einem Theile Sauerstoff aus derselben, und es wird sich nach der Theorie Kohlen-Säure, Wasser- und phosphorigte Säure, nebst etwas Phosphor bilden, welcher letztere leuchtende Explosionen bewirkt, man siehet also leicht ein, daß der Weingeist wohl eben kein zweckmäßiges Mittel seyn kann, Phosphor zu reinigen.

Richter empfiehlt, bey der Niklaschen Bereitung der Phosphor-Säure aus Knochen, 3 Theile der concentrirtesten Schwefel-Säure auf 4 Theile gebrannter Knochen anzuwenden, bey diesem Verhältnisse soll man viel mehr Phosphor-Säure erhalten, weil hier aller phosphorsaure Kalk zersetzt wird, welches bey dem von Niklas angegebenen Verhältnisse 1 : 2 aus Mangel der Schwefel-Säure nicht geschehen kann. (M. s. Ueber die neueren Gegenstände der Chemie, 1. St. S. 54.)

Giobert hat folgende Methode, den Phosphor zu bereiten, angegeben, sie ist wohlfeiler und weniger mühsam als alle zur Zeit bekannten.

Man tröpfelt so lange salpetersaure (oder essigsaure) Bley-Auflösung in (am besten frischen) Urin, bis kein beträchtlicher Niederschlag mehr erfolgt.

Hier verläßt die Phosphor-Säure, welche im Urin an Ammoniak und Mineral-Alkali gebunden ist, diese ihre Basen, ergreift das Bley, zu welchem sie eine nähere Verwandschaft besitzt, und fällt damit als ein schwer auflösliches phosphorsaures Bley zu Boden.

So bald kein Niederschlag weiter erfolgt, verdünnt man alles mit Wasser, um den Extractivstoff des Urins mehr aufzulösen, gießt das Gemenge auf ein Filtrum von Leinewand, und läßt die Flüssigkeit ablaufen, aus dem phosphorsauren Bleye macht man mit Kohlenstaub

 einen

einen Brey, den man nachher in einer eisernen Pfanne, oder besser in einem kupfernen Kessel trocknen. Man schüttet das getrocknete Gemenge in eine gute irdene Retorte, und destillirt es. Anfangs entbindet sich öhligtes Ammoniak, und nachher etwas brennzliches Oehl, die vom Harne herrühren. Man wechselt die Vorlage, kittet eine andere mit Wasser fest an, und giebt nun starkes Feuer.

Das Wechselu der Vorlage ist eine große Unbequemlichkeit; wenn der Kitt keine Risse bekommen soll, muß man das Feuer abgehen lassen, damit die Retorte erkalte, die Vorlage daran befestigen, und erst alsdann wieder feuern, wenn der Kitt getrocknet ist, welcher Zeitverlust!

Grey räth, das Gemenge aus dem phosphorsauren Bley und Kohle, ehe man es in die Retorte schüttet, stark zu erhitzen, damit die flüchtigen Theile entweichen, oder den Harn, ehe man die Bley-Auflösung hineingießt, von seinem natürlichen Bodensalze zu befreyen, und alsdann gleich anfangs die Vorlage mit Wasser an die Retorte zu kitten.

Man könnte auch das phosphorsaure Bley allein, und ehe man es mit der Kohle vermengt, recht stark erhitzen.

Nach Giobert erscheint der Phosphor manchmal in einer halben Stunde, und man kann ohne Mühe binnen acht Stunden eine Operation beendigen, die 14 Unzen Phosphor gewährt.

Die Quantität Phosphor, die man aus einer gegebenen Quantität des Niederschlages erhält, sagt Giobert, läßt sich nicht genau bestimmen, er glaubt behauphäupten zu können, 100 Theile davon geben, wenn er gut ausgewaschen ist, 14 bis 18 Theile Phosphor.

Nach der Operation findet man das Bley regulinisch am Boden der Retorte.

Die Quantität der anzuwendenden Kohle hat Giobert nicht bestimnit, es ist besser, zu viel als zu wenig davon zu nehmen.

Vorausgesetzt 100 Theile des Niederschlages liefern 18 Theile Phosphor, so sind darinn 45,7488 Theile Phosphor-Säure vorhanden, welche 27,7488 Theile Sauerstoff enthalten, diese zu sättigen, werden ungefähr 10,7912 Theile Kohlenstoff erfordert. Man müßte demnach auf 100 Theile des Niederschlags 10,7912 oder mit einer runden Zahl 11 Theile Kohlenstoff anwenden. Da nun aber Kohlenpulver kein reiner Kohlenstoff ist, so halte ich es für rathsam, noch mehr als 11 Procent Kohlenpulver zu nehmen, bey 15 Procent zum Beyspiel möchte man wohl schon sicher gehen.

Mehrere Chemisten beklagen sich, es habe ihnen nicht gelingen wollen, nach der Giobertschen Methode Phosphor zu bereiten, andern ist der Versuch hingegen gut gelungen.

Man s. Grens Journal der Physik, VII. Band S. 451.

Man könnte aus dem phosphorsauren Bleye die Phosphor-Säure durch Schwefel-Säure abscheiden, allein die gewonnene Säure möchte eben so schwer von Schwefel-Säure ganz zu befreyen seyn, als die aus den Knochen abgeschiedene.

VII. Abschnitt.

Von der (vermeintlichen) Urin-Säure oder Perl-Säure.

Proust's Bemühungen verdanken wir die Kenntniß dieser eigenthümlichen thierischen Säure, die man sonst mit der Phosphor-Säure verwechselte. Bergman hat ihr in der Verwandschafts-Tafel unter dem Nahmen Perl-Säure (acidum perlatum) eine Stelle eingeräumt, er gestehet aber zugleich, daß es nöthig sey, für dieselbe eine schicklichere Benennung ausfindig zu machen; da der Urin diese Substanz am reichlichsten enthält, glaube ich solche Urin-Säure nennen zu müssen.

Im Jahre 1740. entdeckte Haupt im menschlichen Urine ein Salz, welches er Sal mirabile perlatum nannte, und in seiner in demselben Jahre zu Königsberg gedruckten Abhandlung de sale mirabili perlato beschrieb. Dieser Chemist gewann es aus dem gefaulten Urine, ihm gebührt die Ehre zuerst von dem natürlichen Urin-Salze oder microcosmischen Salze unterschieden zu haben; allein es ist dem ungeachtet gewiß, daß schon an-

dere

dere vor ihm einen Unterschied zwischen beyde Substanzen bemerkt hatten. In den Mémoires de l'Académie für das Jahr 1737. findet man die Nachricht, daß der berühmte Hellot aus gefaultem Urine und aus dem Rückstande, der bey der Bereitung des Phosphors in der Retorte bleibt, vierseitige prismatische Säulen erhalten habe, die er für Selenit hielt.

In einer 1745, in den Mémoires de l'Académie de Berlin abgedruckten Abhandlung, unterscheidet Margraff unser Salz noch sorgfältiger, indem er die Crystalle desselben als lang und würflicht (crystaux longs et cubiques!) angiebt, und ausdrücklich anräth, selbiges von dem wahren natürlichen Harnsalze, welches zuerst anschießt, zu trennen. Dieser genaue Arbeiter tadelt Haupt's vermeintliche Reinigung der Urin-Salze durch Schmelzung, und versichert, das sogenannte sal mirabile perlatum habe keine von den Eigenschaften des wahren Harnsalzes, und liefere, mit Kohle behandelt, keinen Phosphor.

Pott beschäftigt sich in seiner 1757. gedruckten Abhandlung über das schmelzbare Harnsalz ebenfalls mit dem sogenannten Perl-Salze: er destillirte es bey sehr starkem Feuer mit Kienruß, und sahe eben so, wie Margraff, daß es einen weißen Rauch, aber nichts dem Phosphor ähnliches lieferte: ob Pott gleich mit dieser Substanz mehrere Versuche unternahm, so scheint er doch ihre wahre Natur nicht gekannt zu haben. Aus der Beschreibung, die er von seinen Arbeiten über diesen Gegenstand geliefert hat, ersiehet man, daß seine Versuche wohl nicht so angeordnet waren, daß sich von denselben sichere Resultate erwarten ließen. „Einige

„Chemisten, sagt er, halten es (das Perl-Salz) für ein „Alkali, andere für ein reines gemeines Salz, welches „blos fettiger und weniger dicht (plus tendre) ist, als „gewöhnlich, noch andere unterscheiden es vom schmelz„baren Salze gar nicht;“ er selbst war der Meinung, es enthalte etwas Schwefel-Säure, und es müsse sich ein Alkali darin erzeugen.

Dieser Gegenstand ist seit der Zeit mit mehrerem Glücke von Rouelle dem jüngern bearbeitet worden, (m. s. Journal de médecine Juillet 1776) ob dieser Chemist gleich nicht auf den Gedanken kam, daß das Perl-Salz (welches er sel fusible à base de natron nennt) eine eigenthümliche Säure enthalte, so hat er doch das Verfahren, solches von jeder fremden Beymischung zu befreyen, so genau angegeben, und seine Eigenschaften und die Natur seiner Basis in ein so helles Licht gesetzt, daß sich seine Versuche an unsere über diesen Gegenstand seit der Zeit erworbene Kenntnisse anschließen, ohne von ihrem Werthe zu verlieren.

Rouelle zeigt zuerst, wie man alles schmelzbare Harn-Salz aus dem Urin erhalten kann, indem man ihn erst durch den Seihehut gießt, und nachher, um das Freywerden der Phosphor-Säure zu verhüten, das beym Verdunsten verloren gegangene Ammoniak ersetzt. Alsdann macht er folgende Bemerkung: „Wenn man das „schon gereinigte schmelzbare Harn-Salz anschießen läßt, „so siehet man gewöhnlich Crystalle eines andern Sal„zes in größerer oder geringern Menge entstehen, wel„che sich durch ihre Größe und Gestalt von denen des „schmelzbaren Harn-Salzes auszeichnen, und sehr schö„ne Gruppen bilden.“

„Diese

„Diese Crystalle, fährt dieser Chemist fort, sind „lange, sehr gedrückte oder platte vierseitige unregelmä-„ßige Säulen, deren eines Ende mit zwey Flächen zu-„geschärft ist, und das andere festsitzt: die Zuschärfungs-„Flächen sind Rhomben, von den Seitenflächen sind „zwey gegenüberstehende Fünfecke, und die beyden übri-„gen sehr gezogene Rhomben."

„Dies Salz crystallisirt gewöhnlich nach dem schmelz-„baren Harn-Salze, und seine Crystalle legen sich über „die des letztern an. Beyde sind im frischen Zustande „durchsichtig, durch ihre verschiedene Gestalt aber leicht „zu unterscheiden. Eine der Eigenthümlichkeiten des er-„stern bestehet darin, daß es an der Luft zerfällt. Es „ist auch noch daran kenntlich, daß es für sich im hef-„tigen Feuer behandelt, zu einer undurchsichtigen Masse „fließt, da das schmelzbare Harn-Salz im Schmelz-„Tiegel ein schönes durchsichtiges Glas liefert, bey der „Destillation giebt das Perl-Salz blos Wasser, das „schmelzbare Harn-Salz hingegen flüchtiges Alkali."

Rouelle trennte das Perl-Salz, theils indem er die Crystalle auslas, theils indem er sie zerfallen ließ, gänzlich von dem schmelzbaren Harn-Salze, und bestimmte seine Eigenschaften durch Versuche, die ich hier mit seinen eigenen Worten erzählen will.

1°. Die Auflösung dieses Salzes in destillirtem Wasser, färbt den Violen-Syrup grün.

2°. Wenn man dies gepülverte Salz mit recht concentrirter Vitriol-Säure übergießt, so entstehet keine bemerkbare Bewegung.

3°. Die Salpeter-Säure hat auf dies Salz keine Wirkung.

4°. In

4°. Im heftigen Feuer schmilzt es zu einer weißen undurchsichtigen Masse.

5°. Wenn man von der Auflösung dieses Salzes in destillirtem Wasser, in eine salpetersaure Quecksilber-auflösung tröpfelt, so entstehet augenblicklich ein ziemlich häufiger weißer Niederschlag. Bey dieser Operation bemerkt man keinen Geruch nach Salpeter-Säure, wie dies bey der Bildung des weißen Quecksilber-Niederschlages (versüßten Quecksilber-Sublimats, salzsauren Quecksilbers) der Fall ist.

6°. Dieser Niederschlag, von der darüber stehenden Flüssigkeit getrennt, und mit destillirtem Wasser ausgesüßt, scheint im Wasser unauflöslicher zu seyn, als der weiße Quecksilber-Niederschlag.

7°. Wenn man diesen Niederschlag, nachdem man ihn gehörig getrocknet hat, in einer beschlagenen Retorte nach und nach erhitzt, und mit diesem Feuersgrade ungefähr anderthalb Stunden anhält, so gehet zuerst ein leichter salpetersaurer Dampf über, und nachher sublimirt sich in dem Retortenhalse eine Substanz, die dem zu stark kalzinirten rothen Quecksilber-Kalk gleicht, und mit vielen laufenden Quecksilber vermengt ist.

8°. Auf dem Boden der Retorte findet man eine weiße Masse, die wohl geflossen scheint, und ein großes spezifisches Gewicht hat. Sie wirkt auf das Glas der Retorte, welches sie manchmal beynahe durchdringt; dies beweist, daß sie Phosphor-Säure enthält, diese letztere greift bekanntlich im starken Feuer das Glas an.

9°. Wenn man einen Theil dieser salzigten Masse pülvert, sie mit etwas feuerbeständigem Alkali vermengt, das Gemenge mit etwas Wasser übergießt, und es in einem

einem kleinen Kolben einige Zeit kochen läßt, so verwandelt sie sich in ein lebhaft ziegelrothes Pulver.

10°. Ein Stück Kupfer, welches man mit der Flüssigkeit oder auch mit dem Niederschlage selbst reibt, wird weiß: zum Beweise, daß hier die Phosphor-Säure mit Quecksilber verbunden ist.

11°. Die Flüssigkeit, welche man von dem Niederschlage Nr. 6. abgegossen hat, liefert nach dem gehörigen Verdunsten salpetersaures Mineralalkali, das Salz hatte demnach das Mineralalkali zur Basis.

12°. Wenn man zu einer Auflösung des schmelzbaren Salzes, welches das Mineralalkali zur Basis hat, (sel fusible à base de natron) von einer Auflösung einer Erde in Salpeter-Säure tröpfelt, so entsteht ein reichlicher weißer Niederschlag. Wenn man das Zutröpfeln so lange fortsetzt, bis kein Niederschlag mehr erfolgt, die Flüssigkeit vom Niederschlage abgießt, ihn aussüßt und trocknet, so hat man ein

13°. staubigtes Pulver wie verriebene Kreide oder Kalk-Erde, an welchem das Auge nichts salzähnliches entdeckt, und welches dem Selenit (der schwefel-sauren Kalk-Erde) gar nicht ähnlich siehet.

14°. Dieser Niederschlag oder dies Mittelsalz braust mit keiner Säure; in der Salpeter-Säure und Salz-Säure löst es sich völlig auf, es hat also keine Eigenschaften einer absorbirenden Erde, sondern verhält sich vielmehr wie Knochen-Erde.

15°. Man kann aus diesem Niederschlage eben so, wie aus der Knochen-Erde, einen Selenit erhalten.

16°. Die von dem Niederschlage Nr. 12. abgegossene Flüssigkeit endlich liefert nach dem gehörigen Abraurauchen, ebenfalls salpeter-saures Mineral-Alkali, ein neuer Beweiß, daß die Basis unseres Salzes Mineral-Alkali ist.

Rouelles Bemühungen bleibt nicht viel zuzusetzen übrig, um ein vollständiges System der Eigenschaften unseres Satzes zu erhalten, von dem, was er sagt, ist auch weiter nichts zu verwerfen, als den Schluß, den er aus Nr. 8, 10. und 14. ziehet, daß nämlich die in jenem Salze enthaltene Säure, Phosphor-Säure sey; Proust hat ihn aufgemuntert, sich von dieser seiner Behauptung durch neue Versuche zu versichern, zu welchen er ihm Anleitung gab. Das Resultat dieser Arbeiten war, daß oft erwähntes Salz eine von der Phosphor-Säure verschiedene Säure enthalte.

Proust bemerkte nämlich, daß die glasartige Phosphor-Säure keinen sehr bemerkbaren Geschmack zeigt, und daß eine Unze von dieser Säure mit viel mehr Kohle behandelt, als zu ihrer Zersetzung nöthig ist, nicht viel mehr als eine Drachme Phosphor liefert; er schloß hieraus, daß die glasartige Phosphor-Säure eine Substanz enthalte, welche keinen Phosphor zu geben im Stande ist. (M. s. Journal de phys. T. XVII. p. 148.) Um sich von der Richtigkeit seiner Meinung zu versichern, goß er destillirtes Wasser auf den in der Retorte befindlichen Rückstand der Destillation des Phosphors, die Flüssigkeit lieferte ihm nach dem Durchseihen und gehörigen Verdunsten zwischen 5 und 6 Drachmen, einen Zoll lange Parallelogrammen (vierseitige rechtwinklichte Tafeln, in welchen zwey Seiten größer als die übrigen, und je zwey gegenüber stehenden gleich sind) die über einander liegen und sich durchkreuzen. Er erkannte

kannte bald, daß dies Salz kein anderes sey als Haupt's Perl-Salz.

Mineral-Säuren in die Auflösung dieses Salzes gegossen, bewirkten darin gar keine Veränderung; allein Proust ließ sich durch diesen Anschein nicht täuschen; bey aufmerksamer Untersuchung fand er, daß es sogar durch den Essig zersetzt wurde, der ihm seine Basis entzog, und beym Abrauchen essig-saure Soda lieferte.

Aus der Mutterlauge dieser Krystallisationen mußten die letzten Portionen des Neutral-Salzes abgeschieden werden, um diejenige Substanz rein zu erhalten, welche das Mineral-Alkali vorher neutralisirte; dies gelang Prousten mit Hülfe des Weingeists. Als er den größten Theil des essig-sauren Mineral-Alkalis hatte krystallisiren lassen, goß er acht oder zehnmal ihr Gewicht, warmen Weingeist in die Mutterlauge, und schüttelte das Gemenge heftig um, alles essig-saure Salz wurde aufgelöst, und es sammlete sich auf dem Boden des Gefäßes ein dickes Magma.

Dies Magma wurde wieder mit warmen Weingeist gewaschen, und nachher in destillirtem Wasser aufgelöst, hier gab sie durch von selbst erfolgtes Verdunsten Krystalle, die denen ähnlich waren, welche der Rückstand der Destillation des Phosphors geliefert hatte.

So verhält sich die Substanz, welcher Proust mit Recht eine Stelle unter den einfachen Salzen anweißt, von welcher er behauptet, daß sie so wie diese ihre eigenthümlichen Verwandtschaften und Kennzeichen eines eigengearteten Körpers besitze, die Bergman in der

Zahl

Zahl der Säuren aufgenommen hat, und die ich mit dem Namen Urin-Säure (acide ourétique) belege.

Da diese Substanz den Violen-Syrup grün färbt, und sich im Weingeist nicht auflöst, kann es keine freye Säure seyn, es ist aber nichts desto weniger gewiß, daß die angeführte Säure darin existirt, ob man sie gleich nicht hat frey darstellen können: sie vertritt in dem Perl-Salze ganz offenbar die Stelle einer Säure, da sie im Stande ist, sich mit verschiedenen Basen zu verbinden, mehrerer Beweise bedarf es wohl nicht, um solche als ein saures Auflösungs-Mittel im System aufzunehmen; man hat nicht von jeher die Mittel gekannt, aus dem gereinigten Weinstein eine reine freye Säure darzustellen, deswegen aber hat man nie das Daseyn einer eigenthümlichen Weinstein-Säure geleugnet. Proust vergleicht die Urin-Säure mit der Borax-Säure, sie hat allerdings einige Eigenschaften mit dieser letztern gemein, sie besitzt aber auch wieder andere, welche sie von jener wesentlich unterscheiden.

Bergman glaubt, es sey das Mineral-Alkali, welches die Eigenschaften der Urin-Säure einhüllt, zu diesem Urtheile glaubt er sich durch die Crystallisation, das Zerfallen an der Luft, und durch den Geschmack des Perl-Salzes berechtigt: die letzte Eigenschaft ist wohl diejenige, welche Bergman's Vermuthung am meisten unterstützt, indessen kann es doch auch Salze mit einer andern Basis geben, denen sie ebenfalls zukömmt; es ist sogar schwer zu begreifen, daß eine Säure den einen Theil ihrer Basis von sich lassen, und den andern so hartnäckig zurückhalten soll; indessen ist doch das schwefel-saure Pflanzen-Alkali hiervon ein Beyspiel.

Wird

Wird es nicht gelingen der Urin-Säure ihre Basis zu entziehen? die bisher unternommenen Versuche scheinen zu beweisen, daß es keine Substanz gebe, welche dies durch einfache Verwandtschaft zu thun im Stande ist, die doppelten Verwandtschaften aber geben hier Hülfsmittel an die Hand, welche man noch nicht genug benutzt hat. Die Zersetzung des Sauerkleesalzes (sauerkleesauren Pflanzen-Alkali's) machte es wahrscheinlich, daß sich das Perl-Salz, bey schicklicher Behandlung, auf eine ähnliche Art zersetzen lasse. (M. siehe Sauerklee-Säure.)

Das phosphor-saure Urin-Salz, welches das Mineral-Alkali zu seiner Basis hat, ist nicht der einzige Körper, welcher unsere Säure enthält.

Proust und **Bergmann** versichern es, sie den Knochen zugleich mit der Phosphor-Säure angetroffen zu haben. Ich selbst habe beobachtet, daß der Rückstand, der nach der Destillation des aus Knochen gewonnenen Phosphors in der Retorte bleibt, auf Kohlen geworfen, eine grüne Farbe giebt, und dies ist eins von den Kennzeichen unserer Säure. Ich habe mich vergebens bemühet, das Perl-Salz aus besagtem Rückstande auszulaugen, wahrscheinlich war die Verglasung zu weit getrieben, es sey nun, daß im destillirten Gemenge zu wenig Kohle vorhanden war, um solche zu verhüten, oder daß das Perl-Salz den Boden der Retorte bereits angegriffen hatte, oder was mir am wahrscheinlichsten ist, daß das verglaste Perl-Salz mit zu vieler Kalkerde, aus dem von den Knochen nicht ganz abgeschiedenen Selenite, beladen war. Ich vermengte einen Theil von dem Rückstande mit gleichem Gewichte Salpeter, aber ich konnte nicht einmal daraus einen Teig zu Stande bringen; diese letzte Methode scheint mir indessen doch das beste Mittel zum Zwecke, ich glaube, daß sie gelingen würde, wenn man das Verhältniß des Salpeters beträchtlich größer nähme.

Ich bin geneigt zu glauben, daß unsere Säure im thierischen Fleische nicht vorhanden ist, denn die Phosphor-Säure, die man daraus gewinnt, fließt sogleich zu einem durchsichtigen Glase. Uebrigens werden wir sehen, daß die Urin-Säure mit Phosphor-Säure geschmolzen, ebenfalls einen durchsichtigen Fluß liefert.

Die Analogie läßt uns nicht zweifeln, daß die Urin-Säure nicht wie jede andere, einen Theil Sauerstoff als Bestandtheil enthalten sollte; da man nun das Perl-Salz durch bloße Verdunstung des Urins, und folglich unter solchen Umständen erhält, wo sich nicht annehmen läßt, daß es sich erst mit Sauerstoff verbinde, so muß man schließen, die Urin-Säure sey ganz gebildet im Thierreiche vorhanden.

Man könnte glauben, die Urin-Säure sey mit der von Bergmann und Scheele entdeckten Blasenstein-Säure identisch, allein letztere unterscheidet sich schon dadurch merklich, daß sie die Lackmus-Tinctur röthet, und sich im Weingeiste leicht auflöst.

Die nach Proust's Methode, so viel als möglich, von jeder Basis befreyte Urin-Säure hingegen, hat einen

einen gelinden alkalischen Geschmack, und färbt den Violensyrup grün. Venel sagt in der ersten Ausgabe der Encyclopädie, das Perl-Salz, weit entfernt die Zunge zu erfrischen, bewirke vielmehr darauf ein Brennen wie eine glühende Kohle, indessen sey dies Brennen nicht schmerzhaft, und habe keine schlimme Folgen; diese Beobachtung ist um so sonderbarer, da Venel das mit allem Mineral-Alkali, welches es gewöhnlich zu enthalten pflegt, gesättigte Neutral-Salz meint, und keinesweges das von einem Theile seiner Basis befreyte Salz, welches er so wenig kannte, daß er sogar Marggraff tadelt, welcher behauptet hatte, das Perl-Salz habe mit dem microcosmischen Salze keine Aehnlichkeit.

Die Urin-Säure schmilzt im Feuer mit Aufwallen, und fließt zu einer glasartigen Masse, welche, so lange sie noch warm ist, durchsichtig bleibt, beym Erkalten aber undurchsichtig wird; mit brennbaren Substanzen behandelt, giebt sie keinen Phosphor. Wenn man sie lange im Feuer erhält, greift sie den Tiegel an, und verliert von ihrer Auflöslichkeit, in eben dem Maaße, in welchem sie von der Erde des Tiegels in sich nimmt.

Diese Säure zerfällt in ihrem concreten Zustande leicht an der Luft.

Eine Unze warmes Wasser löst 5 Drachmen von der crystallisirten Säure auf, und die Auflösung giebt nach dem Verdunsten ganz ähnliche Crystalle wieder, als die, welche ich oben beschrieben habe, und die aus dem Rückstande der Destillation des Phosphors gewonnen worden waren.

Diese Crystalle lösen sich in den mineralischen Säuren ruhig auf, und theilen ihr Crystallisations-Wasser mit denselben, sie neutralisiren dieselben aber nicht, rauben ihnen nicht einmal ihren Geschmack, und gehen mit denselben gar keine Verbindung ein; auch kann unsre Säure aus den Mineral-Säuren, im concreten Zustande, durch Weingeist wieder abgeschieden werden, weil dieser letztere die Mineral-Säuren in sich nimmt. Dieser letzte Umstand ist ein unwidersprechlicher Beweis, daß die Substanz, welche ich mit dem Namen der Urin-Säure belege, kein Alkali ist.

Die Phosphor-Säure scheint hier eine Ausnahme zu machen. Die reine, sogar die durch das langsame Verbrennen des Phosphors gewonnene Phosphor-Säure, verbindet sich auf nassem und auf trocknem Wege, in allen Verhältnissen mit der Urin-Säure. Wenn man sie im Tiegel zusammen schmilzt, so nimmt die Urin-Säure an der Durchsichtigkeit der Phosphor-Säure Antheil, und bleibt auch nach dem Erkalten durchsichtig. „In dieser Verbindung (sagt Proust) verliert die Phosphor-Säure ihren sauren Geschmack, „und stellt wieder das klare und durchsichtige Glas her, „welches die Basis des natürlichen Harn-Salzes (sel „natif) ausmacht; dies neue künstliche Glas sättigt das „Ammoniak, färbt den Violensyrup grün, liefert wieder „hergestelltes natürliches Harn-Salz, und besitzt dieselbe Auflöslichkeit, und denselben Geschmack, als die „Säure, welche beym natürlichen Harn-Salze zum „Grunde liegt. (A la même solubilité et la même saveur, que l'acide base du sel natif). Dieses Salz liefert

„fert mit Kohlenstaub Phosphor, und läßt bey dieser „Operation einen Rückstand, aus welchem man wieder „die mehrmal erwähnten Crystalle erhalten kann.

Proust schließt aus diesen Beobachtungen, das natürliche Harn-Salz (phosphate natif, sel essentiel d'urine) sey nicht bloß aus Phosphor-Säure und Ammoniak zusammen gesetzt, es sey vielmehr ein dreyfaches Salz, aus Phosphor-Säure, Perl-Säure (Harn-Säure) und Ammoniak.

Die Urin-Säure verbindet sich mit den Alkalien-Erden und Metallen, und erzeugt damit eigenthümliche Neutral- und Mittel-, metallische urinsaure Salze.

Diese Salze sind noch wenig bekannt.

Die Urin-Säure zersetzt bey der Destillation das salpetersaure Pflanzenalkali (Salpter), und das salzsaure Mineral-Alkali (Koch-Salz), dies kann sie nur vermittelst ihrer Feuerbeständigkeit, denn auf nassem Wege entziehen ihr die Salpeter-Säure und die Salz-Säure das Pflanzen- und Mineral-Alkali, wenigstens den Theil dieser Basen, von welchen sie sich überhaupt trennen läßt.

Die erdigten und metallischen Salze zersetzen das urinsaure Mineral-Alkali: die salpeter-saure Kalkerde bewirkt darin einen Niederschlag, welcher urin-saurer Kalk ist; die über demselben befindliche Flüssigkeit enthält salpeter-saures Mineral-Alkali. Das Kalkwasser bewirkt denselben Niederschlag, alsdann ist aber die Flüssigkeit eine bloße Auflösung von ätzendem Mineral-Alkali.

Wenn man in die Auflösung des urin-sauren Mineral-Alkali eine Auflösung von salpeter-saurem Quecksilber gießt, so trübt sich die Flüssigkeit, und es fällt ein weißer Niederschlag zu Boden, dieser ist urin-saures Quecksilber, kocht man ihn mit aufgelöstem Mineral-Alkali, so wird urinsaures Mineral-Alkali wieder hergestellt. Ich habe schon nach Rouelle angemerkt, daß das Quecksilber bey der Destillation aus dem urinsauren Quecksilber entweicht, und daß eine undurchsichtige glasähnliche Masse zurückbleibt, welche stark auf die Retorten wirkt. Diese stärkere Einwirkung scheint anzuzeigen, daß die Salpeter-Säure die Urin-Säure, mit Hülfe einer doppelten Verwandtschaft, in einen einfachern Zustand versetzt; in ähnlichen Operationen muß man, meiner Meinung nach, ein Mittel suchen, diese Säure frey von jeder Basis zu erhalten.

Man nehme zum Beyspiel die mit Essig behandelte, und nach Proust's Methode durch Weingeist niedergeschlagene Urin-Säure, wenn sie das salpeter-saure Quecksilber ebenfalls zersetzt, so ist es wahrscheinlich, daß sie, indem sie sich selbst mit dem Metall-Kalke verbindet, ihre Basis an die Salpeter-Säure abtreten wird; um zu erfahren, ob dies wirklich geschehen ist, darf man nur die über dem Niederschlage stehende Flüssigkeit abrauchen. Wäre dies nun erfolgt, so könnte man die Säure vielleicht dadurch frey erhalten, daß man die Wiederherstellung des Quecksilbers durch kohligte Substanzen beförderte, man hätte alsdann nicht

nöthig

nöthig einen Feuersgrad anzuwenden, bey welchem die Säure zu einem unauflöslichen Glase schmilzt. *)

Bergman giebt die Verwandtschaften unserer Säure, auf nassem Wege, in folgender Ordnung an:

Die Kalk-Erde.
Die Schwer-Erde.
Die Talk-Erde (Bitter-Erde).
Das Pflanzen-Alkali.
Das Mineral-Alkali.
Das Ammoniak (flüchtige Alkali).
Die Thon-Erde.

Metallische Substanzen {
Der Zink.
Das Eisen.
Der Braunstein (schwarze Magnesium-Kalk).
Der Kobolt.
Der Nickel.
Das Bley.
Das Zinn.
Das Kupfer.
Der Wismuth.
Der Spiesglanz.
Das Quecksilber.
Das Silber.
Das Gold.
Die Platina.

*) Vorausgesetzt, es gäbe eine eigenthümliche Urin-Säure (unten wird es sich zeigen, daß es keine giebt), so müßte die kohligte Substanz diese Säure doch nothwendig verunreinigen.

Das Wasser.

Der Weingeist und der Brennstoff sind hier gar nicht angeführt, weil sich die Urin-Säure bis jetzt mit diesen Substanzen durchaus nicht hat verbinden lassen.

Bergmans Tabelle giebt auf trocknem Wege eben dieselbe Ordnung an, blos mit dem Unterschiede, daß das Ammoniak nach den metallischen Kalken, doch aber vor der Thon-Erde steht.

Zu-

Zusatz.

Klaproth hat analytisch und synthetisch zugleich dargethan, daß das vermeintliche Perl-Salz nichts anderes sey, als mit Mineral-Alkali übersättigte Phosphor-Säure, und die nach Rouelle Methode möglichst von ihrer Basis befreyte Perl-Säure, nichts anders als phosphorsaures Mineral-Alkali, welchem der Essig sein überschüssiges Alkali entzogen hat, wir haben oben S. 289. gesehen, daß das phosphor-saure Mineral-Alkali nur alsdenn crystallisirt, wenn das Alkali darin prädominirt, es ist demnach gar nicht befremdend, daß Rouelles vermeintlich gereinigte Perl-Säure nicht anschießt.

Klaproth erhielt durch Sättigung des Mineral-Alkali mit ganz reiner Phosphor-Säure ein dem Perl-Salze ganz ähnliches Salz.

Der Niederschlag, welchen salpeter-saure oder salzsaure Kalk-Erde in der Auflösung des Perl-Salzes bewirkt, verhielt sich bey der Untersuchung ganz wie phosphorsaure Kalk-Erde.

M. s. Chem. Annalen 1785. 1r Band, S. 238. u. folg.

Wenn sich nun der Leser erinnert, was von den Verwandtschaften der Phosphor-Säure gesagt worden ist, und die Eigenschaft des phosphorsauren Mineral-Alkali durch verbrennliche Substanzen nicht zersetzt zu werden, in Erwägung zieht, so wird ihm alles das deutlich seyn, was unser Verfasser sowohl in dem Abschnitt von der Perl-Säure als auch gelegentlich in dem von der Phosphor-Säure, über diese Substanz sagt.

Den Abschnitt von der Perl-Säure oder Urin-Säure glaubte ich nicht weglassen zu dürfen, obgleich diese Substanz im System jetzt ihr Bürgerrecht verloren hat. **Bergman** hat sie im System aufgenommen, und unser Verfasser selbst spielt bey Gelegenheit der Phosphor-Säure oft darauf an. Der Leser mußte also die Fehlschlüsse kennen lernen, durch welche jene berühmte Chemisten irre geführt wurden.

Ich habe die Phosphor-Säure unmittelbar nach den Säuren folgen lassen, die aus dem Mineral-Reich gewonnen werden, ob sie selbst gleich am häufigsten im Thierreich angetroffen wird. Ich glaubte dies thun zu können, weil sie in ihrem Verhalten mit jenen Säuren viel mehr Uebereinstimmendes hat, als die übrigen thierischen Säuren, die mit den Pflanzen-Säuren viel mehr Aehnlichkeit zeigen.

Zusätze

zur

übersauren Salz-Säure und Königs-Säure.

Seit dem Zeitpunkte, wo unser Verfasser schrieb, haben uns die Bemühungen eines Karsten, Fourcroy, Westrumb, Gren, Hermbstädt, Berthollet, mit den Eigenschaften der übersauren Salz-Säure noch bekannter gemacht. Ich werde die von ihnen beobachteten Thatsachen zuerst anführen, und nachher einiges, die Theorie betreffend, hinzufügen.

Westrumbs Versuche über diesen Gegenstand sind so wichtig, auch die von andern schon angestellten und von ihm blos wiederholten mit so interessanten Nebenumständen begleitet, daß ich sie hier wörtlich so hersetze, wie er sie in den Chem. Annalen 1790. 1r Band S. 1. mittheilt.

— — — Der Braunstein, der mir zur Bereitung des dephlogistisirten salz-sauren Dunstes diente, war der reinste, und von aller Bergart befreyte Ilefelder. Die Koch-Salz-Säure war rein, und von 1,472 spezifischen cifischer Schwere. Das Destillir-Gefäß bestand aus einer Glas-Retorte mit krumm gebogener Röhre, aus einem Stücke, sie wurde durch einen Faden, der an ihrem Kopf befestigt war, über ein kleines Oefchen aufgehangen. Ich fing den Dunst über Wasser und in Glasern mit sehr enger Oefnung auf, die gleich nach dem Anfüllen verstopft, und mit umgekehrter Mündung ins Wasser gestellt wurden. Der Dunst wurde aus zwey Theilen Säure und einem Theile gepülverten Braunstein, oder aus acht Unzen von jener, und vier Unzen von diesem bereitet. Diese Menge lieferte gewöhnlich 160 bis 180 Pariser Cubik-Zoll dephlogistisirten salz-sauren Dunst, der eine sehr gelbrothe Farbe hatte: der Dunst, der im Anfange der Destillation überging, war indeß weniger gefärbt, und minder wirksam, als derjenige, den man gegen die Mitte oder das Ende der Destillation auffing. Gegen das Ende der Operation steigen gewöhnlich — doch nicht jedesmal — und vorzüglich dann, wenn man das Feuer vermehrte, wahre und eigentliche Oeltropfen mit dem Dunste auf, und schwammen auf dem Wasser, welches die Gläser enthielten.

1ste Bemerk. Im Göttingschen Taschenkalender für das Jahr 1790. wird gesagt: „Der dephlogistisirte salz-saure Dunst sey nicht schädlich, er werde es erst, wenn er brennbare Körper berührt habe.“ Dies mag seine Richtigkeit haben, und mag die Ursache seyn, warum er so heftig auf organische Stoffe wirkt; ich rathe aber jedem, höchst vorsichtig mit diesem Dunste umzugehen, und seine Lungen sorgfältig dafür zu bewahren. Mehr als einmal waren wir, meine Mitarbeiter und

ich,

ich, in Gefahr zu ersticken, und es ist fast keiner unter meinen Hausgenossen, der nicht über Schmerz in den Lungen klagte. *)

2te Bemerk. Der Prof. Gren hat bemerkt, daß der dephlogistisirte salz-saure Dunst sehr schnell, und schneller als die Luft-Säure, vom Wasser eingesogen wird; ich verlor oft in wenigen Minuten, wenn die Gläser nicht fest genug verstopft waren, oder die Stöpsel nicht paßten, mehrere Hundert Cubik-Zolle Dunst. Das Wasser drang durch die feinsten Zwischen-Räume, sog den Dunst ein, und füllte die Gläser an. Dies Wasser hat alle Eigenschaften der dephlogistisirten Salz-Säure, bis auf diejenigen nicht, von welchen ich unten reden werde. Diese Auflösung des Dunstes im Wasser verstehen die Schriftsteller unter dephlogistisirter oder oxygenesirter Salz-Säure. Man muß solche von dem flüssigen Destillat unterscheiden, welches man aus Salz-Säure und Braunstein erhalten kann, welches mehrere unter uns so genannt, und zu ihren Arbeiten verwendet haben. (Dies letztere enthält gemeine Salz-Säure und aufgelösten Braunstein, welche fremdartigen Substanzen die Resultate der Versuche sehr abändern können.)

3te

*) Vor einiger Zeit bereitete einer meiner Freunde den übersauren salz-sauren Dunst, eine schon damit angefüllte Flasche zerbrach durch einen Zufall. Mein Freund fiel sogleich ohnmächtig zu Boden, noch mehrere Wochen nachher fühlte er Schmerzen in den Lungen und warf Blut aus: die Zufälle haben sich jedoch gänzlich wieder verloren.

3te Bemerk. Der seelige Karsten und Gren haben bemerkt, daß der dephlogistisirte salz-saure Dunst in der Kälte crystallisirt, oder vielmehr gefriert. (Karstens Phys. Chem. Abhandl. 2s Heft, S. 151 u. folg.) Ich habe beobachtet, daß dieses schon beym 40° Grade nach Fahrenheit (3$\frac{5}{9}$° nach Reaumur) geschiehet. Die größten 60 bis 80 Kubikzoll fassende Gläser werden, wenn man sie dieser Temperatur aussetzt, durchaus mit einer salzigten Rinde überzogen, welche schon zerfließt, wenn man das Glas nur mit warmen Fingern anrührt. Bey einer noch niedrigern Temperatur gerinnt der Dunst sogleich wie er durch das Wasser aufsteigt: und das geschiehet sogar, wenn das Wasser der Wanne 60° Far. (12$\frac{4}{9}$ Reaum.) warm ist, wenn nur das Wasser in den Recipienten die Temperatur der Atmosphäre hat. Die unter diesen Umständen mit Dunst gefüllten Gläser sind an ihrer ganzen innern Fläche mit einer dicken Kruste überzogen, welche völlig die Bildung der gefrornen Fensterscheiben hat, aber gelb gefärbt ist. An den Stellen, wo die Rinde sehr dick ist, bestehet sie aus lauter Strahlen, die alle aus einem Mittelpunkte auslaufen: an andern durchkreutzen sich diese Strahlen, oder sie sind auch so durch und in einander verwebt, daß sie wahres Laubwerk bilden. Diese Rinde ist schwer auflöslich in Wasser; hat dies aber die dünnern Parthien aufgenommen, so erscheint das übrige in Gestalt länglichter dachförmig zugespitzter Prismen. In mäßiger Wärme zerfließt der gefrorne Dunst; richtet man die Wärme, etwa die Flamme eines Lichts, so daß sie nur einen Punkt trifft, und diesen schnell erhitzt, so löset sich die Rinde zu einer gelben Flüssigkeit auf, die aber wieder verschwindet,

so

so wie das Ganze seine vorige Dunstform annimmt. Irre ich nicht, so folgt aus diesen Bemerkungen:

1) Daß die luftförmige dephlogistisirte Salz-Säure kein eigentliches Gas, sondern nur eine durch Wärme-Materie im elastischen Zustande versetzte Flüssigkeit ist, und daher nicht den Namen Gas verdient, sondern Dunst genannt werden muß.

2) Daß sie nur wenig Wärmematerie bedarf, um in diesen scheinbar luftförmigen Zustand übergehen zu können; und daß sie endlich

3) wie alle saure Gasarten, aus eigentlicher Säure, aus Wärmestoff und Wasser bestehet.

4te Bemerk. Mehrere haben bemerkt, daß der salz-saure Dunst alles Feuer auslöscht; ich habe das nemliche oft vorher und jetzt wieder gesehen. Keinen entzündeten Stoff, den Phosphor ausgenommen, konnte ich in dem möglichst größten mit Dunst angefülltem Raume, brennend erhalten, viel weniger glimmende Körper in ihm zum Brennen bringen.

5te Bemerk. H. sahe, daß sich der Phosphor im salz-sauren Dunst von selbst entzündet; ich habe das nehmliche gesehen. Stellte man diesen Versuch im Finstern, und in einem Glase an, das 40 bis 60 Cubik-Zoll Dunst enthält; so entzündet sich der Phosphor plötzlich und mit Funkensprühen. Das Glas wird einige Augenblicke nach der Entzündung mit dem schönsten grünen Dampfe angefüllt. Die wiederhergestellte gemeine Salz-Säure fährt mit Ungestüm aus der Oeffnung des Glases, und es war nicht anders, als wenn der ganze beträchtlich große Arbeits-Ort mit lauter Salz-Säure angefüllt gewesen wäre. Endlich klärt der innere

innere Raum des Glases sich auf, und der Phosphor brennt ruhig und mit hellem gelben Lichte aus. Stellt man diesen Versuch über Wasser an, so wird das Wasser eingesogen, und zu gemeiner mäßig starker Salz=Säure.

6ste Bemerk. Scheele, der Erfinder des dephlogistisirten salz=sauren Dunstes, bemerkte, daß der Zinnober in diesem Dunste zerlegt, der Schwefel ausgeschieden, und das Quecksilber in salz=saures Quecksilber verwandelt wird. Bertholler sagt, daß dies nicht allein vom Zinnober, sondern von allen Quecksilber=Erzen gilt, ja daß der salz=saure Dunst das Spies=Glanz=Erz auf gleiche Weise zerlege, den Schwefel in seine Bestandtheile auflöse, und sich mit dem Metalle selbst zur Spies=Glanz=Butter verbinde. Ich sahe dies alles, auch wenn ich kleine Quantitäten des Dunstes mit kleinen Mengen der gedachten Stoffe in Berührung brachte.

Die Bemerkungen, die ich bisher aufgestellt habe, dienen bloß zur Bestätigung des von andern schon gesehenen und vermehren unsere Kenntnisse, vom Wesen der dephlogistisirten Salz=Säure, um wenig oder nichts: was aber nunmehr folgt, ist neu, und vorher von Niemanden bemerkt worden.

7te Bemerk. Bey meinen ältern Arbeiten mit dem dephlogistisirten salz=sauren Dunste hatte ich bemerkt, daß in demselben Augenblick, da man den Zinnober in einem gläsernen Löffel, mit aufrechtem Handgriffe, in denselben hinabsenkt, das ganze große Gefäß, unter starker Erhitzung, mit weißem Dunste angefüllt wurde. Ich wollte auch diese Erscheinung jetzt mehreren wißbegierigen

gierigen Freunden zeigen. Das Gefäß mit Dunst, das zu diesem Versuch bestimmt war, hatte eine enge Oefnung, daß keiner der gläsernen und zu diesen Versuchen dienenden Löffel, bequem durch die Oefnung gebracht werden konnte. Was war zu thun; ich kerbte ein schmales Stück Tannenholz mehreremahle ein, tauchte dies in gepulverten Zinnober, und brachte ihn so in den Dunst. Die Erscheinung war dieselbe, nur fand ich beim Herausziehen des Holzes die äußern Theile desselben zu Kohle verbrannt. Dies war mir höchst auffallend, und ich konnte daraus nichts anders folgern, als: der Stoff (der Zinnober) der das Holz verkohlte, muß zuvor selbst gebrannt haben, und durch den Dunst entzündet worden seyn, ehe er das Holz zu verkohlen im Stande war. Ich stellte nun, um dies zu erfahren, mehrere Versuche im Finstern an; es schien zwar einigemal, als brenne der Zinnober, und sprühe Funken; nie war dies aber so deutlich, daß ich mich überzeugen konnte, obgleich andere überzeugt waren. Die Holzspäne wurden indeß bey allen Versuchen verkohlt gefunden. Endlich fand ich die Gesetze aus, unter denen die Entzündung des Zinnobers und einer sehr großen Menge sogenannter brennlicher Stoffe im dephlogistisirten salzsauren Dunste immer erfolgt.

8te Bemerk. Man füllt ein Glas, von 30 bis 40 Cubiczoll Inhalt, über Wasser mit demjenigen Dunst, der in der Mitte oder gegen das Ende der Destillationsarbeit übergeht, und läßt dies Glas einige Stunden an einem Orte stehen, dessen Temperatur zwischen 60 und 70° Fahrenheit ist. In dieses Glas schüttet man, im Augenblick des Oeffnens und mit einemmale 30 bis 40

Gran fein geriebenen Zinnober. Der Zinnober wird sich entzünden, so wie er nur den Dunst berührt, und mit einem blassen weißlichen Lichte verbrennen. Das ganze Gefäß wird mit einem weißen, das Licht verdunkelnden Dunste angefüllt, und aus der Oefnung des Glases steigen merkurialische, salzsaure und nach brennenden Erdharz riechende Dämpfe hervor, die den ganzen Arbeitsort anfüllen und zu ersticken drohen, wenn der Ort enge, oder die Quantitäten beträchtlich sind. Die Hitze, welche während der Operation entsteht, ist so stark, und wird so schnell entwickelt, daß die Gläser rothglühend werden und gemeiniglich zerspringen. In den Gefäßen entsteht dabey eine völlige Leere; ein darauf gesteckter Kork wird aufs festeste eingesogen.

Ist alles ausgebrannt, hat der Dampf sich gelagert, die Hitze sich gelegt; so findet man am Boden des Glases trocknes salzsaures Quecksilber ohne Spur vom Schwefel.

Nimmt man weniger Zinnober, etwa 10 bis 20 Gran auf 30 bis 40 Cubikzoll Dunst so verbrennt er mit Funkensprühen.

4) Da mir die Entzündung des Zinnobers gelungen war, so zweifelte ich nicht, daß sich nicht noch mehrere Stoffe finden würden, die sich gleichfalls in salzsauren Dunste entzündeten. Ich versuchte es jetzt.

9te Bemerk. Ich warf 30 Gran gemeinen Schwefel in 40 Cubikzoll dephlogistisirten Dunst. Er entzündete sich nicht, füllte auch das Glas nicht mit Dampf an; er wurde aber doch zum Theil und ohne merkliche Erhitzung aufgelöst.

10te Bemerk. So verhielt sich auch der Kampfer; es wurde zwar Wärme entwickelt; der Kampfer nahm aber nicht die Gestalt eines Dampfs, sondern nur ein kleiner Theil desselben, die eines Oehls an.

11te Bemerk. Nelkenöhl erhitzt sich heftig, wenn man 30 Gran in 40 Cubikzoll Dunst gießt: es dampft dabey, entzündet sich aber nicht. Hat sich die Hitze gelegt, so findet man das Oehl in seiner vorigen Gestalt wieder.

12te Bemerk. Terpentinöhl, 30 Gran desselben in 40 Cubikzolle Dunst gegossen, erhitzten sich mit einander: das Oehl wird in Dampf aufgelöst; und nimmt die Gestalt eines gelben Harzes an.

12te Bemerk. Der stärkste Weingeist. Zwey Quentchen wurden in 40 Cubikzoll Dunst gegossen. Der Weingeist dampfte, es entwickelte sich sehr viel Wärme, der Geist entzündete sich aber nicht. Der Geruch des Geistes war höchst angenehm geworden; er schien indeß so wenig schweren als leichten Aether Salis zu erhalten.

14te Bemerk. Gebrannte Bittersalzerde, 30 Gran auf 40 Cubikzoll Dunst erhitzte sich nicht, ob sie sich gleich zum Theil mit der Säure verbunden hatte.

15te Bemerk. Flüchtiges luftsaures Alkali. Ich brachte 20 Gran dieses Stoffes in 40 Cubikzoll salzsauren Dunst. Die Erhitzung war geringe, es wurde auch nur etwas weniges weißer Dunst hervorgebracht. Der Rückstand war Salmiak.

Bey allen Versuchen, die ich unter 9 bis 15 beschrieben habe, verschwand ein beträchtlicher Theil des salzsauren Dunstes, und es entstand in den Gläsern

 eine

eine Leere, welche die gemeine Luft pfeifend ausfüllte, wenn die Gefäße geöfnet wurden. Ob die Versuche nun gleich nicht so ausfielen, wie ich erwartete; so zweifele ich doch keinesweges (auf das folgende mich gründend), daß alle Stoffe, deren im vorhergehenden gedacht ist, sich in salzsaure Dünste entzünden werden, wenn man nur erst die Umstände und das Verhältniß ausgemittelt hat, unter welchen es geschiehet.

5) 16te Bemerk. Spiesglanz Schwefel, von dem ich 40 Gran in 40 Cubikzoll salzsauren Dunst warf, entzündete sich zwar nicht eigentlich; er wurde aber unter der stärksten Erhitzung zu einem dicken weißen Dampf aufgelöst, und ließ trockne Spiesglanz-Butter zurück.

Brachte ich den Spiesglanz-Schwefel mit Hülfe eines hölzernen Stäbchens in den salzsauren Dunst, so wurden die Enden desselben verkohlt herausgezogen. Hieraus erhellet, daß sich der Spiesglanz-Schwefel gleichfalls entzünden wird, und daß er vielleicht nur mit schwacher Flamme brennt, die der dicke weiße Rauch zu sehen verhindert.

17te Bemerk. **Mineral-Kermes**, (der den Schwefel bekanntlich im geringeren Verhältniß enthält, als der Spiesglanz-Schwefel) entzündet sich, wenn man 30 Gran desselben in 40 Cubikzoll Dunst wirft, mit hellem weißem, etwas ins rothe schielendem Lichte, und zwar in dem Augenblick, da er den Dunst berührt. Es werden Funken im Glase umhergeworfen, und das Glas wird mit einem dicken, weißen Rauch angefüllt, der mit Ungestüm aus dem Glase fährt und das Zimmer mit dem Geruch der Salz-Säure und einen unangenehmen metallischen, ekelerregenden Geschmack

anfüllt

anfüllt. Es entstand auch bey diesem Versuche eine Leere im Glase, und der Rückstand verhielt sich, als wahre und trockene Spiesglanz-Butter.

18te Bemerk. Spiesglanz. Wirft man 30 bis 40 Gran gepulverten Spiesglanz in ein Glas von 30 Cubikzoll Gehalt; so entzündet sich dieser, so wie er den Dunst nur berührt, mit dem schönsten, hellen, weissen und funkelnden Lichte. Wirft man den Spiesglanz sehr schnell ins Glas, so entzündet er sich mit einemmale, und der Boden des Glases kommt bis zum Rothglühen. Wirft man ihn nach und nach und bey kleinen Antheilen ins Glas, so hat man das schöne Schauspiel eines feurigen Spring-Brunnens, der sich aus einem kleinen Feuer-Meere erhebt. Der salzsaure Dunst verschwindet ganz dabey, das Gefäß wird luftleer, und der Rückstand besteht aus trockner Spiesglanz-Butter.

19te Bemerkung. Spiesglanz-König. Dieses Metall entzündet sich gleichfalls im salzsauren Dunste, und zwar schneller und mit hellerem Lichte als einer der vorhergehenden Stoffe. Es wurden 409 Gran fein gepulverter Spiesglanz-König in ein Glas von 40 Kubikzoll Gehalt, und zwar im Augenblick des Oeffnens, geworfen; er entzündete sich, so wie er den Dunst berührte, und brannte mit glänzender, heller, weißer und funkelnder Flamme. Der Boden des Glases kam bis zum Weißglühen. Wirft man das Metall nach und nach in den Dunst, so hat man auch hier das schöne Schauspiel eines brennenden Springbrunnens. Man kann so lange frisches Metall in den Dunst werfen, bis dieser ganz verzehrt ist; es wird sich bis dahin

hin immer entzünden, oder wenigstens ins Glühen kommen. Der Rückstand ist wahre und trockne Spiesglanzbutter.

20ste Bemerkung. **Arsenik-König.** Die Entzündung des Arsenik-Königs geht eben so schnell und eben so lebhaft von statten als die Entzündung des Spiesglanzkönigs. Er verbrennt unter Ausstoßung eines dikken weißen Rauchs mit Funkensprühen und einem schönen grünen und blauen Lichte. Bey beträchtlichen Mengen (60 Gran König und 80 Kubikzoll Dunst) gerathen die Gläser ins Glühen; bey kleinen Mengen (30 Gran König und 40 Kubikzoll Dunst) entsteht eine brennende Fontaine, wenn man das Metall nach und nach in den Dunst wirft. Der Rückstand ist Arsenikbutter.

21ste Bemerkung. **Wismuth.** Ich warf 30 Gran fein gepulverten Wismuth in 40 Kubikzoll Dunst; er enzündete sich im Moment der Berührung mit einem hellen, lebhaften und bläulichen Lichte. Er brennt zwar nicht so lebhaft als das Spiesglanz- oder Arsenik-Metall, seine Entzündung bietet indeß doch ein sehr angenehmes Schauspiel dar. Der Rückstand ist salzsaurer Wismuth.

22ste Bemerkung. **Nickel-König.** Dieses Metall kommt gleichfalls ins Glühen, wenn man 30 Gran desselben fein gepulvert in 40 Kubikzoll Dunst wirft. Es brennt mit gelblichweißem und funkelndem Lichte; schöner und heller brennt es, wenn es etwas Arsenik enthält, oder wenn der Dunst sehr roth ist, und einige Stunden an einem warmen Orte stand. Der Rückstand ist salzsaurer Nickel.

23ste Bemerkung. Kobalt=König. Dreyßig Gran desselben in 40 Kubikzoll Dunst geworfen, kommen im Augenblick der Berührung zum Glühen, und stoßen ein bläulich weißes Licht aus. Der Kobalt=König fordert indeß, so wie das vorhergenannte Metall, einen sehr brennstoffleeren, trocknen und etwas erwärmten Dunst. Der Rückstand ist theils flüssig, theils krystallisirt, und kann zur sympathetischen Dinte gebraucht werden.

24ste Bemerkung. Zink. Der Zink entzündet sich, wenn er höchst fein gefeilt, der salzsaure Dunst ganz brennstoffleer, beynahe trocken, und einige Zeit einer Temperatur von 70° Fahrenh. ausgesetzt gewesen ist; und wenn man nur 30 Gran Metall gegen 60 Kubik=Zoll Dunst nimmt. Er brennt mit weißer Flamme und sprühet Funken, die aber lange so lebhaft nicht sind, als beym Wismuth. Der Rückstand ist salzsaurer Zink.

25ste Bemerk. Zinn. Dreyßig Gran Zinn auf 60 Kubikzoll Dunst entzündete sich mit einem weißen, ins Blaue schielendem Lichte. Das Gefäß, worin dieser Versuch angestellt wird, muß völlig wasserleer, der Dunst dunkelgelb, und das Zinn sehr fein gepulvert seyn. Der Rückstand ist salzsaures Zinn, doch nur zum Theil auflöslich.

26ste Bemerk. Bley. Es entzündet sich gleichfalls, wenn man 30 Gran fein gefeilt, in 60 Kubikzoll trocknen, dunkelgelben und etwas erwärmten Dunst bringt. Es brennt denn mit heller, weißer und funkelnder Flamme. Der Rückstand war krystallisirtes salzsaures Bley.

27ste Bemerk. Kupfer. 30 Gran auf 60 Kubikzoll Dunst entzündet sich, wenn man es so fein als möglich gefeilt, in trocknen, sehr gefärbten, und 65° warmen Dunst bringt. Es brennt dann mit rothem, aber nur langsam fortschreitendem Lichte. Der Rückstand ist trocknes salzsaures Kupfer.

28ste Bemerkung. Das Eisen. 30 Gran auf 60 Kubikzoll Dunst entzündet sich; oder vielmehr, es erglimmt am Boden des Gefäßes, worin der Dunst enthalten ist, mit hellem rothem Lichte, und setzt auch diesen in den Zustand des Rothglühens. Der Rückstand ist salzsaures Eisen im krystallinischen Zustande.

Wirft man in ein, mit dephlogistisirten salzsäuren Dunst angefülltes Glas von 80 oder mehreren Kubik-Zollen Gehalt, 40 Gran feine Eisenfeile, nachdem man den flachen Boden desselben mit etwas Wasser bedeckt hat; so erglüht das Eisen gleichfalls, doch später als beym vorigen Versuch, ohne eine Spur von brennbarer Luft oder Verpuffung zu zeigen, wie doch seyn müßte, wenn das Wasser die Quelle der brennbaren Luft und die Basis der Lebensluft, wirklich die Ursach des Unterschiedes des brennstoffleeren Salzdunstes seyn soll.

29ste Bemerk. Das Quecksilber brennt nicht, erglühet nicht, wenn man 30 Granen desselben 60 Kubikzolle Dunst darbietet. Es erhitzt sich aber damit, nimmt eine zähere Beschaffenheit an, und wird zum Theil aufgelöst.

Ein für allemal bemerke ich hier, daß sich bey allen von 1– bis –9 beschriebenen Versuchen eine beträchtliche Menge salzsaure Dünste entwickeln, die metallisch

schmecken,

schmecken, und außer dem bekannten Geruch der gemeinen Salz-Säure, einen unangenehmen Nebengeruch, fast wie verbranntes Horn, verbreiten. Ferner erinnere ich für diejenigen, die diese Versuche wiederholen wollen, daß man sich nur desjenigen salzsauren Dunstes bedienen müsse, der gegen die Mitte, oder besser gegen das Ende der Destillation überzugehen pflegt, daß dieser zwar die mehrsten, vorzüglich aber die unter 8. 17 bis 22 genannten Stoffe in jeder Temperatur, die nur nicht unter 55° seyn muß, entzündet, daß es aber doch besser sey, den Dunst einige Zeit einer Wärme von 60 bis 70 Grad auszusetzen. Uebrigens muß man alle Stoffe fein pulvern, und die Metalle, vorzüglich die sogenannten ganzen, den Wismuth, den Nickel- und Kobalt-König, und den Zink höchst fein gefeilt haben.

30ste Bemerk. Wirft man in ein Glas, in welchem salzsaurer Dunst enthalten ist, erst 10 Gran flüchtiges Alkali; läßt es jedesmal eine Minute offen stehen, und wirft nun etwas Spiesglanz-König in dieses Glas, so entzündet er sich unter einem heftigen nnd erschütternden Knall. Es ist gleich, ob man Spiesglanz-König oder irgend ein anderes Metall zu diesem Versuche nimmt.

31ste Bemerkung. Gießt man in ein Glas, welches 30 oder 40 Kubikzoll salzsauren Dunst enthält, etwas weniges kaustisch-flüchtiges Alkali, so wird das Glas unter beträchtlicher Erhitzung mit weißen Dämpfen angefüllt.

32ste Bemerk. Gießt man in ein Glas, das 30 bis 40 Kubikzoll Dunst enthält, mit einemmale und im

Moment des Oeffnens, zwey Quentchen luftleeres flüchtiges Alkali, so wird das Glas unter sausendem Geräusch mit rothem Feuer erfüllt werden, das wellenförmig, wie ein Nordlicht, über einander herfährt. Einigemale war es, als bemerkte man schwache Platzungen, sie scheinen aber mehr von der schnellen Erhitzung, Auflösung des Wassers in Dunst, als von einer andern Ursach zu entstehen. Daß das Gefäß heftig erhitzt wird, daß der Rückstand Salmiak sey, das darf ich wohl nicht erst bemerklich machen.

33ste Bemerk. Zwey Theile Spiesglanz-König und ein Theil gepulverte büchene Kohle entzünden sich eben so fertig im salzsauren Dunste als das bloße Metall. Gleiche Theile Spiesglanz-Metall und Kohle entzünden sich gleichfalls. Eben so entzündete sich ein Theil König und 2 Theile Kohle.

34ste Bemerk. Die bloße büchene Kohle entzündete sich zu meinem und meiner Mitarbeiter Erstaunen, wie ich 30 Gran dieser gepülverten Kohle 80 Kubikzoll salzsauren Dunstes darbrachte. Sie glühte roth und warf Funken umher. Der Rückstand besteht theils aus Asche, theils aus unverbrannter Kohle. Soll dieser Versuch indeß immer gelingen, so muß der Dunst brennend roth, 70° warm, trocken, und die Kohle fein gepulvert seyn.

Ein Ungenannter (Crells Beyträge zu den chemischen Annalen) der sich H*. schreibt, liefert darüber folgende Versuche und Beobachtungen.

1) Ein Licht, welches er in das Gas brachte, verlöschte mit einer Flamme, das Gas, worin es verlo-

schen

schen war, färbte das Lakmus-Papier jetzt nur roth ohne seine Farben zu zerstöhren.

Mit gleichen Theilen gemeiner Luft, zeigte es keine Ver-nderung, ein Licht brannte darinn mit einer violetten ins grünliche fallenden Farbe.

3) Stick-Gas, (welches er durch eine Sättigung der atmosphärischen Luft mit Salpeter-Gas erhalten hatte) bewirkte damit eben so wenig eine Veränderung.

4) Auch der kohlensaure Gas nicht, wenn man es damit zu gleichen Theilen vermischte:

5) Wenn man hingegen Salpeter-Gas (welches damals mit derjenigen Luft im Zimmer I,I. 1,36 gab) zu eben so viele Salz-Gas ließ, unter Erhitzung und Erzeugung von rothen Dämpfen, eine Verminderung von $\frac{25}{28}$. Der Rückstand hellte sich wieder auf, und ließ ein L cht in sich brennen.

6) Gleiche Theile Wasserstoff-Gas aus Eisen und verdünnter Schwefel-Säure, zeigten damit keine bemerkbare Verminderung, so wie das leichtere Wasserstoff-Gas in dem schweren übersauren Salz-Gas aufstieg, entstand ein feiner Staubregen. Das Gemengne entzündete sich bey Annäherung eines Lichts mit einem beynahe eben so starken Knalle, als das mit der atmosphörischen Luft gebildete Knall-Gas. Es stieg eine violette Flamme aus dem Gefäße.

7) Mit gleichen Theilen Schwefelleber-Gas (geschwefelten Wasserstoff-Gas) entstanden weiße Dämpfe, die sich streifenförmig im Wasser zogen und Schwefel zu seyn schienen, es fand eine Verminderung von $\frac{3}{8}$ statt. Der Rückstand entzündete sich mit einem etwas schwächern Knalle als im vorhergehenden Versuche.

8) Der

8) Der Weingeist, der bey diesem Versuche sehr wässerig war, absorbirte ungefähr $\frac{4}{7}$. Er erhielt eine grünliche Farbe, nebst einem gewürzhaften Geruch und mehrere Eigenschaften eines Salz-Aethers; er schwamm nämlich wie ein Oehl auf dem Wasser oben auf, schied sich nach dem Durcheinanderschütteln mit demselben wieder ab, und brannte mit einer blauen Flamme.

9) Vitriol-Aether verschluckte davon beynahe eben so viel, ward dadurch trübe und bekam eine grünliche Farbe; da er jedoch länger über Wasser stand, hellte er sich wieder auf.

10) Terpentin-Geist absorbirte davon $\frac{5}{7}$ und nahm eine grünliche Farbe an.

11) Baum-Oehl verschluckte $\frac{10}{20}$ von dem Gas, ward dadurch trüber, erhielt gleichfalls eine grünliche Farbe und coapilirte.

12) Rauchende Salpeter-Säure ward davon nicht entfärbt, vielmehr wurde das ganze Salz-Gas mit sehr durchdringenden Salpeter, sauren Dämpfen angefüllt, die das Lakums-Papier rötheten, letztere wurden vom Wasser absorbirt, und ließen das Salz-Gas im Zustande der übersauren Salz-Säure zurück.

13) Aus dem ätzenden Salmiak-Geist steigen in diesem Gas häufige Luftblasen auf, welche damit weiße Nebel (wie mit flüchtig alkalischem Gas) bildeten, und $\frac{2}{3}$ verschluckten, der Rückstand klärte sich sodann wieder auf, und war Stick-Gas.

14) Kalk-Wasser absorbirte das Gas beynahe gänzlich, ohne sich dabey im mindesten zu trüben, doch schien sich etwas Kalk-Salz abzusetzen.

15) Krei-

15) Kreide, Mineral=Alkali, Alaun, Salpeter, Salmiak, Zucker, Kampfer und Harz litten darinn, dem Ansehen nach, keiner Veränderung; wiewohl bey dem weißen das Gas absorbirt zu werden schien.

16) Unter den Metallen lößte sich das Gold zu einer gelben Flüssigkeit auf.

17) Das Silber wurde zu einem weißen Kalke zerfressen.

18) Das Kupfer ward darin grün und das Zinn schwarz gefärbt, wobey sich kein entzündbares Gas erzeugte.

19) Setzte man ein Gefäß mit diesem Gas über Quecksilber, so ward davon nach und nach ungefähr die Hälfte absorbirt *), und das Quecksilber mit spitzigten Crystallen des ätzenden Sublimats bedeckt.

20) Der rothe Präcipitat ward davon auf der Oberfläche weiß, übrigens schwarz gefärbt, die weiße Materie war wahrer Sublimat.

21) Der Kunkelsche Phosphor entzündet sich darinn. Beyträge zu den Chem. Annal. 1 B. 1786. S. 35=49.

Hermbstädt füllte eine gläserne Retorte mit langem Halse, die 64 Cubikzoll hielt, ganz mit Sauerstoff=Gas aus Braunstein, und steckte den Hals derselben in eine gläserne Schaale mit Salz=Säure von 1,40 spezifischem Gewicht. (die Temperatur des Zimmers war 22° R:) Die Säure zog sich nach und nach in den Hals der Retorte,

*) Die Absorbtion richtet sich denn doch wohl nach der Quantität des vorhandenen Quecksilbers, oder nach der Oberfläche, die sie den Dünsten darbietet.

Retorte, und nach acht Tagen waren vier Cubikzoll Raum mit Salz-Säure erfüllt, nach 14 Tagen noch 3 Zoll, also zusammen 7 Zoll, so viel war Sauerstoff-Gas absorbirt worden. Er sonderte die in die Retorte gestiegene Salz-Säure ab, und setzte sie in einer kleinen gläsernen Retorte, deren Hals unter Wasser hing, der Destillations-Wärme aus, hier erhielt er [illegible] Cubikzoll einer Gas-Art, die den Geruch der übersauren Salz-Säure hatte. (Physikalisch Chemische Versuche 1 B. S. 178. 502.)

Im angeführten Werke erzählt Hermbstädt noch eine große Anzahl von Versuchen, die er unternahm, um zu entscheiden, ob die übersaure Salz-Säure wirklich Sauerstoff enthalte, da dies jetzt allgemein anerkannt ist, so habe ich es nicht für nöthig gehalten, diese Versuche hier mitzutheilen.

Westrumb hat bemerkt, daß die dampfförmige übersaure Salz-Säure ein wahres Oehl mit sich überreißt. Beobboller und Fourcroy haben dies Oehl nie gesehen. Giobert macht es sehr wahrscheinlich, daß dieser Umstand bloß von der Einrichtung ihres Apparats und vorzüglich von der Lage ihrer Retorte herrührt. (Chem. Annalen, 1795. 1 B. S. 115 und folgende auch S. 525.) Man hat über dieses Oehl verschiedene Vermuthungen geäußert, wovon sich keine erweisen läßt, am wahrscheinlichsten verdankt es wohl seinen Ursprung Unreinigkeiten, die der angewendeten gemeinen Salz-Saure beygemischt waren. Es wäre zu untersuchen, ob man es auch erhält, wenn man eine wasserhelle Salz-Säure anwendet.

Annal.

Fourcroy liefert folgende Versuche über die über=saure Salz=Säure, in den Annal. de Chymie Tom. IV. 1790. sie sind mitgetheilt in Grens Journal der Physik, IV. B. S. 446.

1ster Versuch. Eine brennende Wachs=Kerze in eine lange und schmale, mit dephlogistisirten salzsauren Gas gefüllte Glocke getaucht, brennt darin weit lebhafter als in atmosphärischer Luft, und fast eben so lebhaft als in reiner Lebens=Luft, allein mit ganz verschiedenen und sehr merkwürdigen Phänomenen, die Flamme wird länger und schmäler, und dunkelroth wie das Licht der Lampen und Fackeln, die man durch einen dicken Nebel siehet, ein dicker schwärzlich grauer Rauch umgiebt die Flamme und wirbelt in der Glocke. Ob man gleich nach der Verminderung dieser Flamme anfangs denken könnte, daß das Verbrennen der Kerze in diesem Gas schwächer sey, als in der atmosphärischen Luft, so erkannte man doch bald bey der Uebersicht der schwärzlichen und von Wachs entblößten Schnuppe, daß von diesem verbrennlichen Stoffe mehr geschmolzen und verbrannt werde, als in der atmosphärischen Luft.

Dieser Versuch gelingt nicht immer auf diese Art, das Gas muß dazu recht rein seyn, und man muß zu dem Ende die zuerst übergehenden Portionen wegthun, die oft mit Luft=Säure (Kohlen=Säure) und selbst mit phlogistisirter Luft (Stick=Gas) aus dem Braunstein vermengt sind.

2ter Versuch. Wenn man eine mit dephlogistisirten salz=sauren Gas gefüllte Flasche öfnet, und ihre

Mün=

Mündung dem Dochte eines brennenden Talglichts nähert, so siehet man die Flamme mit einem dicken Rauche umgeben, und sie bildet einen weit voluminösern, und vielmehr verlängerten Kegel als in der atmosphärischen Luft. Die Flamme wird auf einmal dunkel und roth, und man könnte sagen, daß die kohligte Materie das Oehl heftiger entwickelt, und in einem Strohme um das Docht geführt wird. Es ist hier eben der Dampf, welcher die Flamme einer Wachs-Kerze umgiebt, wenn man sie in das Gas taucht.

3ter Versuch. Ein kleines Stück Phosphorus wurde an das Ende eines Eisendraths gesteckt, und in das dephlogistisirte salzsaure Gas getaucht. Es entzündete sich mit Knistern, und brannte mit Heftigkeit.

4ter Versuch. Gengemberg brennbares Phosphor-Gas entzündete sich in dem dephlogistisirten salzsauren Gas mit Heftigkeit, und brannte darin mit einer schönern Flamme als in der atmosphärischen Luft, die jedoch nicht so glänzend war als im Sauerstoff-Gas.

Das hepatische Gas entzündet sich nicht, und giebt keine Flamme in dem dephlogistisirten salzsauren Gas, ob es gleich zersetzt wird.

4ter Versuch. Wenn man flüchtig alkalisches Gas in dephlogistisch salzsaures Gas treten läßt, so entstehet eine sehr merkliche Entzündung, man nimmt selbst beym hellen Tage eine weiße Flamme wahr, und bald nachher werden die Wände der Glocke, die mit recht trocknem Queck silber gesperrt ist, mit Wassertropfen belegt.

Der-

Derjenige Sauerstoff, welcher die übersaure Salz-Säure zur übersauren macht, scheint mit derselben eben nicht sehr fest zusammen zu hängen, denn wenn man nach Berthollet, das mit dem Dunste der übersauren Salz-Säure geschwängerte Wasser in einer weißen Retorte, dessen Hals in einer pnevmatischen Geräthschaft unter einem mit Wasser gefüllten Recipienten gehet, den Sonnenstrahlen aussetzt, so steigt Sauerstoff-Gas unter den Recipienten, und die Flüssigkeit in der Retorte wird in schwache gemeine Salz-Säure umgeändert; diejenigen Chemisten, welche die neue Lavoisiersche Lehre annehmen, erklären diese Erscheinung folgendermaßen, der Licht- und Wärmestoff, welche in den Sonnenstrahlen vorhanden sind, verbinden sich mit demjenigen Sauerstoff, welchen die übersaure Salz-Säure übersäuerte, und expandiren ihn zum Sauerstoff-Gas, deswegen bleibt gemeine Salz-Säure zurück.

Diejenigen Chemisten, welche Richters Meynung beypflichten, glauben hier verbinde sich blos der Wärmestoff mit dem Sauerstoff, und der Lichtstoff werde an die rückständige Salz-Säure gebunden.

Girtanner (m. s. Anfangsgründe der antiphlogistischen Chemie, 2te Aufl. S. 162.) behauptet, die bloße Wärme ohne Licht bewirke die angeführte Zerlegung ebenfalls, Gren hingegen (m. s. Systematisches Handbuch 2te Aufl. 1 B. S. 514.) läugnet dies ausdrücklich.

Einem meiner Freunde wollte der Versuch mitten im Sommer im stärksten Sonnenscheine nicht gelingen, er hatte eine grüne Retorte genommen, wenn hier wirklich Licht nöthig ist, so konnte das grüne Glas wohl zum Mislingen des Versuchs das seinige beytragen, indem das Licht beym Durchgange durch dasselbe eine Art von Zerlegung erleidet.

ad p. 515.

Wir wissen jetzt, daß das Ammoniak (flüchtige Alkali) aus Wasserstoff und Stickstoff bestehet (nach Berthollet enthalten 10000 Theile flüchtiges Alkali 807 Theile Stickstoff und 193 Wasserstoff: nach Austin sind diese Bestandtheile darin in dem Verhältnisse wie 122 : 32 enthalten). Bringt man nun flüchtiges Alkali mit übersaurer Salz-Säure in Berührung, so wird ein Theil des flüchtigen Alkali zersetzt, sein Wasserstoff verbindet sich mit demjenigen Sauerstoff, der die übersaure Salz-Säure zur übersauren machte, so entstehet Wasser, gemeine Salz-Säure und Stick-Gas, wenn mehr Ammoniak vorhanden ist als auf besagte Weise zersetzt werden kann, so verbindet sich der unzersetzte Theil, des flüchtigen Alkali mit der gemeinen Salz-Säure zum Salmiak. Wenn Ammoniak mit Sauerstoff-Gas in Berührung gebracht wird, ist der Fall gar nicht derselbe, denn im Sauerstoff-Gas ist der Sauerstoff am Wärmestoff chemisch gebunden.

Warum die übersaure Salz-Säure den Schwefel schon in der Kälte säuert, läßt sich ebenfalls daraus erklären, daß der Sauerstoff, der die übersaure Salz-Säure zur übersauren macht, darin mit der gemeinen Salz-Säure nicht so fest zusammen hängt, als mit dem Wärmestoff im Sauerstoff-Gas.

Eben dasselbe läßt sich vom Weingeist, dem Terpentin-Oehl und mehreren andern Körpern, die ähnliche Erscheinungen darbieten, sagen. Uebrigens zersetzt das Terpentin-Oehl, wie jedes andere, das Sauerstoffstoff-Gas bey der mittleren Temperatur, obgleich nur langsam.

Das Inflammable oder Wasserstoff-Gas bestehet, nach unsern jetzigen Begriffen, aus einem eigenthümlichen Stoffe dem Wasserstoff, wenn man Wasserstoff-Gas mit der dünstförmigen übersauren Salzsäure in Berührung bringt, so verbindet sich der Wasserstoff des erstern mit dem Sauerstoff, der die letztern zur übersauren macht, die Producte sind gemeine Salz-Säure und Wasser.

Wenn man Braunstein-König in Salz-Säure und Salpeter-Säure auflöst, so entstehet inflammables oder nitröses Gas aus den Ursachen, die oben (1 B. S. 189. Note und S. 574.) bey der Auflösung anderer Metalle in denselben Säuren angeführt worden sind. Wenn man den schwarzen Braunstein-Kalk mit vollkommner Salpeter-Säure übergießt, so entstehet (nach Pelletier) deswegen keine Auflösung, weil der Braunstein-Kalk mit zu vielem Sauerstoff verbunden ist. Setzt man Zucker zu, so raubt der Zucker der Säure einen Theil Sauerstoff, und wandelt sie dadurch in eine unvollkommne Salpeter-Säure oder salpetrigte Säure um, die wie bekannt den schwarzen Braunstein auflößt. Daß sich hierbey keine Zucker-Säure bildet, ist allerdings auffallend, unser Verfasser führt zwar die Versuche nicht an, wodurch er sich versichert hat, daß wirklich keine gebildet worden, allein in Morveau behauptet doch wohl nicht leicht etwas, ohne guten Grund dazu zu haben. Die Thatsache also als richtig angenommen, ließe sich folgendermaßen erklären.

Zucker bestehet nach Lavoisier aus Kohlenstoff und Wasserstoff. Es könnte seyn, daß er hier in seine Bestandtheile zerlegt worden wäre, daß nämlich der Wasserstoff mit Sauerstoff Wasser, und der Kohlenstoff mit Sauerstoff Kohlensäure gebildet hätte. Die quantitativen Verhältnisse des Kohlenstoffs, Wasserstoffs und Sauerstoffs in der Zuckersäure, hat meines Wissens noch niemand bestimmt. Es ist möglich, daß der Zucker, wenn er Gelegenheit hat, sich mit einer größern Quantität Sauerstoff zu verbinden, als nöthig ist, um Zucker-Säure zu erzeugen, auch mit nassem Wege ganz zersetzt würde, und hier haben wir am Braunsteine eine sehr ergiebige Quelle des Sauerstoffs. So wie der Zucker der Salpeter-Säure Sauerstoff entziehet, nimmt sie solchen vom Braunstein wieder an, der Zucker kann sich demnach hier mit einer viel größern Quantität Sauerstoff verbinden, als wenn man ihn bloß mit Salpeter-Säure behandelt.

Wenn man Zucker mit gemeiner Salz-Säure übergießt, so entstehet deswegen keine Zucker-Säure, weil der Sauerstoff in der gemeinen Salz-Säure zum Radical derselben eine nähere Verwandschaft hat, als zum Zucker. Bringt man aber gemeine Salz-Säure, Zucker und Braunstein zusammen, so wird ein Theil der Salz-Säure schon bey der Temperatur der Atmosphäre in übersaure umgewandelt, diese tritt einen Theil ihres Sauerstoffs an den Zucker ab, und erhält sogleich wieder einen Zuwachs von Braunstein, so wird der Zucker mit Sauerstoff versehen, und der Braunstein eines guten Theils des seinigen beraubt, und er ist jetzt in der Salz-Säure auflöslich.

ad S. 522.

Woher kömmt es, daß der schwarze Braunstein=Kalk vor dem Löthrohre an der innern Flamme seine Farbe verliert, und sie an der äußern wieder annimmt?

In der innern Flamme entwickelt sich eine Menge Ruß, der Kohlenstoff dieses Rußes entziehet dem Braunstein einen Theil seines Sauerstoffs, und bildet damit Kohlen=Säure.

Wenn man den so eines Theils seines Sauerstoffs beraubten Braunstein=Alkali an der äußern Flamme erhitzt, so nimmt er aus der atmosphärischen Luft wieder Sauerstoff an.

Warum hat der Salpeter dieselbe Wirkung als die äußere Flamme?

Weil er Sauerstoff hergiebt.

Warum verpufft der Salpeter bloß mit regulinischen Braunstein?

Weil nur der Regulus fähig ist die Salpeter=Säure zu zersetzen, indem er sich mit ihrem Sauerstoff verbindet, der Braunstein=Kalk ist ja schon mit Sauerstoff verbunden.

Warum lösen die Zucker=Säuren die Weinstein=Säure, die Citronen=Säure, und mit einem Worte, alle Säuren, die fähig sind eine Kohle zurück zu lassen, den schwarzen Kalk so leicht auf?

Weil ein Theil dieser Säuren sich mit Sauerstoff aus dem Braunstein=Kalk übersättigt, (wobey sie aufhört Säure zu seyn, und nun als Kohlen=Säure und Wasser erscheint) der eines Theils seines Sauerstoffs beraubte Braunstein=Kalk ist jetzt in der noch rückständigen Säure auflöslich.

Warum nimmt die phosphorsaure Auflösung desselben von selbst und ohne Niederschlag eine rothe Farbe an?

Wahrscheinlich weil sie aus der Atmosphäre mehr Sauerstoff aufnimmt.

Warum erhält die über Quecksilber destillirte Schwefel-Säure die Eigenschaft den Braunstein aufzulösen?

Weil sie durch diese Destillation einen Theil ihres Sauerstoffs verloren hat, und in dem Zustand der unvollkommnen Schwefel-Säure oder schwefelichten Säure versetzt worden ist.

Warum giebt der Braunstein-Kalk, mit Schwefel und mit Aether behandelt, kohlen-saures Gas?

Braunstein für sich geglühet, giebt schon etwas kohlen-saures Gas, weil er Kohlen enthält, und sich diese mit einem Theile Sauerstoff verbindet.

Wenn man Braunstein mit Schwefel behandelt, so möchte man wohl nicht mehr und nicht weniger kohlen-saures Gas erhalten, als wenn man ihn für sich erhitzt. Aether bestehet nach Lavoisier aus Kohlenstoff, Wasserstoff und etwas Sauerstoff. Wenn man ihn also mit Braunstein behandelt, so erhält man Kohlen-Säure und Wasser

Warum erhitzt sich die gasförmige (dunstförmige) dephlogistisirte Salz-Säure mit dem Weingeiste, da doch das Sauerstoff-Gas auf letztere gar keine Veränderung zu Wege bringt?

Weil der Sauerstoff in der dunstförmigen übersauren Salz-Säure bey weitem nicht so fest gebunden ist als ein Sauerstoff-Gas. Eben darum wirkt auch die über-

übersaure Salz-Säure auf den weißen Arsenik weit heftiger als das Sauerstoff-Gas.

Uebersaure Salz-Säure und Alkalien.

Das von Berthollet zuerst entdeckte übersaure salzsaure Gewächs-Alkali (muriate oxygèné depotasse) wird dadurch bereitet, daß man die Dämpfe der übersauren Salz-Säure durch kohlensaures oder auch durch ätzendes in Wasser aufgelößtes Pflanzen-Alkali streichen läßt *). Am bequemsten geschiehet dies mit Hülfe des Woulfischen Apparats. Wendet man kohlen-saures Pflanzen-Alkali an, so entstehet nach einiger Zeit ein Brausen, welches von der sich gasförmig entwickelnden Kohlen-Säure herrührt; wendet man ätzendes Pflanzen-Alkali an, so entstehet kein Brausen, es wird aber etwas Wärmestoff frey.

Da das übersaure salzsaure Pflanzen-Alkali im Wasser bey weitem nicht so leicht auflößlich ist, als das Pflanzen-Alkali für sich, so fällt es, so bald sich eine beträchtliche Quantität davon gebildet hat, in Gestalt glänzender Flittern in der Flüssigkeit zu Boden, deren Menge immer zunimmt, je mehr sich das Alkali dem Sättigungs-Punkte nähert. Berthollet hat bey einer nähern Untersuchung der Resultate dieser Operation gefunden, daß sich hier die übersaure Salz-Säure nicht in demselben Zustande, wie sie entwickelt wird, mit dem Alkali verbindet, daß sie sich vielmehr in zwey Portio-

*) Am besten ist hier eine Auflösung von 6 Theilen Alkali in 1 Theile Wasser.

nen theilt, wovon die eine ihren Sauerstoff an die andere abtritt, und sich dadurch in gemeine Salz-Säure umwandelt, beyde Portionen verbinden sich nun mit dem Pflanzen-Alkali, und so entstehet zugleich übersauer salzsaures Pflanzen-Alkali, und salzsaures Pflanzen-Alkali: es sind demnach bey dieser Operation dreyerley Verwandtschaften wirksam; 1) die Verwandtschaft, vermittelst welcher sich der eine Antheil übersaurer Salz-Säure, auf Unkosten der andern, mit einem noch größern Antheile Sauerstoff verbindet; 2) die, vermittelst welcher diese noch mit neuem Sauerstoff verbundene übersaure Salz-Säure, eine Verbindung mit dem Pflanzen-Alkali eingehet. 3) Die, vermittelst welcher sich die entstandene gemeine Salz-Säure, mit dem Pflanzen-Alkali verbindet.

Da das übersauer salzsaure Pflanzen-Alkali, und das salzsaure Pflanzen-Alkali in sehr verschiedenem Grade im kalten Wasser auflößlich sind, so ist es leicht, beyde von einander zu scheiden; man braucht nur das Salz zu sammeln, welches sich während der Operation crystallisirt hat, es in der erforderlichen Menge kochendem Wasser aufzulösen, die Auflösung zu filtriren, um die geringe Menge aus dem Pflanzen-Alkali niedergeschlagener Erde abzuscheiden, und die Flüssigkeit erkalten zu lassen. Hier setzt sich das übersaure salzsaure Pflanzen-Alkali in glänzenden Flittern zu Boden. Um es trocken zu erhalten, gießt man die darüber stehende Flüssigkeit ab, läßt sie abtröpfeln, und schüttet sie auf Fließpapier.

Da das übersauer salzsaure Pflanzen-Alkali im kalten Wasser schwer auflößlich ist, so bleibt wenig davon

von in der Mutter lange zurück; will man inzwischen alles gewinnen, so darf man die Flüssigkeit nur einkochen, und sie alsdann abermals erkalten lassen.

Dies Salz crystallisirt gewöhnlich in sehr dünnen vierseitigen Tafeln, manchmal auch in Paralle Lipipeden*, diese Crystalle zerfließen nicht an der Luft. Ihr Geschmack ist kühlend und stechend (piquante) wie der des Salpeters; auf glühende Kohlen geworfen, verpufft es wie dieser, jedoch schneller und mit einer lebhafteren Flamme. Wenn man es auf einem Porphir zerreibt, oder in einem marmornen Mörser mit einer hölzernen Keule zerdrückt, so knistert es und sprühet Funken. Bey gelinder Wärme destillirt, giebt es sehr reines Sauerstoff-Gas.

Hundert Theile von dem Salze geben ungefähr 0,33 Theile Sauerstoff-Gas dem Gewichte nach. Wenn es mit Sorgfalt bereitet worden, und die Destillation mit gehöriger Vorsichtigkeit veranstaltet wird, ist das erhaltene Sauerstoff-Gas so rein, daß der Phosphor solches beynahe gänzlich zerlegt, Berthollet behielt nur einen Rückstand von 0,02 bis 0,03. auch dieser rührte wahrscheinlich von der atmosphärischen Luft der Gefäße her, deren Vermengung mit dem Sauerstoff-Gas nicht gut gänzlich zu vermeiden ist.

Da der Sauerstoff schon bey einer gelinden Wärme aus diesem Salze als Sauerstoff-Gas entweicht, so

*) Trommsdorf erhielt auch einmal kleine prismatische Crystalle mit 5 Seitenflächen, die oben dachförmig abgestumpft waren, und deren Basis ein reguläres Fünfeck bildete. Chem. Ann. 1791. 1 B. S. 424.

scheint es wohl, daß er damit eben nicht sehr fest verbunden ist, oder auch daß er mit seiner Verbindung mit demselben, noch eine beträchtliche Quantität Wärmestoff zurück behält, welches letztere durch mehrere Erscheinungen, die sich bey der Zersetzung der übersauren Salz-Säure durch verbrennliche Körper zeigen, sehr wahrscheinlich gemacht wird.

Wirft man von diesem Salze in concentrirte Schwefel-Säure, so entstehet eine mit einem durchdringenden Knalle begleitete Detonnation, es wird in einer großen Entfernung vom Gefäße umher geworfen, und verbreitet ein sehr dunkel rothes Licht.

Mit concentrirter Salpeter-Säure entstehet ein Knistern und einiges Funkensprühen, jedoch ohne eine solche Explosion, wie im vorhergehenden Falle.

Wenn man ein Gemenge aus 3 Theilen dieses Salzes und einem Theile Schwefel in einem metallnen Mörser reibt, so entstehet, wenn der Versuch mit einer Gramme gemacht wird *), eine Reihe von heftigen Detonnationen, die Pistolenschüssen gleichen. Dasselbe Gemenge verpufft noch heftiger, wenn man mit einem Hammer darauf schlägt, in der concentrirten Schwefelsäure entzündet es sich, und verbreitet dabey ein sehr lebhaftes Licht.

Ein Gemenge aus 3 Theilen von dem Salze, $\frac{1}{2}$ Theile Schwefel, und $\frac{1}{2}$ Theile Kohle, bringt dieselben Wirkungen hervor, aber noch weit heftiger.

Meh-

*) Der Gramme beträgt ungefähr 3 Gran.

Mehrere sehr verbrennliche Metalle wie das Eisen, der Spiesglanz, der Zink, der Arsenik, und die geschwefelten Metalle (sulfures metalliques) mit dem übersauer salzsauren Pflanzen=Alkali in dem Verhältnisse wie 1 zu 2 gemengt, verpuffen durch den Stoß ebenfalls mit einer Flamme, in der Schwefel=Säure entzünden sie sich aber nicht.

Mehrere Pflanzenstoffe, wie zum Beyspiel, Oehle, Zucker, Stärke, Allkohol, Aether, Holz=Sägespäne ꝛc. bieten dieselben Erscheinungen dar, Alle diese Gemenge verpuffen ebenfalls durch den electrischen Schlag mit einer sehr lebhaften Flamme.

Diese Versuche beweisen, daß der Sauerstoff in dem übersauer salzsauren Pflanzenalkali weit weniger fest gebunden ist, als in dem salpeter=sauren Pflanzen=Alkali, da dieses Neutral=Salz auf dieselbe Art mit verbrennlichen Körpern behandelt, nicht dieselben Erscheinungen zeigt.

Berthollet, der zuerst bemerkte, wie leicht unser Salz seinen Sauerstoff an verbrennliche Substanzen abtritt, hat mehrere Versuche unternommen, um es zur Verfertigung eines weit wirksamern Schießpulvers als das gewöhnliche anzuwenden. Er fand, daß diese Anwendung möglich sey, ward jedoch bald inne, daß die gar zu große Entzündlichkeit dieser Substanz den Gebrauch eines solchen Pulvers zu gefährlich machen würde, und gab sein Vorhaben auf.

Da die Natur dieser Substanz genau bekannt ist, so ließe sie sich ohne Zweifel in der Chemie mit vielem Nutzen und vieler Genauigkeit gebrauchen, um Sauerstoff mit solchen Körpern zu verbinden, die auf keinem

andern

andern Wege zu verbrennen sind, oder auch um die Bestandtheile noch unbekannter Körper zu erforschen *).

Schon jetzt wendet man es an, um sich reines Sauerstoff-Gas zu verschaffen, wahrscheinlich wird man es einst auf den Bühnen und bey Feuerwerken gebrauchen, um Donner und Blitz nachzuahmen. (m. s. Journal de l' école Polytechnique &c. troisième Cahier S. 395. und folg.

Wenn man nach Trommsdorf in eine Auflösung von 40 Gran übersauer salzsauren Pflanzen-Alkali, in 1½ Unze Wasser, concentrirte Schwefel-Säure gießt, so entbindet sich übersauer salzsaurer Dunst, und der Rückstand ist schwefel-saures Pflanzen-Alkali. Bey dieser Operation ist einige Vorsicht nöthig, denn als sie Trommsdorf zuerst in einer Tubelat-Retorte mit unlutirter Vorlage unternahm, zersprang ihn die Vorlage. Man siehet von selbst, daß der bequemste Apparat hiezu die pnevmatisch-chemische Destillir-Anstalt mit einer Mittelflasche sey, zur Vorsorge wäre es gut, die pnevmatische Röhre so wie den Retorten-Hals etwas weit zu wählen.

Wenn man auf die oben beschriebene Art den Dunst der übersauren Salz-Säure durch eine Auflösung von (am besten ätzenden Mineral-Alkaii) streichen läßt, so verbindet er sich mit diesem Alkali ebenfalls. Die Flüssigkeit liefert beym an der Luft erfolgten Abdunsten salzsaures Mineral-Alkali (muriate de soude oxigéné). Das letztere schießt zu prismatischen Cry-

*) Es wäre z. B. sehr interessant zu untersuchen, wie sich der Diamant zu diesem Salze verhält.

Crystallen an, und zeigt sich in seinen Eigenschaften mit dem übersauer salzsauren Pflanzen=Alkali ganz übereinstimmend. Ueber die Verbindung der übersauren Salz=Säure mit den feuerbeständigen Alkalien, kann man noch nachlesen.

Dollfuß in den Ch. Ann. 1788. B. 1. S. 319. Trommsdorf ebendas. 1792. B. 1. S. 422. Wurzen ebendas. 11 B.

Wenn man den Dunst der übersauren Salz=Säure durch eine Auflösung von ätzendem Ammoniak gehen läßt, so entwickelt sich Stick=Gas, und die Flüssigkeit liefert beym Abrauchen salzsaures Ammoniak, der Grund dieser Erscheinung ist schon oben angeführt worden.

Uebersaure Salz=Säure und Erden.

Das Verhalten der übersauren Salz=Säure zu den Erden ist noch nicht gehörig bekannt. Trommsdorf hat diesen Gegenstand ganz kürzlich bearbeitet. Eben deswegen, weil die Versuche noch neu sind, halte ich es für nöthig, nicht allein die Resultate derselben, sondern auch die von genannten Chemisten angewendeten Manipulationen zu erzählen, Auch die mislungenen Versuche darf ich nicht ganz übergehen, es kann denjenigen, welche sich mit ähnlichen Arbeiten beschäftigen wollen, nützlich seyn, dieselben zu kennen.

Trommsdorf schüttete ein Gemenge aus zwey Unzen gereinigtes trocknes Koch=Salz (salzsaures Mineral=Alkali) und 1 Unze Braunstein in eine geräumige Tubulat=Retorte. In

In den Hals der Retorte kittete es eine Glasröhre, welche in der Mitte recht winkligt umgebogen war, die untere Oefnung wurde in den Hals einer Flasche geleitet, die mit destillirtem Wasser zur Hälfte gefüllt war, aus dieser Flasche ging eine zweyte Röhre, welche nicht in das Wasser reichte, in eine andere Flasche, und reichte bis auf dem Boden hinab. In diese letzte Flasche wurde eine halbe Unze kohlensaure Talk-Erde (Bitter-Erde) geschüttet, zehn Unzen destillirtes Wasser darüber gegossen, und vermittelst eines Glasstäbchens, das Gemenge in Bewegung gesetzt und erhalten. Nachdem die Fugen gehörig verklebt waren, brachte er die Retorte in einen kleinen Ofen, und goß in dieselbe durch den Tubulus $1\frac{1}{2}$ Unze concentrirte Schwefel-Säure, die mit 2 Unzen destillirtem Wasser verdünnt war. Der übersaure salzsaure Dunst entband sich augenblicklich, und gieng nun durch die erste Flasche in die zweyte, in welcher die Kalk-Erde durch beständiges Umrühren im Wasser suspendirt erhalten wurde. Die erste Flasche war blos deswegen vorhanden, um die gasförmig mit übergehende gemeine Salz-Säure zu verschlucken, denn diese wird vom Wasser leichter aufgenommen als die übersaure. Als sich kein Dunst mehr entband, wurde der Apparat aus einander genommen.

Das Wasser der ersten Flasche war, wie natürlich, mit gemeiner und auch mit übersaurer Salz-Säure geschwängert.

Die Talk-Erde in der zweyten Flasche schien sich nicht vermindert zu haben.

Trommsdorf verschloß sie mit einem Glasstöpsel, setzte sie an einen finstern Ort, wo er sie von Zeit zu

Zeit

Zeit umschüttelte. Nach 24 Stunden wurde die in derselben enthaltene Flüssigkeit auf ein Filtrum gegossen, und die auf demselben zurückgebliebene Erde mit destillirtem Wasser ausgesüßt und getrocknet, sie hatte keinen Gran am Gewichte verloren. Die durchgelaufene Flüssigkeit war helle, sie roch und schmeckte wie übersaure Salz-Säure, ein hinein getauchtes Lakmus-Papier wurde entfärbt. Milde und ätzende Alkalien schlugen daraus nichts nieder.

Sie wurden an einem finstern Orte abgeraucht, es verbreitete sich dabey ein starker Geruch nach übersaurer Salz-Säure, es blieb kein Rückstand, das Abrauch-Gefäß war blos wie angehaucht.

Die übersaure Salz-Säure scheint also auf die kohlensaure Talk-Erde nicht gewirkt zu haben; Trommsdorf war geneigt zu glauben, die Kohlen-Säure besitze zu derselben eine nähere Verwandtschaft, und ließe sich daher durch unsere Säure nicht austreiben, er machte jedoch noch folgenden Versuch.

Er goß vier Unzen concentrirte Salz-Säure auf 2 Unzen Braunstein in eine Tubulat-Retorte, und legte den vorigen Apparat wieder an, in der letzten Flasche waren nur 2 Drachmen kohlensaure Talk-Erde. Bey mäßig angebrachter Wärme entband sich der Dunst sehr heftig. Nach vollendeter Arbeit wurde die Flüssigkeit der Flasche, welche die Talk-Erde enthält, zur trocknen abgeraucht. Es blieb ein Salz zurück, dessen Gewicht 19 ½ Gran beträgt, und sich ganz wie salzsaure Talk-Erde verhielt.

Bey der zu schnellen Entwickelung des übersauren salzsauren Dunstes war gemeine Salz-Säure mit in die

die zweyte Flasche übergerissen worden, und diese hatte von der Talk-Erde etwas aufgelößt.

Trommsdorf vermengte drey Unzen trocknes salzsaures Mineral-Alkali, mit einer halben Unze Braunstein, und schüttete zwey Unzen concentrirte, mit destillirtem Wasser verdünnte Schwefel-Säure hinzu. An den Hals der Retorte hatte er eine Röhre gekittet, die in eine Flasche herabhing, in welcher sich eine halbe Unze kohlensaure Talk-Erde, mit 16 Unzen destillirtem Wasser vermengt, befand. Durch gelinde Wärme wurde die übersaure Salz-Säure entbunden, und es entstand in der Flasche ein geringes Brausen. Nach vollendeter Operation wurde die Flüssigkeit von der rückständigen Erde abfiltrirt, bey sehr gelindem Feuer zur Trockne verdampft, und 30 Gran eines Salzes erhalten, welches sich durchaus nicht von der gewöhnlichen salzsauren Talk-Erde unterschied.

Auf kohlensaure Talk-Erde wirkt also die übersaure Salz-Säure nicht.

Jetzt unternahm er Versuche mit der gebrannten.

Trommsdorf stellte den Versuch wieder mit dem beym ersten Versuche gebrauchten Apparate an; in der zweyten Flasche hielt er 2 Drachmen gebrannte Talk-Erde in 8 Unzen Wasser suspendirt. Während der Operation schien sich die Menge der Erde nicht zu vermindern. Nachdem sich keine Dämpfe der übersauren Salz-Säure mehr entbanden, wurde die Flüssigkeit der zweyten Flasche filtrirt, an einem finstern Orte bis auf etwas weniges abgeraucht, und da sich nichts crystallisiren wollte, bis zur Trockniß verdunstet. Es blieb ein Rückstand von ein paar Granen, der mit concen-

trirter

trirter Schwefel-Säure übergossen, Dämpfe der gemeinen Salz-Säure gab.

Statt eines Gemenges aus salzsaurem Mineral-Alkali, Braunstein und Schwefel-Säure, nahm er jetzt blos 6 Unzen sehr concentrirte Salz-Säure, 3 Unzen Braunstein, und in die zweyte Flasche schüttete er blos eine Drachme gebrannte Talk-Erde. Der Erfolg war ganz derselbe, nur daß er jetzt einen Gran salzsaure Talk-Erde mehr erhielt.

Bey noch einem andern Versuche, wo er die übersauren salzsauren Dämpfe unmittelbar aus dem Entbindungsgefäß in einem Gemenge aus gebrannter Talk-Erde und Wasser gehen ließ, erhielt er ebenfalls nichts weiter als 40 Gran salzsaure Talk-Erde.

Jetzt schüttelte er in das mittelste Gefäß der Parkerschen Glasgeräthschaft 1 Unze Wasser und 2 Quentchen gebrannte Talk-Erde, den obern Theil der Maschine nahm er ab, und steckte eine Glasröhre in die Oefnung, um die Erde durch immer fortgesetztes Umrühren beständig schwebend erhalten zu können. In den untern Theil schüttete er 4 Unzen Braunstein und 6 Unzen Salz-Säure, und setzte die Geräthschaft in ein warmes Sandbad. Nachdem die Entwickelung der Dämpfe aufgehört hatte, wurde die Flüssigkeit abgeraucht, und lieferte 20 Gran salzsaure Talk-Erde.

Es scheint also wohl, als wenn die übersaure Salz-Säure zur Talk-Erde keine Verwandtschaft hat.

Um zu entdecken, wie sich die übersaure Salz-Säure zur Kalk-Erde verhalte, stellte er folgende Versuche an:

2 Unzen gepulverter Braunstein wurden in einer Retorte mit 4 Unzen reiner mäßig starker Salz-Säure

 über

übergossen. An den Hals der Retorte wurde eine Röhre gekittet, die wie beym ersten Versuche gebogen und in ein Gefäß mit destillirtem Wasser geleitet war; aus diesem Gefäß ging eine zweyte Röhre in eine Flasche, die bis zur Hälfte mit frischer Kalk=Milch angefüllt war. Diese Kalk=Milch war aus einem Theile reiner gebrannter Kalk=Erde und sechszehn Theilen destillirtem Wasser bereitet.

Die dämpfenden übersauren Salz=Säuren wurden nun durch ein gelindes Lampenfeuer entwickelt, sie gingen durch das Wasser der ersten Flasche, und von da in die Kalk=Milch der zweyten Flasche; sie schienen nicht sehr auf die Kalk=Erde zu wirken.

Als sich keine Dämpfe mehr entwickelten, ließ **Trommsdorf** die Geräthschaft stehen, nahm blos die Retorte ab, brachte von neuem 2 Unzen Braunstein und 4 Unzen Salz=Säure hinein, legte sie wieder an, und fing die Operation von neuem an. Als nun keine Dämpfe mehr erschienen, nahm er die Flasche mit der Kalk=Milch ab, schüttelte sie tüchtig um, und ließ sie gut verstopft eine Nacht stehen. Des andern Morgens filtrirte er die Flüssigkeit, und übergoß die im Filtro bleibende Erde mit vielem destillirten Wasser. Jetzt rauchte er die sämmtliche durchgelaufene Flüssigkeit bis auf $\frac{1}{18}$ gelinde ab; es erschien auf der Oberfläche ein Häutchen, welches Kalk zu seyn schien. Die Flüssigkeit verbreitete unter dem Abrauchen eben keinen starken Geruch nach übersaurer Salz=Säure, er vermuthete daher, daß sie gar keine enthalten möchte. Lakmus=Tinktur, die er mit etwas von der Flüssigkeit zusammen brachte, wurde dadurch gar nicht verändert.

Jetzt

Jetzt schüttete er einen Tropfen concentrirte Schwefel-Säure in das Gemenge aus der Flüssigkeit und der Lakmustinktur, es verbreitete sich sogleich ein Geruch nach übersaurer Salz-Säure, die blaue Farbe verschwand, und ließ sich durch Alkalien wieder herstellen.

Die bis auf ⅙ abgerauchte Flüssigkeit wurde filtrirt und ruhig hingestellt. Im Filtro blieb ein weißes Pulver, das folgende Eigenschaften zeigte.

1) Es war geschmacklos.

2) Löste sich mit Brausen im destillirten Essig auf.

3) Diese Auflösung wurde durch ätzendes Ammoniac nicht verändert.

4) Durch Sauerklee-Säure aber stark getrübt.

Es war also kohlensaure Kalk-Erde.

Aus der filtrirten Auflösung hatte sich nichts abgeschieden, sie wurde daher noch etwas abgedunstet und wieder ruhig hingestellt. Das Verdunsten geschahe jedesmal ohne Zutritt des Lichts, weil dieses, wie oben angeführt worden, die übersaure Salz-Säure zersetzt. Die Flüssigkeit hatte sehr lange an einem warmen Orte gestanden ohne daß sich etwas crystallisirt hatte, ob sie gleich bis auf etwas weniges verdunstet war. Trommsdorf rauchte sie daher bey sehr gelindem Feuer bis zur Trokniß ab, hier erhielt er 20 Gran eines weißen Salzes.

Der Geruch dieses Salzes war etwas saffranartig, der Geschmack etwas scharf und salzig. In destillirtem Wasser löste es sich leicht auf, und an der Luft wurde es feucht. Wurde es trocken mit einem Tropfen concentrirter Schwefel-Säure übergossen, so entwickelten sich häufig Dämpfe der übersauren Salz-

Säure. Die Lakmus-Tinktur wurde von der Auflösung desselben in destillirtem Wasser nicht verändert; ließ man einen Tropfen concentrirte Schwefel-Säure in einer mit Lakmus-Tinktur gemengten Auflösung des Salzes fallen, so entstand augenblicklich der Geruch der übersauren Salz-Säure, und die blaue Farbe verschwand.

Aus dem angeführten erhellet, daß das erhaltene Salz den Namen eines übersauren salzsauren Kalks (muriate de Chaux oxygèné) verdient.

Trommsdorf schlug jetzt einen andern Weg ein, um dies Salz in einer solchen Quantität zu gewinnen, daß er es gehörig untersuchen könnte.

Aus einem Gemenge von 16 Unzen salzsaurem Mineral-Alkali (Koch-Salz) 8 Unzen Braunstein und 13 Unzen concentrirter Schwefel-Säure, entwickelte er die dampfförmige übersaure Salz-Säure, auf die bekannte Art, und fing sie unter Wasser in gläsernen Flaschen auf. Nach geendigter Arbeit stellte er diese Flaschen in einen Kübel mit kaltem Wasser, um den Dunst recht abzukühlen. Jetzt füllte er eine ziemlich flache Porcellain-Schale mit Kalk-Milch an, schüttete einige Unzen davon in eine der mit dem Dunste gefüllten Flaschen, schüttelte sie unter Wasser, und öffnete sie umgekehrt wieder in der Kalk-Milch. Es war ein großer Theil des Dunstes verschluckt worden, und es stieg ein Antheil Kalk-Milch in die Flasche; diese Operation wiederhohlte er so lange, bis keine Absorbtion mehr erfolgte. Der Geruch der übersauren Salz-Säure war gänzlich verschwunden. Alle übrige mit Dunst gefüllte Flaschen wurden auf dieselbe Art behandelt, den Kalk-Milch-Gehalt aller dieser Flaschen goß Trommsdorf in eine

eine einzige, verstopfte sie, und ließ sie eine Nacht über ruhig stehen.

Die Kalk-Erde setzte sich zu Boden, die darüber stehende Flüssigkeit wurde auf das Filtrum gebracht, der Rückstand mit destillirtem Wasser ausgelaugt, und alles durchgelaufene, welches stark nach übersaurer Salz-Säure roch, an einem dunkeln Orte gelinde abgeraucht. Beym Abdampfen fiel sehr viel Kalk-Erde nieder, die mit Säuren brauste, und sich wie kohlensaure Kalk-Erde verhielt. Dies ist, sagt unser Chemist, ein auffallendes Phänomen, denn die Flüssigkeit enthielt vor dem Abdampfen überschüssige übersaure Salz-Säure, wie der Geruch, der Geschmack und die Entfärbung der Lakmus-Tinktur bewieß. Hier sind, fährt er fort, nur zwey Fälle zur Erklärung dieses Phänomens möglich; entweder die Flüssigkeit bestand aus Kalk-Erde, die mit übersaurer Salz-Säure übersättigt war, und nachdem bey dem Abdampfen die überschüssige Säure entwichen war, zersetzte die Kohlen-Säure der Luft einen Theil des Mittel-Salzes, und blieb mit der Kalk-Erde verbunden; oder die Flüssigkeit bestand aus übersaurer Salz-Säure an Kalk-Erde gebunden, aus freyer übersaurer Salz-Säure, und freyer ätzender Kalk-Erde. Während dem Verdunsten entwich nun die freye übersaure Salz-Säure, und die ätzende Kalk-Erde verband sich mit Kohlen-Säure aus der Atmosphäre, und fiel als kohlensaure Kalk-Erde zu Boden. Es ist freylich, fährt Trommsdorf fort, ein höchst auffallendes Phänomen, daß eine freye Säure sich neben einer freyen Erde befindet, zu welcher sie Verwandschaft hat, ohne daß beyde eine Verbindung eingehen, allein der letzte Fall ist doch der wahrscheinlichste, denn fernere Versuche haben mich gelehrt, daß die Verbindung der übersauren Salz-Säure mit Kalk-Erde durch Kohlen-Säure nicht zersetzt wird, und dann wurde auch die erwähnte Flüssigkeit schon ohne Verdunsten getrübt, als ich etwas kohlensaures Gas durchstreichen ließ.

Jene Flüssigkeit war auf 5 = 6 Unzen verdampft, und dann filtrirt worden, er setzte sie in ein warmes Sandbad, und ließ sie weiter verdunsten. Als er nach einiger Zeit wieder nachsahe, schienen es kaum noch 4 Unzen Flüssigkeit, und sie war so dick wie Oehl; er zog das Gefäß aus dem Sande, um es an einen kühlen Ort zu stellen, so wie er es aber berührte, geronn das Ganze zu einer crystallinischen Masse. Da es ihm nicht möglich war, die Crystallengestalt zu bestimmen, so übergoß er die Salz-Masse nach dem Erkalten mit 3 Unzen Wasser, sie löste sich schnell auf, und dabey entstand eine so große Hitze, daß er das Gefäß kaum mit der Hand halten konnte. Gewiß auch eine sehr merkwürdige Erscheinung, denn der gemeine salzsaure Kalk bringt mit Wasser Kälte hervor. Die Auflösung wurde nun wieder so behutsam als möglich verdunstet. Es schossen darin Crystallen an, die sich nicht genau bestimmen ließen, es schienen dreyseitige, an beyden Enden stark zugespitzte Prismen zu seyn, deren mehrere aus einem gemeinschaftlichen Puncte entsprangen, und strahlig auseinander liefen.

Eigen-

Eigenschaften der übersauren salzsauren Kalk-Erde (muriate de calce oxygènè).

1) Der Geschmack war scharf und salzig.

2) Der Geruch etwas saffranartig.

3) An der Luft wurde es feucht.

4) Es löste sich in gleichen Theilen Wasser bey 20° Reaumur auf, und das Thermometer stieg während der Auflösung bis auf 64°.

5) Auch in 10 Theilen Alkohol löste es sich auf. Diese Auflösung brannte mit einer anfangs gelblichen, gegen das Ende dunkel schwefelgelben Flamme. Nach dem Verbrennen blieb das Salz unverändert zurück.

6) Aus der Auflösung in Wasser schlug kohlensaures Pflanzen- und Mineral-Alkali kohlensaure Kalk-Erde nieder, und die Flüssigkeit enthielt nun übersaures salzsaures Pflanzen- oder Mineral-Alkali.

7) Concentrirte sowohl als verdünnte Schwefel-Säure trieb aus dem trocknen Salze übersaure salzsaure Dämpfe aus.

8) Phosphor-Säure bewirkte eben dasselbe.

9) Rauchende und verdünnte Salpeter-Säure bewirkte dasselbe; wurde aber das Salz in Wasser aufgelöst und Salpeter-Säure zur Auflösung gegossen, so entstand eine starke Königs-Säure.

10) Verdünnte und concentrirte Salz-Säure trieben aus diesem Salze übersaure salzsaure Dämpfe aus.

11) Essig-Säure zersetzte das Salz nicht im geringsten.

12) Weinstein-Säure in so wenig Wasser als möglich aufgelöst, trieb die übersaure Salz-Säure nicht aus.

13) Etwas von dem Salze wurde in destillirtem Wasser aufgelöst, und die Auflösung in ein Gefäß mit Kohlen-Säure geschüttet. Die Flüssigkeit litt keine Veränderung, es entstand weder eine Trübung, noch ein Geruch nach übersaurer Salz-Säure.

14) Auf glühende Kohlen verpuffte das Salz; doch nicht so lebhaft als der Salpeter.

15) Etwas von dem Salze mit Schwefel und Kohlenpulver vermengt, detonirte wie Schießpulver.

16) Trockner Phosphor mit dem trocknen Salze vermengt, detonirte augenblicklich mit einer äußerst lebhaften Flamme, so wie der Phosphor das Salz nur berührte, jedoch ohne Knall. Der Versuch gelingt allemahl, wenn Phosphor und Salz nur beyde recht trocken sind. Trommsdorf glaubt, der Phosphor entzünde sich hier vermittelst der Erhitzung, welche das trockne Salz erleidet, indem es Feuchtigkeit aus der Luft anzieht.

17) Wird dies Salz in einer Retorte, die mit dem pnevmatischen Apparate in Verbindung stehet, erhitzt, so erhält man sehr reines Sauerstoff-Gas, und der Rückstand ist eine Auflösung der gemeinen salzsauren Kalk-Erde.

Jetzt wollte Trommsdorf auch das Verhalten der übersauren salzsauren Thon-Erde untersuchen.

Er rührte zu dem Ende aus dem Alaun durch Pflanzen-Alkali niedergeschlagene Thon-Erde mit 12 Theilen Wasser in einer Porcellain-Schale an. Jetzt öffnete er unter diesem Wasser eine mit übersauer salzsaurem Dunste

Dunste angefüllte Flasche, und fuhr mit ihrer Mündung in demselben umher. Es wurde bald etwas Dunst verschluckt, und die Flüssigkeit stieg in die Flasche. Er verstopfte sie unter der Flüssigkeit, zog sie heraus, schüttelte sie stark unter Wasser, und öffnete sie dann wieder unter der Thonerden=Milch, worauf wieder eine beträchtliche Menge davon hineinstieg. Diese Operation wurde so oft wiederholt, bis nichts mehr hineinsteigen wollte; eben dasselbe wurde mit noch mehreren mit Dunste gefüllten Flaschen vorgenommen.

Nachdem die Flaschen gut verstopft eine Nacht gestanden hatten, wurde alle in denselben enthaltene Flüssigkeit, nebst der noch in der Porcellän=Schale befindlichen filtrirt. Auf dem Filtro blieb sehr viel Erde übrig, die mit destillirtem Wasser gut ausgesüßt wurde, die durchgelaufene Flüssigkeit war Wasserhelle, roch sehr stark nach übersaurer Salz=Säure, und zerstörte die Pflanzen=Farben. Als sie einige Stunden gestanden hatte, war sie mit einem dünnen Häutchen, wie das Kalk=Wasser, überzogen.

Diese Flüssigkeit wurde bey sehr gelinder Wärme verdunstet, wobey sich der Geruch der übersauren Salz=Säure verbreitete, und das Häutchen wieder verschwand. Als die Flüssigkeit bis auf einige Unzen verdampft war, wurde sie in die Kälte gesetzt, und blieb ruhig stehen; allein es crystallisirte sich nichts. Sie wurde allmählig weiter verdunstet, und geronn nun in der Kälte zu einer unregelmäßigen crystallinischen Masse.

Das Gewicht des erhaltenen Salzes betrug 2⅞ Unzen. Seine Eigenschaften bestanden in folgendem:

1) Der Geschmack war sehr zusammenziehend.

2) An der Luft zerfloß es.

3) Es löste sich leicht im Wasser auf, doch sonderte sich aus der Auflösung etwas Thon-Erde ab.

4) Mit brennbaren Körpern vermengt und in einen glühenden Schmelztiegel getragen, entstand eine kaum bemerkbare Detonation. Bey geringen Quantitäten wurde durchaus gar keine bemerkt.

5) Phosphor-Säure trieb die Dämpfe übersaurer Salz-Säure aus.

6) Schwefel-Säure ebenfalls.

7) Salpeter-Säure auch.

8) Mäßig starke gemeine Salz-Säure trieb die Dämpfe der übersauren Salz-Säure aus.

9) Borax-Säure in siedendem Wasser aufgelöst und darüber geschüttet, bewirkte keine Veränderung.

10) Weinstein-Säure eben so wenig.

11) Concentrirte Essig-Säure ebenfalls nicht.

12) Im Weingeist löste es sich in geringer Menge auf, und der Weingeist brannte nun mit einer gelben Flamme.

13) In destillirtem Wasser aufgelöst und der Sonne in einer schicklichen Geräthschaft ausgesetzt, entwickelte sich kein Sauerstoff-Gas, und das Salz wurde durch Abdampfen unverändert wieder erhalten.

14) Etwas von dem Salze in eine kleine Retorte geschüttet, die mit der pnevmatischen Geräthschaft verbunden war, gab selbst in der Glühehitze kein Sauerstoff-Gas. Das Salz blähete sich sehr auf, und die übersaure Salz-Säure ging unverändert über. Der Rückstand war äußerst lockere Thon-Erde und etwas unzersetztes Salz.

15)

15) Etwas von diesem Salze mit Phosphor zusammen gerieben, brachte weder eine Entzündung noch eine Detonation hervor.

16) Wurde etwas von diesem Salze auf glühende Kohlen geworfen, so blähete es sich auf, stieß übersaure salzsaure Dämpfe aus, und glühete mit violblauer Flamme.

Die übersaure salzsaure Thon-Erde (muriate d'alumine oxygènè) unterscheidet sich also sehr bemerkbar von der salzsauren Thon-Erde, ob sie schon nicht so auffallende Eigenschaften besitzt, wie die übersaure salzsaure Kalk-Erde. (M. s. Trommsdorfs Journal der Pharmacie, 3r B. 2s St. S. 105 und folg.)

Verbindungen der übersauren Salz-Säure mit Metallen.

Wenn man einen mit Goldblättchen umgebenen Glasstab in die übersauren salzsauren Dämpfe bringt, so pflegt das Gold zu einer gelben Flüssigkeit zu zerfließen, welche eine wahre übersaure salzsaure Goldauflösung ist*), die sich von der mit Königs-Säure bewirkten nicht (wenigstens nicht wesentlich) unterscheidet. Man kann diese Auflösung auch erhalten, wenn man Goldblättchen in mit dem übersauer salzsauren Dunste sehr geschwängerten Wasser bringt. Die übersaure salzsaure Gold-Auflösung liefert durch sehr gelindes Verdunsten das übersaure salzsaure

*) Nach Scheerer entzündet sich das Gold mit einer purpurrothen Flamme, mir hat dieser Versuch nicht gelingen wollen, ich sahe es blos zerfließen.

saure Gold (muriate d'or oxygèné) in kleinen goldgelben Krystallen. Diese ziehen Feuchtigkeit aus der Luft an, in der Hitze schmelzen sie mit einer rothen Farbe, und liefern Sauerstoff-Gas. Die Kalk-Erde, die Talk-Erde, die feuerbeständigen Alkalien, das Zinn und die meisten andern Metalle zerlegen das übersaure salzsaure Gold.

Das übersaure salzsaure Platinum (muriate de Platine oxygèné), welches man eben so wie das übersaure salzsaure Gold erhalten kann, bildet kleine glänzende rothe Krystalle, die sich im Wasser schwer auflösen. Die feuerbeständigen Laugen-Salze und die Kalk-Erde zerlegen dieses Salz, in der Hitze soll es ebenfalls zerlegt werden, weil es Sauerstoff von sich läßt.

Das übersaure salzsaure Silber (muriate d'argent oxygèné), ist noch nicht gehörig untersucht.

Das übersaure salzsaure Quecksilber (murate de Mercure oxygèné), war unter dem Namen ätzender Sublimat lange bekannt, ehe man von der übersauren Salz-Säure etwas wußte. Dieses Salz und seine gewöhnliche Bereitung ist zu bekannt, als daß sichs der Mühe verlohnte, hier zu sagen, was in jedem Compedio stehet.

Das übersauer salzsaure Zinn (muriate d'atatin oxygèné), ist ebenfalls unter dem Namen Libavs rauchender Geist bekannt genug.

Das übersauer salzsaure Spies-Glanz (muriate oxygèné d'antimoine), ist die Spies-Glanz-Butter.

Das übersauer salzsaure Arsenik (muriate oxygèné d'arsenic), die Arsenik-Butter ist ebenfalls bekannt genug.

Bleichen durch übersaure Salz-Säure.

Es ist oben gehörigen Orts angeführt worden, daß sowohl die dunstförmige übersaure Salz-Säure, als auch das mit dem Dunste geschwängerte Wasser die Eigenschaft besitzen, Pflanzen-Farben in sehr kurzer Zeit zu zerstören, diese Eigenschaft benutzte Berthollet zuerst, um Garn und andere Waaren viel schneller zu bleichen, als dies auf dem gewöhnlichen Wege möglich ist

Man schüttet in einen im Sandbade stehenden Kolben ein Gemenge *) aus 3 Theilen getrocknetem salzsaurem Mineral-Alkali (Koch-Salz), und 1 Theil Braunstein-Kalk, und auf dieses Gemenge gießt man 2 Theile mit eben so vielem Wasser verdünnte ächt concentrirte Schwefel-Säure, nun verstopft man den Kolben mit einem am besten in Wachs gesottenen Korkstöpsel, durch welchen eine gebogene Glasröhre gehet, sollte der Korkstöpsel nicht genau passen, so kann man ihn noch mit einem Kitte aus gleichen Theilen Kolophonium und Wachs verwahren, das zweyte Ende der Glasröhre gehet in ein Gefäß, welches dem Wesentlichen nach ganz mit den Flaschen, woraus der Woulfische

*) Hier entwickelt nähmlich die Schwefel-Säure die im Koch-Salze enthaltene gemeine Salz-Säure, und diese wird durch den Sauerstoff aus dem Braunstein sogleich zur übersauren Salz-Säure. Bey diesem Gemenge kömmt man wohlfeiler weg, als wenn man schon fertige Salz-Säure und Braunstein anwendet.

sche Apparat bestehet, übereinkömmt; aus diesem Gefäß gehet die Ableitungsröhre in einen besonders eingerichteten hölzernen Kübel, in welchem das Wasser mittelst eines beständig zu drehenden Quirls in Bewegung gehalten wird, damit es den Dunst besser verschlucke. Dieses Gefäß heißt das Mischungs=Gefäß Aus demselben läßt man das geschwängerte Wasser oder das Bleich=Wasser in ein anderes ab, in welchem man die zu bleichende Waare mit demselben in Berührung bringt, und welches deswegen das Bleichgefäß genannt wird.

Diese Gefäße hier genau zu beschreiben, würde Kupfertafeln und viel Raum erfordern. Man findet genaue Beschreibungen und Abbildungen davon in Tenners Anleitung vermittelst der dephlogistisirten Salz=Säure zu jeder Jahrszeit vollkommen weiß, geschwind, sicher und wohlfeil zu bleichen ꝛc. ꝛc. Zweyte Auflage, Leipzig, bey Voß u. Comp. 1794. Auch im Journal des arts et Manufactures publié sous la direction de la Commission exécutive d'Agriculture et des Arts. Tom. I. a Paris an troisième, No. 2. und No. 3.

Wenn man Garn bleichen will, läßt man es zuerst mehrere Stunden in Flußwasser weichen, alsdann bringt man es in eine alkalische Lauge, die man nach Umständen entweder durch Auflösung von Pottasche oder durch Auslaugen von Holz=Asche bereitet, und auch wohl mit Hülfe des frisch gebrannten Kalks ätzend macht, einige weichen das Garn blos in diese Lauge ein, andere kochen es damit. Nach dem Auslaugen wird das Garn gespült, und in einem in das Bleichgefäß passenden Korb aufgehangen, welcher an einem

über

über eine Rolle gelegten Seile über besagtes Gefäß hängt, nun läßt man aus dem Mischungsgefäß von dem Bleichwasser in das Bleichgefäß laufen, und wenn es zu stark ist, verdünnt man es mit Wasser so lange, bis es nur noch einen erträglichen Geruch nach übersaurer Salz=Säure hat, wenn das Bleichgefäß mit dem gehörig verdünnten Bleichwasser angefüllt ist, senkt man den Korb in dasselbe ein, ziehet ihn wieder heraus, senkt ihn abermahls ein, und so wechselsweise bis man durch den Geruch bemerkt, daß das Bleichwasser zu sehr geschwächt ist, alsdann läßt man das alte Bleichwasser ab, und neues ein, und fährt mit dem Eintauchen so lange fort, bis das Bleichwasser durch das Garn, trotz des fortgesetzten Eintauchens, seinen Geruch nicht mehr verliert. Diese erste Operation dauert gewöhnlich 2 bis 3 Stunden. Nun wird das Garn gespült, und alsdann in so verdünnte Schwefel=Säure gebracht, daß sie ungefähr die angenehme Säure des Citronensafts habe. In dieser Flüssigkeit braucht man es nicht länger als 15 bis 20 Stunden liegen zu lassen. Läßt man es länger darin z. B. 2 bis 3 Tage, so ist dies zwar unnütz, hat jedoch keine nachtheilige Wirkung, wenn nur nichts von dem Garne aus der Flüssigkeit ragt, denn in diesem Falle, würde die in dem Fäden enthaltene Säure durch das Verdunsten ihrer Wässrigkeit concentrirter, und so dem Garne nachtheilig werden.

Das aus der Schwefel=Säure genommene Garn wird sorgfältig gespült, auch wohl mit dünnen Seifenwasser gewaschen, und nun eine kurze Zeit auf den Plan gelegt. Wenn es vom Plan kömmt, wird es auch wohl noch schwach mit Schmaltbelau geblauet.

Jetzt

Jetzt habe ich jede mit dem Garne vorzunehmenden Operation mit wenigen Worten beschrieben, allein es jeder nur einmal zu unterwerfen, würde unzureichend seyn, ich will deswegen die Folge der hinter einander wechselsweise vorzunehmenden Operationen anführen, wie sie Berthollet in oben angeführten Journal des Manufactures entworfen hat.

Nachdem das Garn 2 bis 3 Tage in Wasser geweicht hat, spült man es sorgfältig, laugt es mit ziemlich starker alkalischer Lauge aus, und läßt es mit derselben 3 Stunden kochen.

Die hier gebrauchte Lauge erstarrt beym Erkalten zu einer Gallerte.

Man läßt das Garn abermahls mit einer schwächern alkalischen Lauge kochen.

Jetzt wird es gespült, um die durch die alkalische Lauge aufgeschlossenen färbenden Theile hinwegzuschaffen.

Nun nimmt man das Eintauchen in das Bleichwasser vor, und fährt damit so lange fort, bis der Geruch des Bleichwassers nicht mehr verändert wird, diese Arbeit kann 2 bis 3 Stunden dauern.

Das Garn wird wieder in eine alkalische Lauge gebracht, die nicht so stark als die erste, jedoch etwas stärker als die zweyte ist, man kocht es 3 Stunden damit.

Man taucht es in schwächeres Bleichwasser.

Nun kömmt es in eine alkalische Lauge, die schwächer seyn kann als die bisher angewendeten.

Und alsdann wieder in das Bleichwasser.

Jetzt wird es gespült.

Alsdann kömmt es in eine noch schwächere alkalische Lauge, womit man es zwey Stunden kocht.

Nun

Nun bringt man es wieder in das Bleichwasser.

Und nachher spült man es. In diesem Zeitpunkte kömmt die weiße Farbe schon zum Vorschein.

Man bringt das Garn in die verdünnte Schwefel-Säure.

Spült es wieder.

Kocht es 2 Stunden mit schwacher alkalischer Lauge.

Legt es 6 Tage auf den Plan.

Spült es wieder.

Legt es wieder in das Bleichwasser.

Spült es.

Bringt es in die Schwefel=Säure.

Spült es.

Bringt es in die Schwefel=Säure.

Spült es.

Kocht es höchstens eine Stunde mit schwacher alkalischer Lauge.

Bringt es ins Bleichwasser.

Spült es.

Bringt es in die Schwefel=Säure.

Spült es.

Bringt es in eine schwache ätzende alkalische Lauge, in welche man etwas schwarze Seife zerlassen hat.

Legt es 3 Tage auf den Plan.

Spült es.

Blaut es.

Ringt es aus und trocknet es.

Das Verfahren, welches ich eben für das Garn beschrieben habe, gilt auch für die Leinwand, jedoch mit den Abänderungen, die ich angeben werde.

Ehe man die Leinewand in das Bleichwasser bringt, muß man sie von der Art von Appretur befreyen, die sie gewöhnlich hat, dies bewirkt man durch Behandlung mit Lauge, Auslegung auf den Plan unter wiederholtem Besprengen, und durch wiederholtes Besprengen: daß man durch diese vorläufigen Behandlungen seinen Zweck erreicht hat, erkennt man dadurch, daß die Leinwand meistentheils eine gleichförmige Farbe angenommen hat.

Um die Leinwand mit dem Bleichwasser in Berührung zu bringen, ist es wohl am bequemsten, sie in das Bleichgefäß selbst aufzuhängen, sie unten zu beschweren, und alsdann das Bleichwasser in dasselbe hinein und wieder abzulassen.

Da die Kanten der Leinwand ein festeres Gewebe haben als das übrige, so behalten sie auch länger eine schmutzige Farbe, welche nur durch wiederholtes Waschen mit schwarzer Seife hinweggeschafft werden kann: eben dasselbe gilt von solchen Stellen, wo der Faden während des Webens zerrissen und wieder vereinigt worden ist. Dieser Umstände wegen, pflegt man die Leinewand von Arbeitern gegen das Ende des Bleichens, in einer schwachen ätzenden alkalischen Lauge, worinn man schwarze Seife zerlassen hat, mit den Füßen walken zu lassen, auch reibt man wohl die Kanten und die fleckigten Stellen besonders mit Seife ein.

Zur Gaze und zum Linon wird beym Blauen noch etwas weiße Stärke zugesetzt.

Batist wird gewöhnlich zweymal geblaut.

Baumwollene Waaren müssen überhaupt stark mit Seife behandelt werden, es ist am besten, sie, wenn

sichs

sichs thun läßt, mit schwarzer Seife in einer ordentlichen Walkmühle zu walken.

Wenn man die dampfförmige übersaure Salz-Säure mit einer Auflösung von kohlensauren Pflanzen- oder Mineral-Alkali in Berührung bringt, so verbindet sie sich damit, und die Flüssigkeit erhält merkwürdige Eigenschaften.

Es ist am besten hier folgende Verhältnisse zu beobachten: man nehme 3 Unzen salzsaures Mineral-Alkali (Koch-Salz), 2 Unzen concentrirte Schwefel-Säure, die man mit eben so vielem Wasser verdünnt, und eine Unze Braunstein; der hier anzuwendende Apparat kann einfacher seyn als der, welchen man gebraucht, um das Wasser mit dem Dampfe zu schwängern, weil dieser von der alkalischen Lauge schneller als vom Wasser verschluckt wird, und man kann die Röhre, aus welcher der Dunst hervorströmt, geradezu in einiger Tiefe in ein ofnes Gefäß mit der Lauge eintauchen. Um die sich aus der oben besagten Quantität Materialien entwickelnden Dämpfe einzuschlucken, ist eine Auflösung aus 4 Unzen Alkali in 2 Unzen Wasser hinreichend. Wenn man keine Mittelflasche anwendet, und es gehet etwas Braunstein in die Lauge mit über, so erhält diese eine röthliche Farbe, gewöhnlich giebt die Pottasche selbst der Flüssigkeit eine ins rothe schielende Farbe, weil sie meistentheils etwas Braunstein enthält.

Wenn man für die angeführte Quantität Alkali eine größere Menge salzsaures Mineral-Alkali, Braunstein und Schwefel-Säure anwendete, so würde die Lauge in übersauer salzsaures (Pflanzen- oder Mineral-)

 Alkali

Alkali umgewandelt werden, und dieses wirkt entweder gar nicht, oder doch nicht so gut auf die Pflanzenfarben, es bildet sich bey dem angegebenen Verhältnisse schon etwas von diesem Neutral-Salze.

Die Flüssigkeit, die man durch die besagte Operation erhält, hat den Vorzug, daß sie die übersaure Salz-Säure in einem concentrirteren Zustande enthält, als das mit dem Dampfe geschwängerte Wasser, sie läßt sich deswegen leichter transportiren, und hat weniger Geruch als dieses; man kann aber auf diese Weise mit einer gleichen Quantität Materialien nur eine weit geringere Menge Leinewand bleichen, und noch obenein bleicht diese Flüssigkeit blos die Baumwolle vollkommen weiß. Wenn man sie gebrauchen will, verdünnt man sie mit 10 bis 12 Theilen Wasser, und bringt die Zeuge wechselsweise in dieselbe und in alkalische Lauge.

Ob schon, diese Flüssigkeit wie gesagt, zum gewöhnlichen Bleichen nicht so vortheilhaft ist, als das bloße Bleichwasser, so kann sie doch mit Nutzen zum Abziehen der gedruckten Zeuge dienen.

Wenn man die Zeuge mit verschiedenen Beitzen gedruckt hat, ziehet man sie durch eine Krap-Brühe, wo denn die Zeichnungen, nach Verschiedenheit der Beitzen, verschiedene Nuanzen annehmen, aber der Grund wird vom Krap ebenfalls gefärbt. Diese Farbe aber ist bey weitem nicht so dauerhaft, als die durch die Beitzen fixirte, sie kann mit Hülfe des Kuh-Mists und durch langes Aussetzen der Zeuge auf dem Plane zerstört werden: ungefähr dieselben Mittel wendet man an, um den gerben Grund der Zeuge zu zerstören, die man

man nach dem Drucken durch Wau (gaude) gezogen hat, um den Zeichnungen diejenigen Farben zu geben, bey welchen das Gelb zum Grunde liegt: man hat sich zu Manschester bald zu diesem Endzweck der übersauren Salz-Säure auf eine Weise bedient, die noch nicht bekannt geworden ist, und hat seinen Endzweck völlig erreicht.

Berthollet fand, daß die übersaure Salz-Säure für sich hier nicht anwendbar sey, weil sie sogar die durch Beitzen fixirten Farben zerstört. Oberkampf, dem er seine Ideen mittheilte, fand die oben beschriebene alkalische, mit übersaurer Salz-Säure geschwängerte Lauge hier sehr anwendbar, statt der oben besagten Pottaschen-Auflösung nimmt er eine ihr an Stärke gleichkommende Aschenlaage, deren braune Farbe durch die übersaure Salz-Säure sogleich zerstört wird.

Wenn die Zeuge aus der Krap-Brühe kommen, läßt er sie 4 oder 5 Tage auf dem Plan liegen, alsdann läßt er sie durch eine Brühe aus Kuh-Mist ziehen, wenn dies geschehen ist, läßt er sie abermals vier Tage auf dem Plane liegen, alsdann läßt er sie ungefähr ½ Stunde in die vorher beschriebene, mit 35 Theilen Wasser verdünnte übersaure Salz-Säure haltige alkalische Lauge einweichen, nach dieser Operation läßt er sie wieder 2 Tage auf den Plan legen, nach dieser Zeit werden sie wieder in die Lauge gebracht, und nachher wieder zwey Tage lang auf den Plan ausgelegt: zwischen zwey dieser Operationen müssen die Zeuge wohl gespült und geschlagen werden, die vorgeschriebene Zeit für das Auslegen auf dem Plane gilt nur bey schöner Witterung, bey schlechtem Wetter müssen sie einige Tage länger liegen: nach den angeführten Operationen, ist der Grund des Zeuges schön weiß geworden.

Diejenigen Zeuge, welche aus der Wau- (gaude) Brühe kommen, werden 4 bis 5 Tage auf den Plan gelegt, alsdann taucht man sie in die besagte Flüssigkeit; der Grund scheint nicht weißer geworden zu seyn, indessen ist er doch nun zum Bleichen sehr vorbereitet, und wenn man das Zeug 2 bis 3 Tage auf dem Plan liegen läßt, erhält man einen vortreflichen weißen Grund. Wenn diese Zeuge nach dem letzten Auslegen vom Plane kommen, so hat das gelb Gedruckte derselben ein dunkles und etwas mattes Ansehen, man kann aber der gelben Farbe ihre Lebhaftigkeit durch Eintauchen in gemeine Salz-Säure wieder geben, die aber so verdünnt seyn muß, daß sie den Geschmack einer schwachen Limonade hat. Diese letzte Operation hat noch den Nutzen, daß die noch etwa im Grunde befindlichen gelben Flecken dabey verschwinden, auch macht sie das Olivengrün lebhafter.

Die Intensität der Farben giebt hier den Maasstab für die übersaure Salz-Säure haltige alkalische Lauge ab, sind die Farben dunkel, so ist es gut, daß die Säure prädominire, sind sie hingegen schwach und helle, so ist es am besten, daß das Alkali vorsteche, eine mit übersaurer Salz-Säure gesättigte alkalische Lauge würde weder in dem einen, noch in dem andern Fall gute Dienste leisten.

Gedruckte baumwollne oder leinene Zeuge, deren Farben außer Mode gekommen sind, oder gelitten haben, können mit Hülfe der übersauren Salz-Säure wieder

wieder als weiße Zeuge dargestellt, und alsdann von neuem als solche benutzt werden; man bringt sie erst in eine alkalische Lauge, alsdann in das gewöhnliche Bleichwasser (blos mit übersaurem salzsaurem Dampfe geschwängerte Wasser), alsdann abermahls in alkalische Lauge und dann wieder in das Bleichwasser; wenn nach diesen Operationen noch eine Nuance von Gelb zurückbleibt, so kann man diese leicht durch die verdünnte Schwefel-Säure hinweg bringen, wenn man diese Zeuge aus der Schwefel-Säure genommen hat, bringt man sie in eine ätzende Lauge, und alsdann auf den Plan, und endlich blauet man sie.

Für wollene und seidene Zeuge ist die übersaure Salz-Säure gar nicht anwendbar, weil sie thierische Substanzen überhaupt angreift und gelb macht.

Nach Chaptals Bemerkung kann man die übersaure Salz-Säure sehr gut zum Bleichen des grauen Papiers anwenden, noch besser, man kann die Hadern, aus welchen sich ohne weitere Vorbereitung kein anderes als graues Papier bereiten läßt, mit Hülfe dieser Säure bleichen, und alsdann ein schönes weißes Papier daraus verfertigen.

Kupferstiche und Bücher, die durch das Alter eine gelbe Farbe angenommen, können von dieser letztern ebenfalls durch die übersaure Salz-Säure befreyt und in ihrer vorigen Schönheit wieder hergestellt werden, der Druck leidet hiebey nicht im geringsten. Zu diesem Endzweck kann man sie entweder in das gewöhnliche Bleichwasser, oder in Berührung mit dem übersauren salzsauren Dampfe bringen, Chaptal hat es auch

schon

schon mit ziemlichem Erfolge versucht, Leinewand im Großen durch bloße Dämpfe zu bleichen.

Auch Wachs kann man mit Hülfe der übersauren Salz-Säure bleichen; man bringt ihn gebändert in das Bleichwasser, wäscht ihn, schmilzt und bändert ihn wieder, und bringt ihn von neuem in das Bleichwasser; diese wechselsweise einige mahle wiederholten Operationen entziehen ihm bald die gelbe Farbe.

Bey allen oben beschriebenen Operationen muß gutes weiches Wasser genommen werden, am allerwenigsten können eisenschüssige Wasser dabey gebraucht werden; an den Geräthen muß auch das Eisen möglichst vermieden werden, und sollte es ja unumgänglich nothwendig seyn, hie oder dort Eisen anzuwenden, so muß man es mit einem schicklichen Firniß überziehen.

Wie sind nun die (vorzüglich von **Westrumb**) beobachteten Entzündungen im übersauren salzsauren Dampfe zu erklären? Der entzündliche Körper nimmt, bey einer etwas erhöheten Temperatur, aus diesem Dampfe denjenigen Sauerstoff, der ihn übersäuert, in sich, und zwar leichter als aus dem Sauerstoff-Gas, weil in letzterm der Wärmestoff mit dem Sauerstoffe eigentlich chemisch gebunden ist, im übersauer salzsauren Dampfe hingegen mit dem Sauerstoffe nur zu adhäriren scheint, wie das Festwerden desselben bey einer niedrigen Temperatur sehr wahrscheinlich macht. Durch die Bindung des Sauerstoffs an den verbrennlichen Körper wird aus dem Dampfe Wärmestoff frey, das geben alle Partheyen zu, woher kömmt aber das Licht? Wenn man mit Lavoisier kein Licht in den verbrennlichen Körpern annimmt, so muß man es im übersauren salzsauren Dampfe annehmen, und es aus demselben zugleich mit dem Wärmestoffe frey werden lassen. Nimmt man aber mit Richter Licht, oder vielmehr den Licht=Stoff in den verbrennlichen Körpern an, so erklärt man sich diese Entzündungen folgendermaßen: durch die Entziehung des Sauerstoffs, wird aus dem Dampfe Wärmestoff abgeschieden, durch die Verbindung des Sauerstoffs mit den verbrennlichen Körpern wird aus diesem Lichtstoff abgeschieden, der größte Theil des Lichtstoffs wird durch Wärmestoff zum Lichte expandirt, es entstehet also leuchtende Wärme oder Feuer, ein Theil des Lichtstoffs wird an die rückständige Säure, die nunmehr ihres überschüssigen Sauerstoffs beraubt ist, gebunden, sie ist nunmehr wieder gemeine Salz=Säure. Die Rückstände dieser Verbrennungen sind demnach gemeine Salz=Säure, und der zum Versuche angewendete verbrennliche Körper mit Sauerstoff verbunden, ist dieser oxydirte Körper von der Art, daß ihn die gemeine Salz=Säure auflösen kann, so erfolgt eine Auflösung desselben. Ich muß hier noch anmerken, daß Westrumbs Einwurf Seite 14 zu Ende der 28sten Bem. wohl wegfällt, wenn man erwägt, daß der allenfalls frey werdende Wasserstoff sogleich Gelegenheit hat, sich mit Sauerstoff aus dem noch unzersetzten übersaurem salzsauren Dampfe zu verbinden.

Wenn es gegründet ist, daß bloße Wärme ohne Licht, aus dem mit übersauren salzsauren Dampfe geschwängerten Wasser kein Sauerstoff=Gas entwickelt, so er=

erhält das Richtersche System durch diese Thatsache etwas Wahrscheinlichkeit mehr.

Denn angenommen, die übersaure Salz-Säure enthält Licht und Wärmestoff zugleich, so siehet man eben nicht ein, warum erst Licht von außen her einwirken muß, damit der Sauerstoff nach Lavoisier mit Licht und Wärmestoff zum Sauerstoff-Gas verbunden werde.

Ist hingegen in der übersauren Salz-Säure kein Licht vorhanden, so ist es begreiflich, wie nach Richter das Radical der Salz-Säure, dadurch daß es Gelegenheit bekömmt, sich mit Lichtstoff zu verbinden, disponirt wird, einen Theil Sauerstoff von sich zu lassen, der nun mit Wärmestoff verbunden, als Sauerstoff-Gas erscheint.

Diejenigen Chemisten, welche annehmen, Licht sey eine bloße Modifikation des Wärmestoffs, werden freylich hier gar keine Schwierigkeit finden. Ob aber ihre Erklärungen vom Leuchten der sogenannten Licht-Magnete, der Deciman und von Trostwickschen Versuche, und mehrerer anderer Erscheinungen, nichts Willkührliches haben, ist freylich eine andere Frage.

Die Verpuffungen der übersauer salzsaueren feuerbeständigen Alkalien mit verbrennlichen Körpern, lassen sich im ganzen genommen eben so erklären, wie die des Salpeters, sie sind nur deswegen heftiger und erfolgen bey niedern Temperaturen, weil erstere Salze ihren Sauerstoff leichter und schneller von sich lassen als der Salpeter, vielleicht enthalten sie auch eine größere Menge Wärmestoff gebunden als dieser.

Was

Was das Funkensprühen des übersauer salzsauren Pflanzen- und Mineral-Alkalis betrifft, wenn sie für sich und ohne Zusatz eines brennbaren Körpers gerieben werden, so hat sie meines Wissens noch Niemand ganz befriedigend erklärt, die Hauptsache dabey scheint ein schnelles Freywerden einer großen Menge von Wärmestoff zu seyn, welche diese Salze gebunden enthalten mögen. Bestätigt sich von Mons Behauptung, daß die feuerbeständigen Alkalien, eben so wie das Amonniak aus Wasserstoff und Stickstoff bestehen, so lassen sich jene partielle Verpuffungen ohngefähr wie die des Knallgoldes erklären, es wird nämlich bey dem geringsten Reiben etwas Wärmestoff frey, bey dieser erhöheten Temperatur ziehen sich der Sauerstoff aus der übersauren Salz-Säure und der Wasserstoff aus dem Alkali heftig an, sie bilden Wasser, durch diese Mischungs-Veränderung wird der in Menge gebundene Wärmestoff frey, ein Theil dieses Wärmestoffs expandirt den Stickstoff zum Stickgas, ein anderer Theil expandirt den Lichtstoff, der am Wasserstoff gebunden seyn mochte, zum Lichte, ein dritter Theil des Wärmestoffs bleibt frey und bewirkt nebst dem Stick-Gas eine Explosion, die noch durch das gebildete Wasser und das Cristallisations-Wasser, welches in Dampf umgewandelt worden, vermehrt wird.

Ich sehe sehr wohl ein, daß in dieser Erklärung manches Willkürliche ist, auch habe ich sie blos als eine mögliche Erklärung dem Urtheile der Sachkundigen unterwerfen wollen.

Bey den Explosionen, welche statt finden, wenn man die übersauer salzsauren feuerbeständigen Alkalien in concentrirte Schwefel-Säure oder Salpeter-Säure

wirft,

wirkt, scheint mir durch eine schnelle mit Erhitzung begleitete Einwirkung jener Säuren auf die alkalische Basis eben dasselbe, als oben durch Reiben veranlaßt zu werden, die Salpeter-Säure bringt vielleicht blos deswegen nicht so heftige Wirkungen hervor, weil sie in der Regel nicht so concentrirt ist.

Bey dem Bleichen durch übersaure Salz-Säure kömmt alles darauf an, daß der färbende Stoff, den wir übrigens seiner Natur nach gar nicht kennen, durch den Beytritt des Sauerstoffs disponirt wird, sich von den Zeugen zu trennen; die übersaure Salz-Säure bewirkt schneller, was die atmosphärische Luft bey der gemeinen Bleiche langsamer bewirkt, sie tritt Sauerstoff an den färbenden Stoff ab. Die alkalische Lauge lockert den Zusammenhang des Färbestoffs mit den Zeugen auf, und erleichtert also dem Sauerstoff sein Geschäft. In verdünnte Schwefel-Säure werden die Waaren gebracht, um etwa vorhandene metallische, vorzüglich Eisentheile, aufzulösen.

FSC
www.fsc.org
MIX
Papier | Fördert gute Waldnutzung
FSC® C083411

Zeitfracht Medien GmbH
Ferdinand-Jühlke-Straße 7
99095 Erfurt, Deutschland
produktsicherheit@kolibri360.de